滦河水分配再调整论证研究

赵 勇 何 凡 何国华 汪 勇 王丽珍等 著

科 学 出 版 社

北 京

内 容 简 介

本书面向新的历史条件和时代要求,基于滦河流域水资源衰减等现实问题,在系统梳理国内外相关研究成果的基础上,通过长期研究实践,全面论证了滦河水分配再调整(滦河水再分配)的可行性、必要性和实施路径。全书内容体系由滦河水再分配外部条件分析、滦河水再分配必要性分析、滦河水再分配方案设计构成,研究成果为流域水资源优化管理提供了科学依据与技术支撑。

本书可供水文水资源学和环境科学等学科研究人员及相关专业高校师生参考,也可作为相关领域研究者、管理者和决策者的参考书。

审图号:GS 京(2025)1027 号

图书在版编目(CIP)数据

滦河水分配再调整论证研究 / 赵勇等著. -- 北京:科学出版社,2025. 6. -- ISBN 978-7-03-082589-6

Ⅰ. TV213. 4

中国国家版本馆 CIP 数据核字第 2025VN3281 号

责任编辑:王 倩 / 责任校对:樊雅琼
责任印制:徐晓晨 / 封面设计:无极书装

科 学 出 版 社 出版
北京东黄城根北街 16 号
邮政编码:100717
http://www.sciencep.com

北京九州迅驰传媒文化有限公司印刷
科学出版社发行 各地新华书店经销

*

2025 年 6 月第 一 版 开本:787×1092 1/16
2025 年 6 月第一次印刷 印张:13 3/4
字数:350 000
定价:178. 00 元
(如有印装质量问题,我社负责调换)

前　　言

　　水资源是经济社会发展的基础性、先导性、控制性要素，水的承载空间决定了经济社会的发展空间。滦河流域是我国华北地区的重要水系，横跨河北省承德、唐山、秦皇岛等地市，流域面积 4.47 万 km^2，多年平均径流量 37.1 亿 m^3，是河北省北部和东部地区的主要水源。20 世纪 80 年代，为缓解天津供水危机，我国开始建设引滦入津工程，这一工程是将河北省境内的滦河水跨流域引入天津市的城市供水工程，水源地位于河北省唐山市迁西县的滦河中下游的潘家口水库。自 1983 年 9 月正式通水以来，截至 2023 年 9 月，引滦入津工程已累计向天津安全供水 332.8 亿 m^3，有效缓解了天津市水资源短缺的困境，为天津市经济社会发展提供了重要保障。

　　然而，随着时代的发展，滦河流域水量分配格局面临着新的挑战。一方面，受气候和下垫面变化的影响，滦河流域径流量呈现明显的衰减趋势。同时，流域内上游地区水资源开发利用程度持续提高，使得滦河来水量进一步减少。另一方面，现行的引滦工程水量分配方案制定于 20 世纪 80 年代，受当时认知水平和技术条件限制，未能充分考虑流域生态环境用水需求，导致滦河下游 200 余千米河道长期断流，生态环境恶化，地下水严重超采。

　　特别是滦河流域下游的唐山等地区供水保障面临严峻挑战。唐山作为冀东第一工业大市，南临渤海，北依燕山，毗邻京津，首钢、唐钢、京唐港等著名企业均位于渤海之滨，是全国重要的能源原材料基地和重工业城市。2010 年和 2016 年习近平总书记两次视察唐山，对唐山发展作出重要指示，成为唐山市新时代高质量发展的基本遵循。然而，水资源匮乏已成为制约该区域可持续发展的关键因素，现状引滦河水分配指标已无法满足生产生活和生态环境用水需求。

　　与此同时，京津冀区域水资源供需格局正在发生深刻变化。南水北调中线一期工程通水后，天津市供水安全条件大幅度改善，随着中东线二期工程规划实施，还将进一步得到巩固提高，滦河水分配再调整（滦河水再分配）具备了基础条件。如果能够实现滦河水再调整，共享南水北调工程红利，不需要新增工程措施和资金投入，仅通过引滦水量分配方案的调整，优化南水北调工程受水区和非受水区的水量配置格局，就可将南水北调工程战略效益向北延伸到滦河流域，惠及承德、唐山和秦皇岛等地市，受益人口超过 1000 万，社会经济和生态效益巨大。

　　在新的历史条件下，如何统筹流域内外的用水需求，实现滦河流域水资源的优化配置和协调发展，已成为亟待解决的重大课题。在此背景下，我们针对新历史条件下的滦河水分配再调整问题开展了系统研究，撰写了本书。研究有三个明确定位：一是坚持实事求是，系统分析引滦工程建设运行情况，深入解析滦河水资源衰减的规律机制，科学评价滦河水对天津市的保障作用，客观评估水量分配调整的外部条件变化；二是立足科学创新，利用自主研发的 WACM 模型开展水资源精确评价分析，运用多源数据融合方法深入解析地下水超采及其引发的复合性生态环境问题，结合国内外先进经验和实地深度调研，科学确定节水潜力和未来用水需求，构建 GWAS 模型开展供水平衡分析；三是注重落地实践，紧密结合现有规划管理体系，以实际情况为基础，精心设计滦河水分配再调整系统方案，充分调研实践问题与发展需求，提出分步实施的策略建议，形成新认识、新判断、新方案。

全书共分三篇 14 章：第 1 章绪论，由赵勇、何凡、何国华撰写；第 2 章引滦工程建设运行概况，由何凡、何国华撰写；第 3 章滦河流域水资源演变分析，由翟家齐、赵纪芳、李孟南撰写；第 4 章引滦水对天津市保障作用，由何国华、詹力炜、李孟南撰写；第 5 章南水北调工程建设运行情况，由何凡、翟正丽、毛雨撰写；第 6 章唐山水资源评价，由翟家齐、赵纪芳、李孟南撰写；第 7 章唐山地下水超采现状及其影响，由汪勇、朱永楠、李孟南撰写；第 8 章唐山节水现状与潜力分析，由李海红、王丽珍、冯珺撰写；第 9 章唐山经济社会高质量发展用水需求，由李海红、汪勇、王丽珍、姜珊撰写；第 10 章滦河下游河道内生态需水研究，由王庆明、汪勇、徐静撰写；第 11 章唐山水资源供需平衡分析，由何国华、王丽川、汪勇撰写；第 12 章滦河水再分配方案情景设计，由赵勇、何凡、秦长海、何国华撰写；第 13 章滦河水再分配实施策略与建议，由赵勇、何凡、何国华撰写；第 14 章主要结论与建议，由赵勇、何凡、何国华撰写。全书由赵勇、何凡、汪勇负责统稿。

本书研究得到了得到唐山市水利局的大力支持，以及国家重点研发计划项目（2021YFC3200200）、国家自然科学基金项目（52025093）的资助支持。研究成果得到了相关部门的高度重视和积极响应，为推动滦河水再分配工作奠定了重要基础。

由于时间仓促以及作者水平局限，书中难免存在疏漏和不足之处，恳请读者批评指正。

作　者

2025 年 5 月

目　　录

第一篇
滦河水再分配外部条件分析

第1章 绪 论

1.1 研究背景

唐山外邻渤海、内环京津，是冀东第一工业大市，首钢、唐钢、京唐港等著名企业均位于此，唐山工农业生产在全国具有举足轻重的地位。2010年和2016年习近平总书记两次视察唐山，先后对唐山作出了"建成东北亚地区经济合作的窗口城市、环渤海地区的新型工业化基地、首都经济圈的重要支点""争取在转变发展方式、调整经济结构、推进供给侧结构性改革等方面走在前列"的重要指示，成为唐山新时代高质量发展的基本遵循。为落实习近平总书记的重要指示，唐山正在实施"一港双城"战略，加速产业布局向沿海地区调整，努力为京津冀协同发展做出贡献。

但是，水资源匮乏已经成为制约唐山全市尤其是沿海地区可持续发展的重要因素。一方面，唐山不是南水北调工程受水区，滦河水是其唯一地表水源，近年来受自然降水减少和上游地区水资源开发利用程度不断提高等多重因素影响，滦河来水量严重衰减，水资源供需矛盾日益尖锐，导致河湖生态水量严重亏缺，地下水严重超采，现状引滦河水分配指标已满足不了生产生活和生态环境用水需求，尤其枯水年分配比例过低成为供水安全保障的重大隐患。另一方面，唐山经济社会的高质量发展、生态文明建设的持续推进，对水安全保障提出了更高要求。

与此同时，受时代局限，20世纪80年代确定的引滦工程水量分配方案没有预留生态水量指标，导致滦河水量被"分干吃净"，除了汛期弃水外，枯水季节潘家口水库至滦河入海口200余千米生态用水匮乏，并引发滦河下游河床淤积抬高、湿地退化、海水入侵和水环境污染等一系列生态问题。

在此背景下，亟须面向新的历史条件和时代要求，开展滦河水再分配系统论证与方案研究，深入研究滦河水再分配的可行性、必要性和实施策略。本书的研究对唐山水资源安全保障、对滦河流域生态环境保护和整个冀西北经济社会用水保障都有重要意义，同时对促进环渤海经济区高质量发展具有重要的现实意义。

1.2　研究目标及范围

1.2.1　研究目标

　　本书技术层面主要有三方面研究目标：一是论证清楚滦河水再分配的外部条件，要以唐山基础条件为研究重点，分析唐山贯彻"三先三后"原则的工作成效，结合天津供水保障现状，论证滦河水再分配的可行性问题。二是充分说明滦河水再分配的必要性。要以支撑滦河流域和唐山可持续发展为研究重点，系统调查、横纵比对，分析唐山经济社会与生态环境缺水矛盾，论证滦河水再分配的必要性与紧迫性。三是提出滦河水再分配可行的具体实施方案。以唐山水资源安全保障为研究重点，大胆设想、严谨论证，提出不同情景下的滦河水再分配方案，解决滦河水再分配的实施路径问题。在工作层面，为唐山滦河水再分配提供具体的技术支撑。

1.2.2　研究范围

　　本书将以唐山全域为重点，包括迁安、遵化、滦州3个县级市，迁西、玉田、滦南、乐亭4个县，曹妃甸、路南、路北、开平、古冶、丰润、丰南7个区，海港经济开发区、高新技术产业开发区、芦台经济技术开发区、汉沽管理区4个开发区。在此基础上，按照研究需要对研究范围适当外延：在论证滦河水再分配可行性时，将天津市包括在内；在论证滦河水再分配必要性时，将整个滦河流域包括在内，尤其是秦皇岛、承德等地区。选取现状水平年为2020年，近期水平年为2025年，远期水平年为2035年，并以南水北调东线二期工程通水为重要时间节点。

1.3　研究内容

　　根据研究目标，本书分为滦河水再分配外部条件分析、必要性分析及方案设计三大板块，共十大方面研究内容。

1.3.1　滦河水再分配外部条件分析

（1）引滦工程建设和实施运行情况分析

全面调研了解引滦工程建设和实施运行情况，梳理河北、天津和海河水利委员会在工程建设运行过程中承担的任务及发挥的作用，总结河北尤其是唐山在工程建设、移民安置、水资源保护、水环境治理等方面的艰辛付出与承受的巨大代价。

（2）引滦河水对天津水资源安全保障作用及其演变

分析天津市供用水格局，对比剖析 1983~2014 年（引滦入津工程通水–中线一期工程通水）和 2014 年以来引滦河水对天津市经济社会发展的支撑作用，在中、东线二期工程建设对天津市水资源保障能力进一步提升的基础上，分析滦河水在天津水资源安全保障体系中的作用及其定量需求。

（3）唐山节水水平现状及其国内外比较

分析唐山节水型社会建设以及不同行业用水效率变化，并与国内外典型城市全方位比较，量化说明唐山现阶段水资源利用效率水平，总结梳理唐山贯彻落实"节水优先"国家战略开展的主要工作和成效。

1.3.2　滦河水再分配必要性分析

（1）唐山水资源开发利用格局及其演化

借助遥感影像、观测数据以及调查统计等信息，从水文气候条件和经济社会供用水特征两个方面，评估唐山水资源开发利用格局及其变化情况。

（2）唐山地下水超采及其治理情况分析

利用地下水位观测数据，评估近年来唐山不同地区、不同时段地下水位变化情况，梳理唐山地下水超采治理工作，研判现有供水格局下地下水可持续利用面临的困难。

（3）唐山经济社会发展格局及其重要性分析

面向京津冀协同发展重大国家战略及唐山未来发展要求，系统总结 2025~2035 年唐山经济社会发展战略与规模布局等，论证说明滦河水再分配对支撑唐山可持续发展的重大意义。

（4）唐山经济社会需水预测

预测规划水平年唐山生活、工业、农业、生态等行业需水规模，并在此基础上进一步分析唐山经济社会与生态环境必须满足的刚性需水，为滦河水再分配规模提供基础支撑。

（5）唐山规划水平年水资源供需平衡分析

研究不同情景下地表水、地下水、非常规水等不同水源在生活、工业、农业、生态环境等行业的整体供需方案，核算规划水平年唐山在满足经济社会可持续发展与生态环境保障目标下的缺水规模。

1.3.3 滦河水再分配方案设计

（1）新形势下滦河水再分配规模与开发利用方案设计

考虑到近年来滦河流域水资源大幅衰减，以及现状水量分配方案未考虑河道生态需水等现实因素，在对唐山水资源供需格局深入研究的基础上，结合天津供水保障现状，提出不同情景下滦河水再分配方案，确定滦河水再分配推荐方案。

（2）滦河水再分配实施策略和重大建议

在数据分析及方案计算的基础上，梳理京津冀协同发展重大国家战略和国家相关政策正面支持信息，提出滦河水再分配的实施策略，整理撰写各种形式的重大建议等相关支撑材料，辅助推进滦河水再分配专项工作的实施进程。

第2章 | 引滦工程建设运行概况

本章调查分析了引滦工程建设的起因和近20年（2000～2018年）工程实施运行情况，并从引滦河水指标虚高和滦河来水剧烈波动两个方面说明了唐山引滦河水指标无法全部消纳的原因。

2.1 工程建设情况

20世纪70年代末，由于经济迅速发展，人口剧增，北京市和天津市用水量急剧加大，而与此同时海河流域来水急剧减少。1981年，为保证北京用水，国务院决定密云水库停止向天津和河北供水，天津市成为我国当时缺水最严重的特大型城市，城市供水量由原来的每天180万 m^3 降到70万 m^3，生活供水由原来的70L/（人·d）降到65L/（人·d），工业生产供水由原来的每天77万 m^3 降到45万 m^3，纺织、印染、造纸等用水大户随时面临停产威胁。1972年下半年，水利电力部提出了在拒马河修建张坊水库和在滦河修建潘家口水库的意见。1973年国务院批准了水利电力部《关于推迟修建张坊水库，加快进行引滦工程和统一规划京津供水的报告》（〔73〕水电水字27号文），决定修建引滦入津工程。1981年5月15日，万里副总理在天津市主持召开解决天津城市用水问题的会议，正式安排部署建设引滦工程。

引滦工程是一个大型水利系统工程，由引滦工程南北二线与其相连的潘家口、大黑汀、于桥等6座水库，引滦枢纽闸工程以及其他水闸、泵站、水电站、河网、渠道等构成，合计总长度为286km。

潘家口水库是开发滦河水利资源、调节滦河径流的控制性水源工程，1973年由国务院批准兴建，1975年10月开工，1983年开始为天津、唐山两大城市供水，1984年底竣工，1988年7月通过国家验收。潘家口水利枢纽位于迁西县滦河干流上，控制流域面积33700 km^2，约占滦河流域面积的75%，总库容29.3亿 m^3，其中防洪库容6.85亿 m^3，兴利库容19.15亿 m^3。

大黑汀水库主坝位于潘家口水库主坝下游30km的滦河干流上，于1973年动工兴建，1984年完工。大坝的主要功能是抬高水位，以便引水。

引滦枢纽闸是引滦入津、入唐跨流域引水的咽喉，1983年建成并通水，闸左侧和右侧分别为引滦南北二线，北线即引滦入（天）津工程，由地下管道和分水岭大隧洞构成，将滦河水引入黎河，流入于桥水库，向天津供水；南线即引滦入唐（山）工程，由引滦入唐导流明渠构成，将滦河水经还乡河输入邱庄水库，再经还乡河流入陡河水库，向唐山供水。

2.2 实施运行情况

按照《国务院办公厅转发水利电力部关于引滦工程管理问题的报告的通知》（国办发〔1983〕44号），供水保障率75%年份，潘家口水库可分配水量为19.5亿 m³条件下，分配给天津市10亿 m³，给唐山9.5亿 m³（其中城市3.0亿 m³，其余6.5亿 m³为农业用水），天津和唐山分水比例分别为51.3%和48.7%；在供水保障率85%年份，潘家口水库可分配水量为15亿 m³条件下，分配给天津市8亿 m³，给唐山7亿 m³（其中城市3.0亿 m³，其余4.0亿 m³为农业用水），天津和唐山分水比例分别为53.3%和46.7%；供水保障率95%年份，潘家口水库可分配水量为11亿 m³条件下，分配给天津市6.6亿 m³，给唐山4.4亿 m³（其中城市3.0亿 m³，其余1.4亿 m³为农业用水），天津和唐山分水比例分别为60%和40%，该分配比例从1983年沿用至今。

近年来，受引滦水指标跨年重复计算、滦河下游城市水安全保障等诸多因素影响，引滦工程分水指标与实际可分配水量相差显著。以唐山为例，2000年以来潘家口水库实际来水量、潘家口水库给唐山的分水指标、实际分配水量情况见表2-1。从表2-1可以看出，2000年以来潘家口水库历年实际分配水量均小于分水指标，2012～2014年连续3年两者相差甚至超过10亿 m³。2000～2018年，潘家口水库多年平均来水量为8.25亿 m³，比分水指标小14%。2014年，潘家口水库实际来水为5.5亿 m³，但分水指标高达14.4亿 m³，几乎是实际来水的3倍。整体来看，2000年以来唐山多年平均分水指标为9.39亿 m³，而实际分配水量仅3.45亿 m³，两者相差超过63.3%，仅参考分水指标，难以有效反映唐山滦河水利用情况。

表2-1 潘家口水库唐山分水指标与实际分配水量对比 （单位：万 m³）

年份	分水指标	实际分配水量	潘家口水库实际来水量
2000	61800	58638	33904
2001	40500	11908	100142
2002	82800	57604	40416
2003	48000	22970	65205
2004	45400	28715	68955

续表

年份	分水指标	实际分配水量	潘家口水库实际来水量
2005	56000	20714	146292
2006	142500	35985	66636
2007	109700	37813	55803
2008	78300	37200	90947
2009	96200	38888	38346
2010	46000	34118	79750
2011	75200	15665	118538
2012	125700	10619	119917
2013	142000	13315	88556
2014	144000	35256	55104
2015	142000	48113	58967
2016	79300	49664	103112
2017	126200	46282	101416
2018	142000	51635	136099
多年平均	93874	34479	82532

专栏 2-1 关于唐山引滦河水指标使用的说明

由于多年来潘家口水库分水指标远大于唐山实际分配水量，因此外界误认为唐山引滦河水指标没有用完，对于滦河的利用仍有一定潜力。造成这种误解的原因主要来自以下两个方面：

1）唐山年度引滦河水指标虚高。根据《国务院办公厅转发水利电力部关于引滦工程管理问题的报告的通知》，跨年度引滦河水指标需要参与重新分配，这导致个别丰水年份无法消纳的水量始终累积在分水指标中。事实上，2010~2020 年潘家口水库分配唐山年均引水指标为 10.28 亿 m^3，而潘家口水库实际年均来水仅为 9.24 亿 m^3，即便不考虑天津市引水规模，唐山每一年都将潘家口水库来水"分干吃净"，每年仍有 1.04 亿 m^3 的用水指标无法消纳。此外，从流域水量平衡来看，2003~2012 年这 10 年间滦河流域平均水资源总量为 44.5 亿 m^3，而同时期滦河平均入海水量仅为 1.9 亿 m^3，几乎所有的水资源都在流域内部被消耗殆尽，基本不存在实际来水无法消纳的情况。因此，仅通过引滦河水指标无法真实反映唐山用水情况。

2) 滦河来水剧烈波动特征与城市稳定用水需求存在矛盾。滦河流域来水有十年九旱的特征，潘家口水库建成运行以来，流域最大来水量（1994年，36.15亿 m³）是最小来水量（2014年，5.51亿 m³）的6倍多，丰枯差异极为显著。并且根据引滦河水量分配原则，越是枯水年份，潘家口水库供给唐山的水量越少。为保障城市供水安全，避免出现枯水年无水可用的不利局面，唐山不得不将供水保障率更高的地下水作为部分地区生活、工业供水水源，这也从侧面导致了唐山引滦河水指标"越攒越多"。

第3章 | 滦河流域水资源演变分析

滦河是海河流域独立的二级流域，也是承德、唐山、秦皇岛唯一的地表水源。水文观测资料显示，1956～2020年滦河流域干流径流量有明显的减小趋势，导致潘家口水量锐减，直接影响引滦供水保障和下游唐山、秦皇岛供水安全，入海水量也大幅减少。因此，掌握和摸清滦河流域水资源演变规律对合理制定唐山水资源安全保障策略，以及促使南水北调效益扩大至滦河流域具有重要的现实意义。

3.1 滦河流域水文气象要素变化

3.1.1 滦河流域概况

滦河流域位于我国华北平原东北部（图3-1），地理位置在39°1′N～42°40′N、115°34′E～119°50′E，滦河发源于河北北部张家口境内的巴彦古尔图山北麓，地势西北高东南低，流经河北、内蒙古、辽宁，于河北唐山乐亭兜网铺注入渤海，主要支流有闪电河、小滦河、兴州河、伊逊河、武烈河、柳河、瀑河、洒河、青龙河等，流域面积约为54万km²，其中山区占98%，平原占2%。

流域气候南北相差较大，气候类型由寒温带干旱和半干旱气候过渡到暖温带半湿润气候，全流域平均降水在300～800mm，降水量年际变化大，年内分配不均匀，汛期降水量占全年的60%～80%；流域平均气温介于–3～11℃，自东南向西北逐渐降低；流域年平均水面蒸发量为950～1150mm，年均最大值出现在迁安、迁西一带，一般大于600mm，向北减少明显，最小值出现在坝上地区，约为400mm。

为缓解京津地区水资源供需矛盾，满足唐山、秦皇岛等经济增长中心的用水需求，20世纪七八十年代在滦河干流修建了潘家口、大黑汀等大型控制性骨干水利工程，21世纪初期在滦河一级支流青龙河上修建桃林口水库，并逐渐建成引滦入津、引滦入唐、引青济秦等配套工程，水资源开发利用强度不断加大。

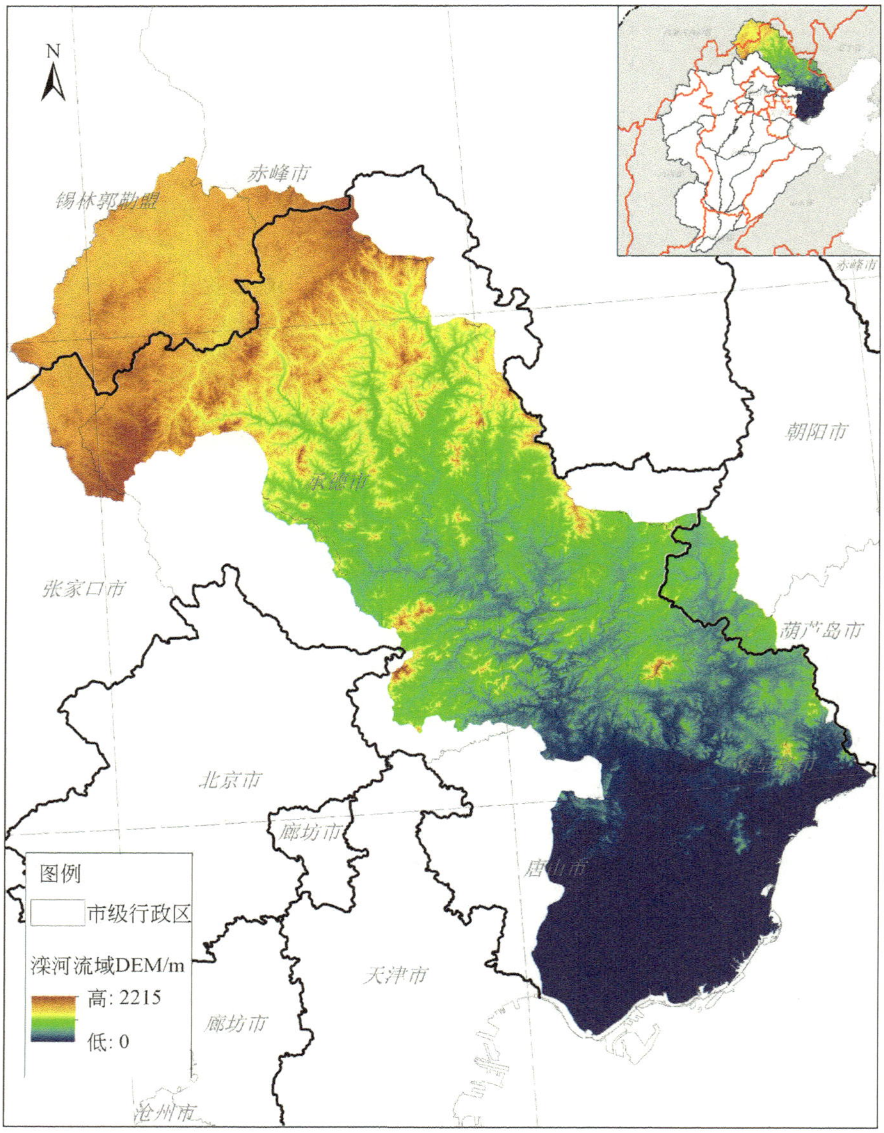

图 3-1　滦河流域概况

3.1.2　降水变化

1. 降水量年际、年代变化

根据气象数据资料统计结果（图 3-2），滦河流域 1956～2020 年多年平均降水量为

537.4mm，总体呈下降趋势，降水量减小速率为 1.03mm/a，降水序列变异系数 C_v 值为
0.17。降水量最多的是 1959 年的 772.5mm，比多年平均值多 43.8%；降水量最少的是
2002 年的 371.6mm，比多年平均值少 30.9%，最大值和最小值相差约 401mm。

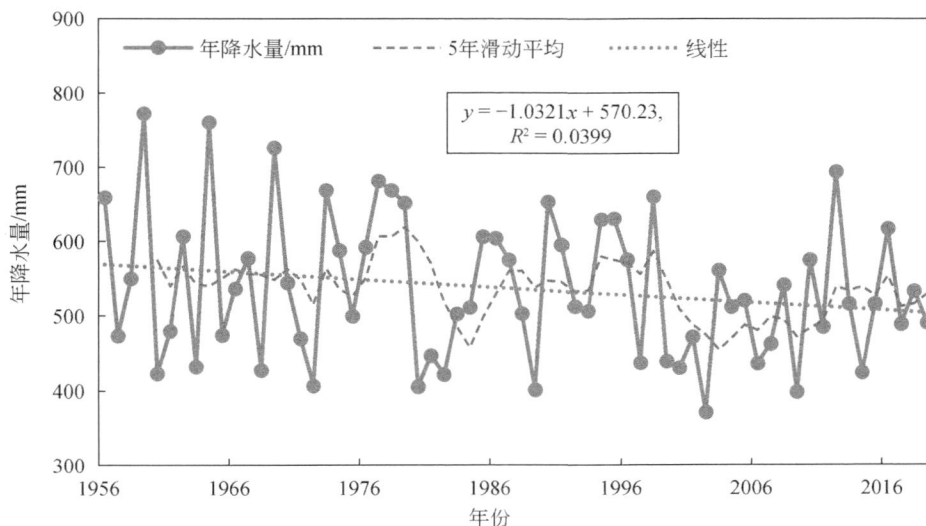

图 3-2　滦河流域年际降水量变化

从年代变化看（图 3-3），有 5 个年代超过了流域多年平均降水量 537.4mm，分别是
20 世纪 50 年代（614.0mm）、60 年代（544.6mm）、70 年代（577.3mm）、90 年代

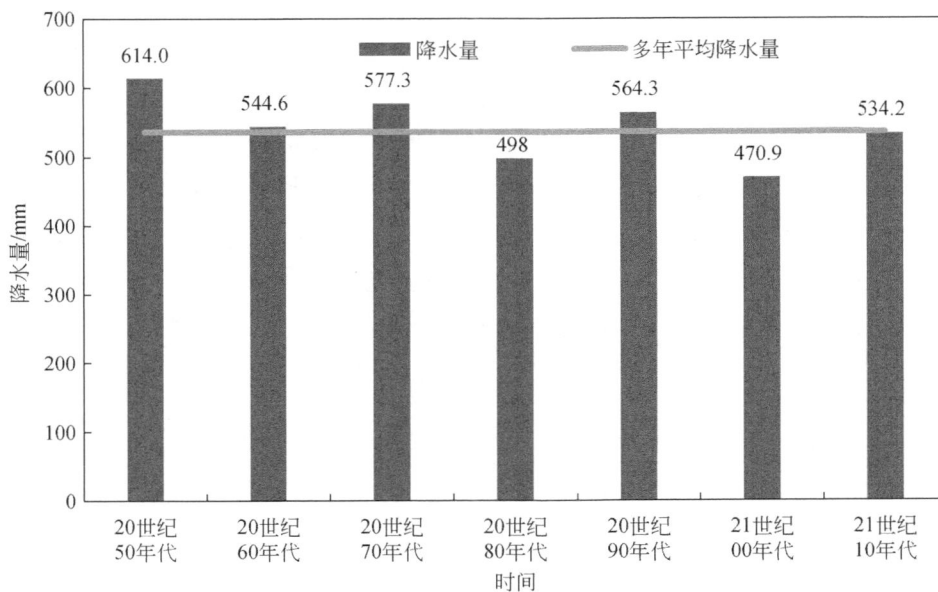

图 3-3　滦河流域年代降水量变化

（564.3mm）和 21 世纪 10 年代（534.2mm）；20 世纪 80 年代和 21 世纪 00 年代的降水量分别为 498.0mm 和 470.9mm，分别为多年平降水量的 92.7% 和 87.6%。

2. 空间分布

由于滦河流域面积较大，地形地貌较为复杂，降水空间分布差异性显著。滦河流域的降水量整体呈自西北向东南不断增加的态势，滦河下游平原的降水量接近 800mm，而北部山区降水量只有 400mm 左右，平原区降水量明显大于山区。其中最枯的地区在流域西北部（张家口北部地区），P1 时段（1956～1979 年）年均降水量为 392mm，P2 时段（1980～2000 年）年均降水量为 364mm，P3[①] 时段（2001～2020 年）年均降水量只有 359mm；而较丰的地区集中在流域东北部（唐山、秦皇岛沿海地区），P1 时段其年均降水量达到 800mm 以上，P2 时段年均降水量为 747mm，P3 时段年均降水量为 677mm，整体上呈阶段性减小趋势。

3.1.3　蒸发变化

1. 潜在蒸散量年际、年代变化

潜在蒸散量（potential evapotranspiration，ET_0）能够指示区域的蒸发能力，是大气与地表水热条件的重要参量，也是指示极端气象事件的重要指标之一。

采用彭曼公式计算得到的滦河流域潜在蒸散多年变化过程（图 3-4），由图可知，多年平均潜在蒸散量为 785.0mm，潜在蒸散的变异系数为 0.18，流域多年平均潜在蒸散量呈"上升–下降–上升"的态势，但整体表现上升趋势，年均增长率为 0.93mm/a。潜在蒸散最大值和最小值出现在 1972 年和 1985 年，分别为 976.4mm 和 627.0mm。

从年代变化看（图 3-5），共有 4 个年代超过了多年平均潜在蒸散量 785.0mm，分别是 20 世纪 60 年代（800.3mm）、20 世纪 70 年代（788.5mm）、21 世纪 00 年代（819.5mm）和 21 世纪 10 年代（864.6mm）；20 世纪 50 年代、80 年代和 90 年代的潜在蒸散量分别为 750.6mm、761.3mm 和 711.1mm，分别为多年平均值的 95.6%、96.9% 和 90.6%。

---

① 按照全国水资源评价时间，第一次调查评价水文系列为 1956～1979 年，第二次调查评价水文系列为 1956～2000 年，第三次调查评价水文系列为 1956～2016 年。这里延续第二次调查评价，定 P3 为 2001～2020 年。

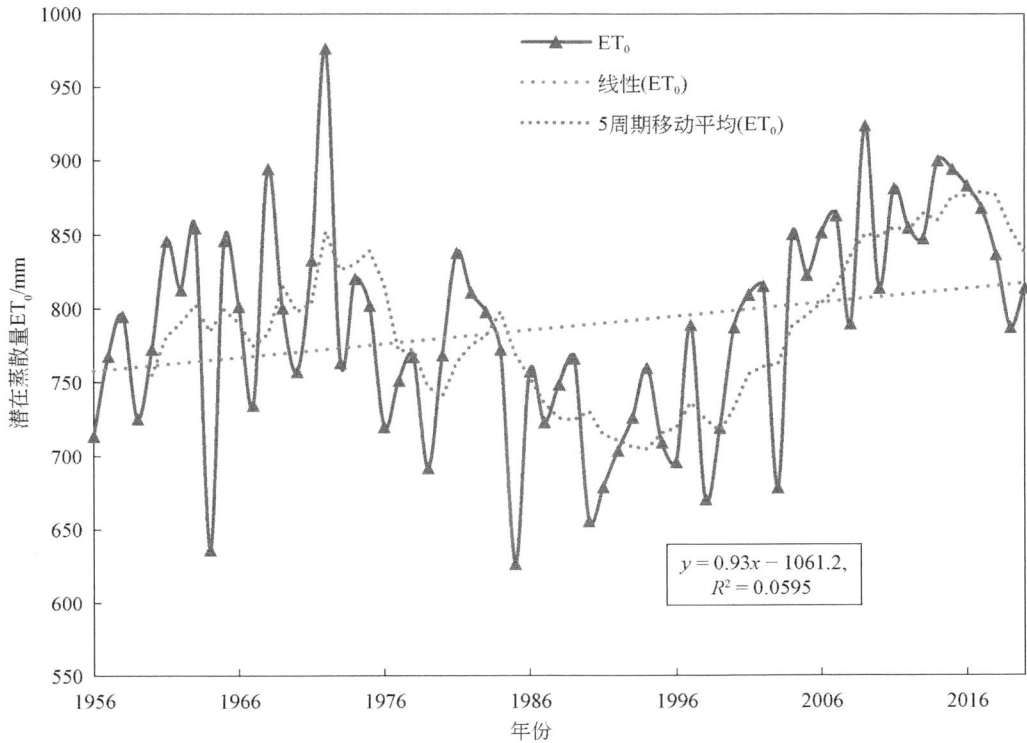

图 3-4　潜在蒸散量年际变化

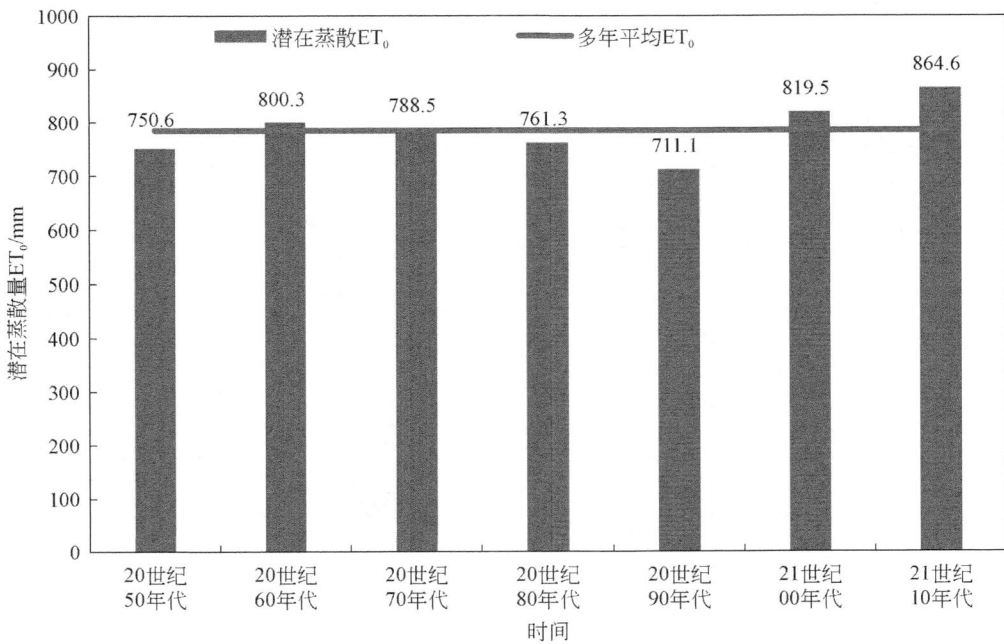

图 3-5　潜在蒸散量年代变化

2. 空间分布

从空间上看，滦河流域潜在蒸散量自西北向东南不断增加，滦河下游平原沿海地区蒸散量平均大于800m，北部山区约为700mm，南部平原区大于北部山区。其中，潜在蒸散量最大的地区在流域东南部（唐山、秦皇岛沿海地区），P1时段最大潜在蒸散量为965mm，P2时段最大潜在蒸散量为923mm，P3时段最大潜在蒸散量为997mm；而潜在蒸散量较小的地区集中在流域西北部（张家口、承德地区），P1时段最小潜在蒸散量为698mm，P2时段最小潜在蒸散量为623mm，P3时段最小潜在蒸散量为764mm。

3.1.4 径流变化

1. 年际变化

从滦河流域主要水文站点选取观测系列较完整的14个，时间序列为1956～2020年，划定各水文站的控制区域，对个别系列不足的站点进行插补（表3-1和图3-6）。可以看出，滦河流域实测径流量整体呈现下降趋势，14个水文站中，12个站点呈明显下降趋势，覆盖了流域90%的范围；下板城为不显著下降趋势，只有石佛口呈上升趋势，可能和20世纪90年代以来不断增强的人类活动影响有关。

表3-1　水文站点信息

序号	子流域	水文站点	控制面积 /km²	数据年份	1956～2018年平均径流量/亿m³
1	闪电河	白城子	2347	1956～2020	0.48
2	吐力根河	大河口	580	1956～2020	0.68
3	滦河干流（中游）	三道河子	17100	1956～2020	19.19
4	伊逊河	韩家营	6787	1956～2020	2.85
5	武烈河	承德	2460	1956～2020	1.87
6	老牛河	下板城	1615	1967～2020	0.79
7	柳河	李营	626	1956～2020	1.18
8	瀑河	宽城	1661	1956～2020	1.62
9	滦河（中游）	潘家口水库	33700	1956～2020	17.76
10	滦河（下游）	滦县	44100	1956～2020	28.38
11	青龙河	桃林口水库	5250	1956～2020	6.26
12	石河	石河水库	560	1956～2020	1.33
13	洋河	洋河水库	755	1960～2020	1.18
14	沙河	石佛口	429	1956～2020	0.47

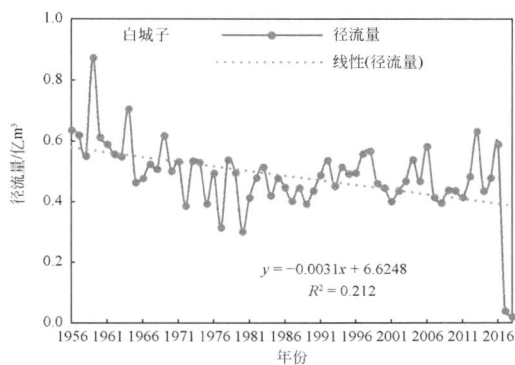

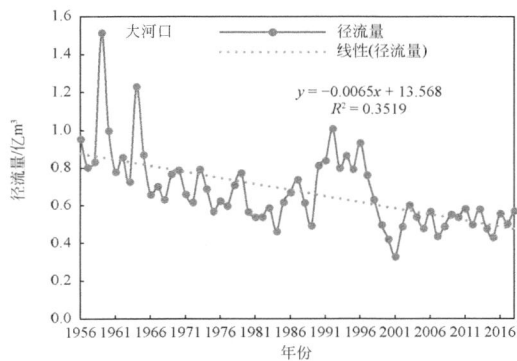

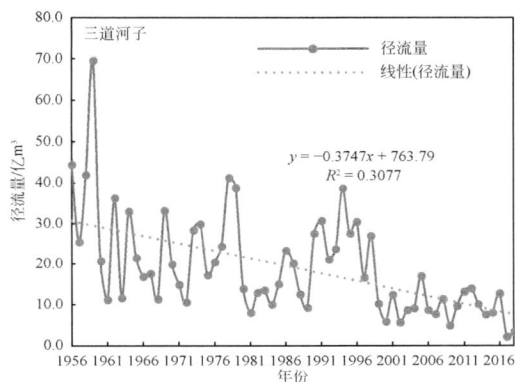

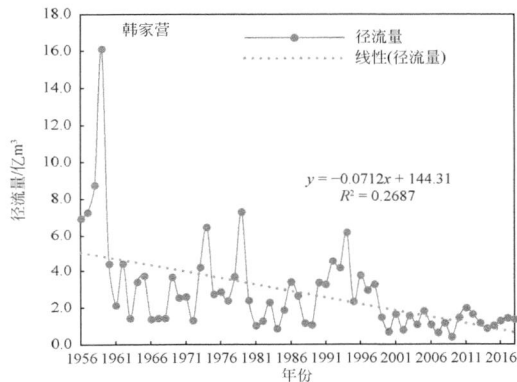

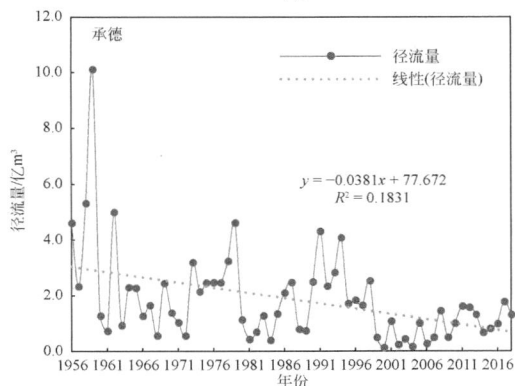

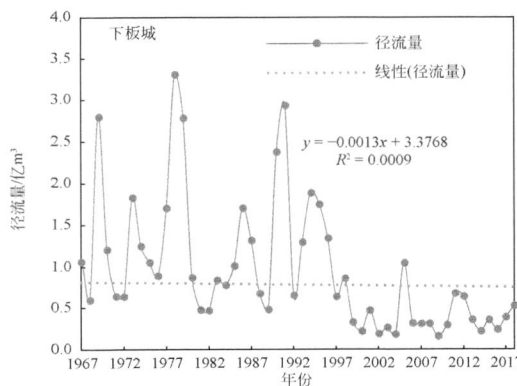

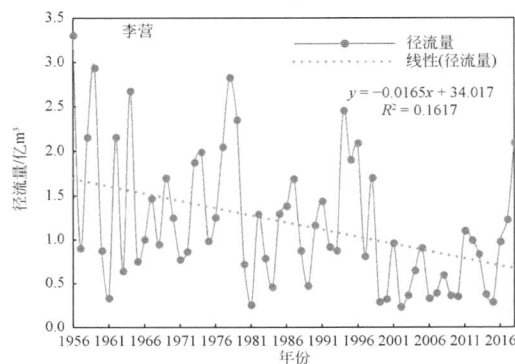

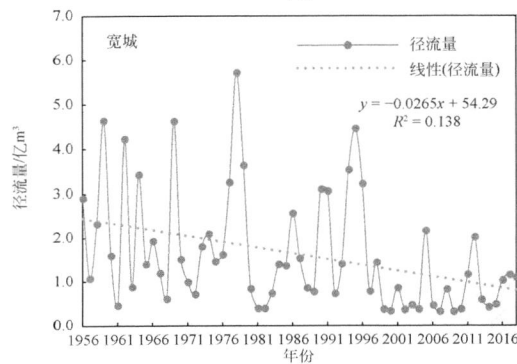

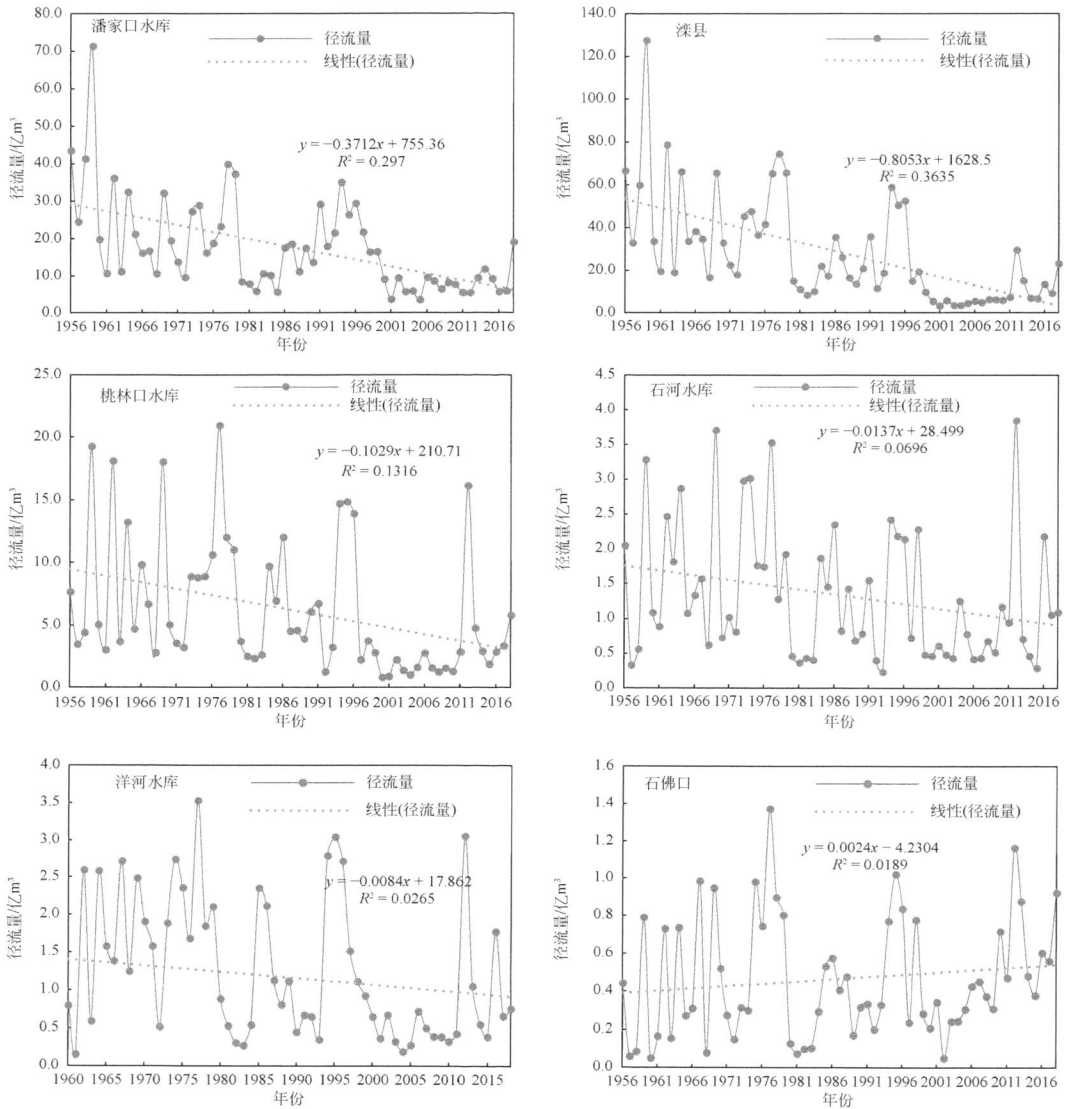

图 3-6　水文站径流数据

2. 年内分配

从各水文站年内各月变化看（表3-2），径流主要集中在汛期6～10月，平均占年径流量的72%，非汛期径流量仅占28%。从季节上来看，主要集中在夏季和秋季，分别占年径流量的80%和9%，变差系数 C_v 值分别为4.36和2.81，变化较为显著；春季和冬季径流仅占年径流量的4.73%，变差系数 C_v 值分别为4.21和2.75，总体较为稳定。

表 3-2 各站多年平均径流量年内分配表 （单位：亿 m³）

水文站	1 月	2 月	3 月	4 月	5 月	6 月	7 月	8 月	9 月	10 月	11 月	12 月
白城子	0.02	0.01	1.08	3.36	2.76	0.65	0.04	0.06	0.06	1.44	0.78	0.02
大河口	0.02	0.02	0.04	0.11	0.07	0.06	0.08	0.09	0.07	0.06	0.04	0.02
三道河子	0.35	0.34	0.87	1.08	0.59	1.23	4.22	5.34	2.38	1.43	0.88	0.49
韩家营	0.05	0.05	0.13	0.14	0.09	0.21	0.65	0.74	0.36	0.22	0.14	0.07
承德	0.03	0.03	0.05	0.04	0.03	0.1	0.48	0.57	0.23	0.15	0.09	0.06
下板城	0.03	0.03	0.04	0.03	0.02	0.05	0.17	0.27	0.13	0.08	0.06	0.04
李营	0.03	0.02	0.03	0.02	0.02	0.04	0.32	0.41	0.14	0.08	0.05	0.03
宽城	0.04	0.04	0.05	0.05	0.04	0.07	0.39	0.53	0.19	0.1	0.07	0.05
潘家口水库	0.33	0.24	0.66	1.22	1.79	1.69	3.15	3.84	1.85	1.11	0.88	0.61
滦县	0.55	0.51	0.78	1.1	1.51	1.75	6.7	8.82	3.14	1.66	1.14	0.71
桃林口水库	0.09	0.1	0.14	0.2	0.33	0.37	1.49	2.15	0.66	0.31	0.26	0.15
石河水库	0.03	0.03	0.03	0.04	0.05	0.08	0.42	0.41	0.13	0.05	0.04	0.03
洋河水库	0.01	0.01	0.02	0.02	0.02	0.21	0.26	0.31	0.13	0.03	0.03	0.02
石佛口	0.01	0.01	0.02	0.01	0.01	0.02	0.11	0.16	0.05	0.03	0.02	0.02

3. 空间分布

从空间上看，滦河流域径流深呈自西北向东南不断增加的态势，滦河下游平原的径流深接近 300mm，而到北部山区只有 20mm 左右，平原区径流量明显大于山区。其中，流域西北部的张家口北部地区最少，P1 时段年均径流深为 23mm，P2 时段年均径流深为 19mm，P3 时段年均径流深只有 21mm；流域东北部沿海地区较多，P1 时段年均径流深达 310mm 以上，P2 时段年均径流深为 211mm，P3 时段年均径流深为 172mm，整体上呈阶段性减小趋势。

3.2 滦河流域下垫面与水资源开发利用变化

3.2.1 土地利用变化

流域下垫面条件变化是影响滦河流域水循环过程的重要因素，直接影响水资源的形成与循环流通。采用 1980 年、1990 年、1995 年、2000 年、2005 年、2010 年、2015 年和 2018 年 8 期土地利用数据，根据《土地利用现状分类》一级分类标准重分类为耕地、林地、草地、水域、城乡工矿居民用地和未利用土地 6 大类，对比分析流域各分区土地利用类型面积的变化（图 3-7）。

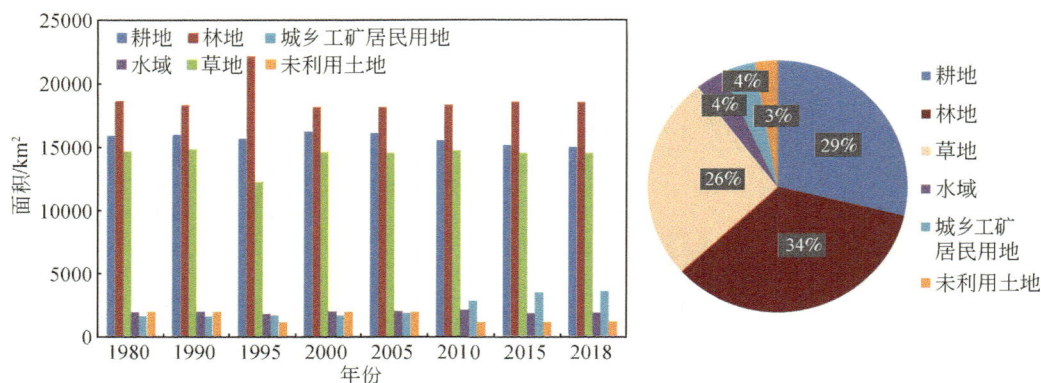

图 3-7　滦河流域土地利用面积（1980～2018 年）及占比（2018 年）

图 3-7 展示了 1980～2018 年 6 种土地利用类型的面积变化以及 2018 年各土地利用类型面积占比情况，可以看出，依照各类土地利用类型占流域总面积的比值排序，依次是林地>耕地>草地>城乡工矿居民用地>水域>未利用土地。1980～2018 年，不同年份区间土地利用类型变化有所不同，其中林地 1980～1995 年面积增加了 18.6%，主要受滦河山区人工造林面积扩大的影响，2000 年以后，林地面积小幅度缩减，到 2018 年约为 18518km²；耕地面积 1980～1995 年减小了 1.3%，1995～2005 年呈回升趋势，2005～2018 年又有所减小；草地面积呈先减小后增加的趋势，1980～1995 年减小了 16%，1995～2018 年呈小幅度增加趋势，平均在 14564km² 左右；城乡工矿居民用地整体上呈增加趋势，由 1980 年的 1599km² 增加至 2018 年的 3580km²，增加了 123%；水域面积呈先减少再增加后减少趋势，平均在 1929km² 左右；未利用土地呈减小趋势，1980～2018 年由 1936km² 减小至 1169km²，减小了 39.6%。

3.2.2　植被覆盖度变化

植被覆盖度反映了流域植被的质量，对流域蒸发、地表产流等过程影响显著。根据提取的滦河流域 2000～2019 年植被覆盖度序列，近 20 年来植被覆盖度整体上呈增加趋势，年平均值介于 0.2～0.3，平均值最小的年份为 2000 年（0.197），平均值最大的年份为 2014 年（0.316）。流域植被覆盖度年最大值增幅更加明显，年最大值介于 0.4～0.7，值最小的年份为 2000 年（0.444），值最大的年份为 2014 年（0.709）。从空间上看，流域多年平均植被覆盖度空间分布基本呈西北部和东南部低、中部山区高的特征。

3.2.3 水资源开发利用变化

1. 供水工程

（1）灌区情况

滦河流域地处华北平原，流域内生产活动频繁，农业灌溉面积较大，主要供水工程分为地表水水源工程和地下水水源工程。地表水水源灌溉工程较多，其中流域主要大中型灌区见表 3-3。大型灌区主要有陡河灌区、陡河下游灌区、洋河灌区和引青灌区，总设计灌溉面积为 240.8 万亩①，其中有效灌溉面积为 179.1 万亩，耕地占 92.5%，非耕地占 7.5%；实际灌溉面积约为 152.6 万亩，耕地占 93%，非耕地占 7%。4 个大型灌区中，陡河下游灌区的设计灌溉面积最大，有效灌溉面积为 64.2 万亩，耕地占 85%，非耕地占 15%，灌区覆盖乐亭、滦南、曹妃甸三个区县，主要水源是滦河。

表 3-3　滦河流域大中型灌区基本情况

灌区	名称	范围	设计灌溉面积/万亩	有效灌溉面积/万亩			实际灌溉面积/万亩			主要水源
				小计	耕地	非耕地	小计	耕地	非耕地	
大型灌区	陡河灌区	丰南区	75	53.4	52.6	0.8	50.0	49.6	0.4	滦河、陡河水库
	陡河下游灌区	乐亭、滦南、曹妃甸	95.8	64.2	54.5	9.7	61.1	53.7	7.4	滦河
	洋河灌区	昌黎、抚宁	32	30.5	30.5	0	24.7	24.7	0	洋河水库、桃林口水库
	引青灌区	卢龙县	38	31	28	3	16.75	14.0	2.75	青龙河
中型灌区	唐山合计		74.5	51.6	49.8	1.8	38.3	37.3	0.9	
	白官屯灌区	丰润区	16.0	9.9	9.9	0.0	9.5	9.5	0.0	还乡河
	左家坞灌区	丰润区	3	2.2	2.1	0.1	1.7	1.6	0.1	还乡河
	大口灌区	开平区	2.5	1	1	0	0	0	0	陡河水库
	汉沽农场灌区	路南区	11.8	11.8	11.2	0.6	11.8	11.2	0.6	蓟运河
	芦台农场灌区	路南区	11.6	11.3	11.1	0.2	11.3	11.1	0.2	蓟运河
	小龙潭水库灌区	滦州市	1	0.7	0.7	0	0.3	0.3	0	小龙潭水库
	房官营水库灌区	迁西县	1	1	0.8	0.2	0	0.0	0.0	房官营水库
	大和平灌区	玉田县	7.1	3.5	3.5	0	3.5	3.5	0	还乡河
	般若院灌区	遵化市	6	3.9	3.9	0	0	0	0	沙河
	东风灌区	遵化市	3	1.5	1.5	0	0	0	0	邱庄水库

---

① 1 亩 ≈ 666.7m²。

续表

灌区	名称	范围	设计灌溉面积/万亩	有效灌溉面积/万亩			实际灌溉面积/万亩			主要水源
				小计	耕地	非耕地	小计	耕地	非耕地	
中型灌区	上关水库灌区	遵化市	9	2.6	2	0.6	0.15	0.1	0.05	上关水库
	水平口灌区	遵化市	1.5	1.33	1.28	0.05	0.03	0.03	0	沙河
	五一渠灌区	遵化市	1	0.85	0.8	0.05	0	0	0	沙河
	秦皇岛合计		14.5	10.0	10.0	0	6.0	6.0	0	
	引滦灌区	昌黎县	7.5	6	6	0	3	3	0	滦河
	南石灌区	昌黎县	4	1	1	0	0.6	0.6	0	滦河
	石河灌区	山海关区	3.0	3.0	3.0	0	2.4	2.4	0	石河、下沟水库等

中型灌区主要分布在唐山和秦皇岛，其中唐山中型灌区的总设计灌溉面积为74.5万亩，有效灌溉面积为51.6万亩，耕地占96.5%，非耕地占3.5%；实际灌溉面积为38.3万亩，耕地占97.7%，非耕地占2.3%。白官屯灌区和汉沽农场灌区分别在唐山丰润区和路南区，设计灌溉面积分别为16万亩和11.8万亩，主要水源为还乡河和蓟运河。与唐山相比，秦皇岛中型灌区在数量上较少，总设计灌溉面积仅为14.5万亩，有效灌溉面积为10万亩，耕地占100%；实际灌溉面积为6万亩，耕地占100%；其中引滦灌区的设计灌溉面积较大，为7.5万亩，主要水源为滦河。

（2）地下水井情况

地下水源工程是通过凿井方式从地下含水层取水的工程措施。表3-4是滦河流域的地下水井基本统计情况。由表3-4可知，流域地下水井数量总和超过136万眼，其中滦河山区占82%，滦河平原及冀东沿海诸河占18%。按规模来看，规模以上机电井占9.9%，规模以下机电井占72.3%，人力井占17.8%；按用水类型来看，用于灌溉的占16.1%，非灌溉的占83.9%；按地貌类型来看，山区占53.8%，平原区占46.2%。

表3-4　滦河流域地下水井数量　（单位：眼）

水资源三级区	合计	规模			用水类型		地貌类型	
		规模以上机电井	规模以下机电井	人力井	灌溉	非灌溉	山丘区	平原区
滦河山区	1116355	64705	848251	203399	109327	1007028	719587	396768
滦河平原及冀东沿海	247448	70508	137683	39257	110300	137148	13707	233741
总计	1363803	135213	985934	242656	219627	1144176	733294	630509

2. 供水结构

滦河流域供水水源包括地表水、地下水和其他水源供水。通过整理流域水资源公报，得到滦河流域供水情况（图 3-8）。

1999～2020 年，研究区多年平均供水量为 35.90 亿 m³，整体呈逐年递减趋势，其中 1999 年供水量最大，为 41.30 亿 m³；2020 年供水量最小，为 30.12 亿 m³。1999～2001 年供水量减小了 13.3%，2001～2002 年增加了 10.1%，2002～2020 年供水量先增加后以 1.2 亿 m³/a 的速度逐年递减。

地表水、地下水以及其他水源多年平均供水量分别为 13.87 亿 m³、21.61 亿 m³ 和 0.42 亿 m³，占比分别为 38.6%、60.2% 和 1.2%。其中地表水供水量以 0.2 亿 m³/a 的速度逐年递减，地下水则以 0.3 亿 m³/a 的速度逐年递减，其他水源则呈先减小后增加趋势。

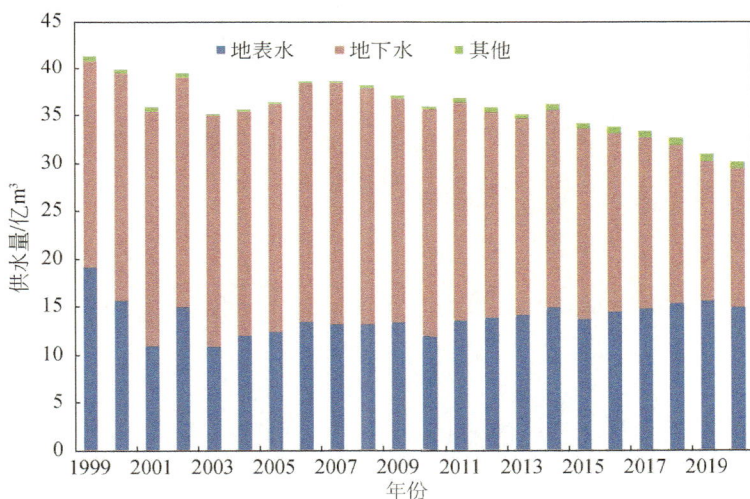

图 3-8　流域分水源供水量情况

3. 用水量

滦河流域用水情况如图 3-9 所示，分行业来看，农业、工业、生活以及生态环境用水多年平均用水量分别为 23.33 亿 m³、6.59 亿 m³、5.42 亿 m³ 和 0.56 亿 m³，占比分别为 65.0%、18.4%、15.1% 和 1.6%[①]。其中，农业用水以 0.52 亿 m³/a 的速度逐年递减，到

---

① 因小数修约，加和不等于 100%。

2020 年减小了 44.6%；工业用水整体上呈先增加后减小趋势，2011 年工业用水量最大，为 8.01 亿 m^3；生活用水以 0.06 亿 m^3/a 的速度增加；生态环境用水自 2003 年开始以 0.06 亿 m^3/a 的速度递增。

(a)行业用水量变化   (b)流域用水结构

图 3-9　滦河流域用水情况

3.3　滦河流域水资源演变

3.3.1　水资源量模拟评价验证

采用分布式水循环模型（WACM）系统模拟滦河流域水循环过程，评价流域水资源量变化。模型构建以 2001～2018 年为模拟期，其中，2001～2010 年为率定期，2011～2018 年为验证期，选取滦县等径流量较大的 6 个水文站实测逐月径流数据对模型模拟效果进行验证，结果见表 3-5。选择径流过程在率定期内，相关系数介于 0.91～0.97，纳什系数介于 0.82～0.91，相对误差介于 3.8%～14.3%；验证期内相关系数介于 0.95～0.98，纳什系数介于 0.87～0.93，相对误差介于 5.2%～11.7%；在率定期和验证期模型模拟值在趋势上基本保持了较好的一致性，满足精度要求。

表 3-5 径流量率定与验证结果

监测点位置	所在河流	相关系数		纳什系数		相对误差绝对值/%	
		率定期	验证期	率定期	验证期	率定期	验证期
白城子	闪电河	0.91	0.95	0.82	0.87	7.00	5.20
三道河子	滦河	0.97	0.96	0.91	0.88	9.20	11.70
韩家营	伊逊河	0.96	0.97	0.89	0.87	6.60	11.50
潘家口水库	滦河	0.96	0.97	0.9	0.88	14.30	8.50
滦县	滦河	0.95	0.95	0.87	0.89	3.80	10.60
桃林口水库	青龙河	0.97	0.98	0.83	0.93	11.10	7.80

3.3.2 地表水资源量变化

地表水资源量是指河流、湖泊等地表水体中由当地降水形成的、可以逐年更新的动态水量。通过模型模拟得到滦河流域 1956~2020 年地表水资源量（图 3-10）。1956~2020 年滦河流域多年平均地表水资源量为 39.3 亿 m³，其中，1959 年地表水资源量最大，为 121.1 亿 m³，较多年平均值多 208.1%；2001 年最小，为 8.7 亿 m³，比多年平均值少 77.9%。60 多年来地表水资源量呈显著衰减趋势，其中 P1 时段年均地表水资源量为 50.3 亿 m³，P2 时段年均地表水资源量为 38.0 亿 m³，P3 时段年平均地表水资源量为 24.7 亿 m³；P2 时段比 P1 时段衰减了 24.5%，P3 时段比 P1 时段、P2 时段分别衰减了 50.9%、24.5%。

3.3.3 地下水资源量变化

地下水资源量是指储存在饱水带岩土空隙中的重力水。通过模型模拟评价得到流域 1956~2020 年地下水资源量（图 3-11）。全流域多年平均地下水资源量 38.2 亿 m³，其中 1959 年地下水资源量达 58.5 亿 m³，比多年平均值多 53.1%；1972 年仅 22.4 亿 m³，比多年平均值少 41.4%。60 多年来，地下水资源量呈微弱下降趋势，其中 P1、P2 时段变化不大，年均 39.1 亿 m³，年变化率为 −0.37 亿 m³/a；P3 时段年均 35.7 亿 m³，年变化率为 −0.54 亿 m³/a，P3 时段地下水资源量降幅最大。

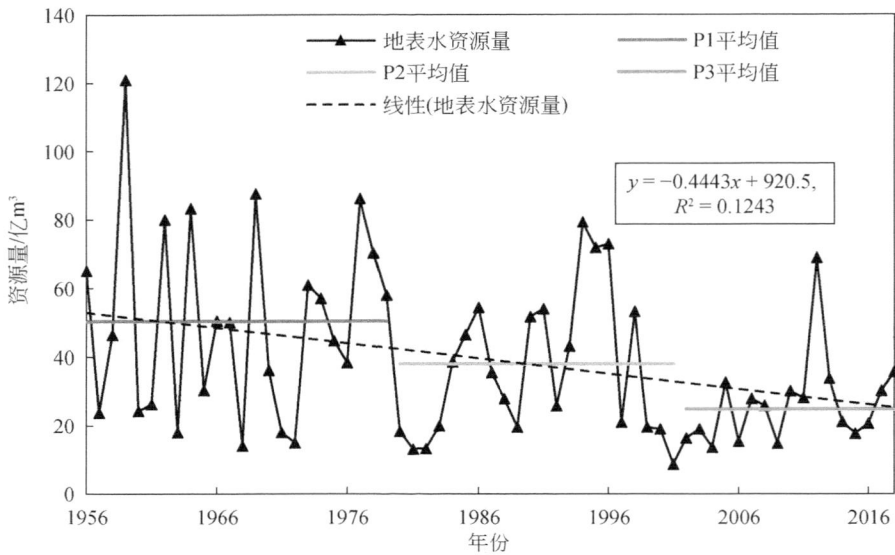

图 3-10 滦河流域 1956~2020 年地表水资源量变化

$$y = -0.4443x + 920.5, \quad R^2 = 0.1243$$

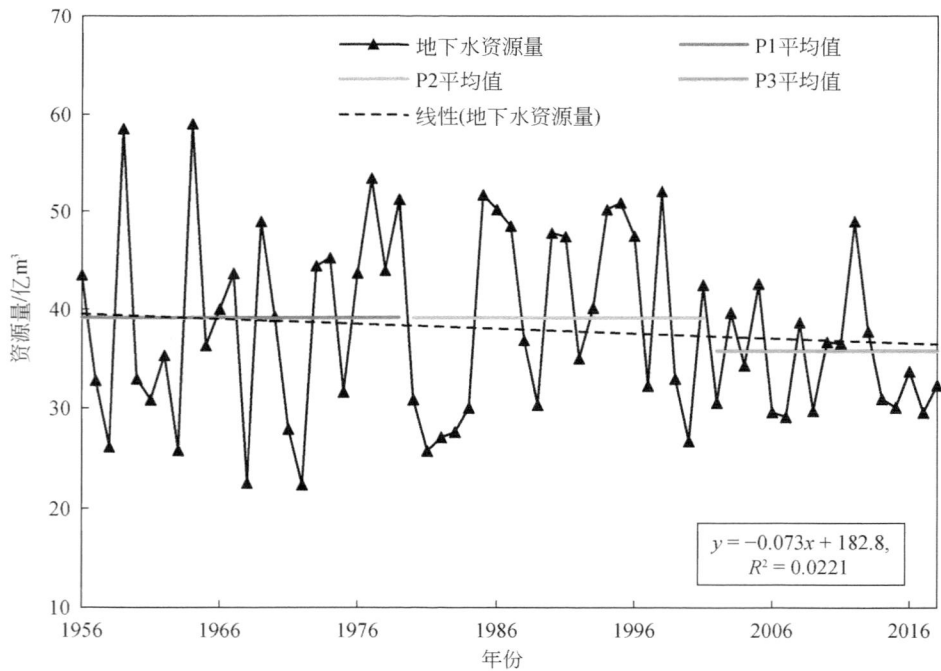

图 3-11 滦河流域 1956~2020 年地下水资源量变化

$$y = -0.073x + 182.8, \quad R^2 = 0.0221$$

3.3.4 水资源总量变化

通过对地表水和地下水的统计，扣除重复计算量，汇总得到流域 1956～2020 年总水资源量（图 3-12）。1956～2020 年滦河流域多年平均水资源总量为 55.8 亿 m³，1959 年的水资源总量最大，为 143.4 亿 m³，比多年平均值多 157%；2002 年的水资源总量最小，为 24.4 亿 m³，比多年平均值少 56.3%。受地表水显著衰减影响，水资源总量也呈持续衰减趋势，其中，P1 时段年平均水资源总量为 67.2 亿 m³，P2 时段年平均水资源总量为 53.8 亿 m³，P3 时段年平均水资源总量为 41.3 亿 m³；P2 时段比 P1 时段衰减了 19.9%，P3 时段比 P1 时段、P2 时段衰减了 38.5%、23.2%。

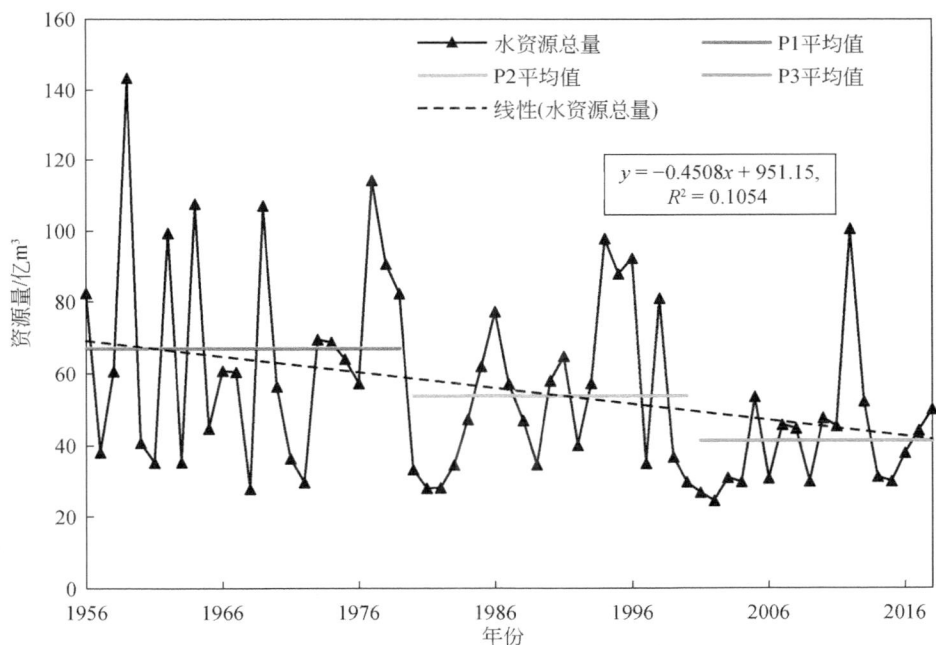

图 3-12　滦河流域 1956～2020 年水资源总量变化

第4章 引滦河水对天津市保障作用

本章分析了天津水资源演变特征及供用水格局变化，研究表明 2000 年后天津水资源量波动增加，其中地下水资源增加趋势明显，水资源总量由 2000 年的 3.37 亿 m³ 增加到 2020 年的 14.20 亿 m³。2000 年后天津工业和农业用水有所减少，而生活用水和生态环境用水有所增加，特别是 2014 年南水北调中线工程通水以来，生态环境用水从 2014 年的 2.1 亿 m³ 快速增加到 2020 年的 6.4 亿 m³。伴随着水资源量变化和供水格局改变，引滦河水的贡献和占比在天津有所降低，在南水北调中线通水以前，引滦河水量约占天津总供水量的 1/4，在中线通水后，引滦河水量占总供水量的比例快速下降到 1/8，且主要用于生态环境补水。

4.1 天津市水资源量演变

4.1.1 地表水资源量

据统计，天津 2000~2020 系列年降水量多年平均值为 532.9mm，其中，最大降水量为 2012 年的 850.4mm，最小降水量为 2002 年的 362.1mm。2000~2020 年，天津多年平均地表水资源量为 9.06 亿 m³，相比于 1980~2000 年的多年平均地表水资源量 9.61 亿 m³ 有所降低。但是，进入 2000 年以来，天津地表水资源量随降水量逐年波动，整体呈上升趋势，多年平均地表水资源量由 6.96 亿 m³（2000~2010 年）增长为 11.36 亿 m³（2011~2020 年），增长态势显著（图 4-1）。

4.1.2 地下水资源量

天津北部全淡区浅层地下水指第一和第二含水组地下水，底界埋深 80~100m；天津南部有咸水区浅层地下水指第一含水组地下水，底界埋深 30~50m。2000~2020 年，天津多年平均地下水资源为 4.83 亿 m³（矿化度<2g/L 的浅层淡水），相比于 1980~2000 年的多年平均地下水资源量 5.9 亿 m³ 有所降低。但是，进入 2000 年以来，天津市地下水资

源量整体呈上升趋势，多年平均地下水资源量由 4.19 亿 m³（2000~2010 年）增长为 5.53 亿 m³（2011~2020 年），增长趋势较为明显（图 4-2）。

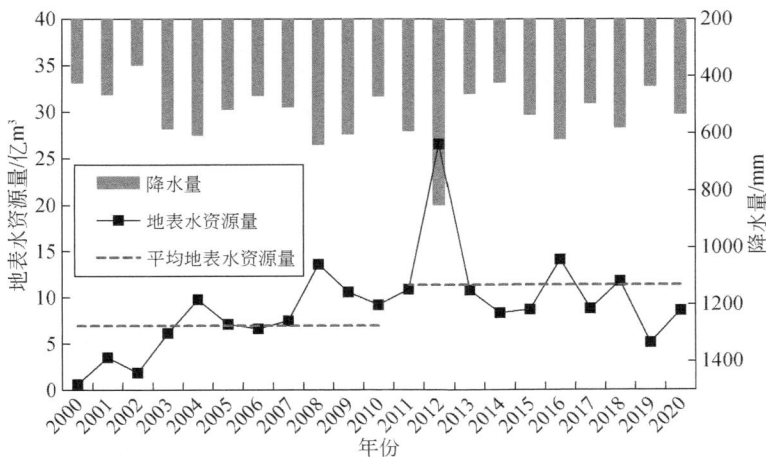

图 4-1 天津 2000~2020 年地表水资源量变化

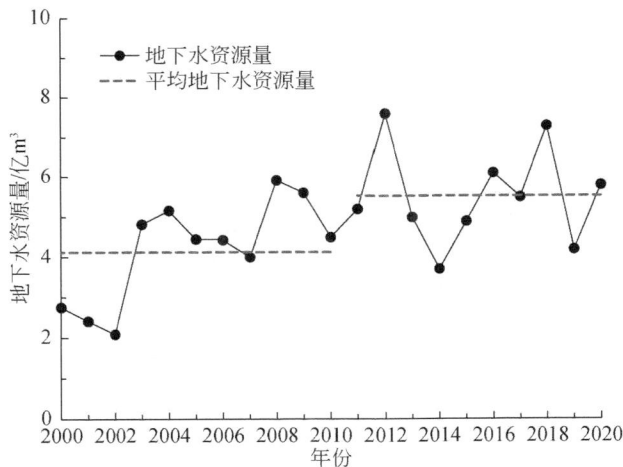

图 4-2 天津 2000~2020 年地下水资源量变化

4.1.3 水资源总量

2000~2020 年，天津多年平均水资源总量为 13.88 亿 m³，产水模数多年平均值为 11.34 万 m³/km²。天津水资源总量的变化趋势与地表水、地下水资源量基本一致，总体也呈增长趋势，其中，2000 年水资源量最小，为 3.37 亿 m³；2012 年水资源总量最大，为 34.16 亿 m³（图 4-3）。

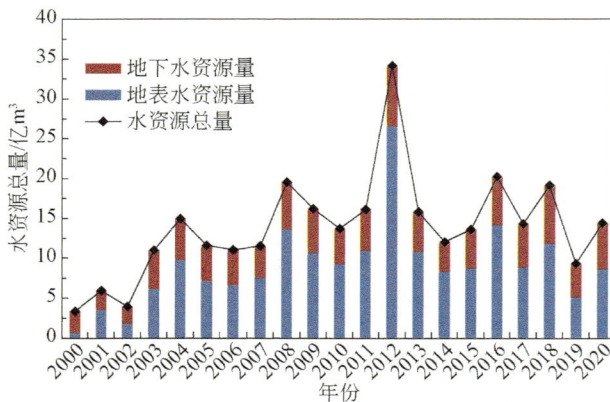

图 4-3　天津 2000～2020 年水资源总量变化

4.2　天津供用水格局变化

4.2.1　供水现状

据《2020 年天津水资源公报》统计，天津总供水量为 27.82 亿 m³。其中，地表水供水量为 19.23 亿 m³（占比 69.12%），为天津主要供水来源，地表水供水量由本地地表水源（4.71 亿 m³）、引滦入津水源（4.91 亿 m³）、跨流域调水水源（9.61 亿 m³）构成，分别占总供水量的 16.93%、17.65% 和 34.54%；地下水供水量为 3.01 亿 m³（占比 10.82%），由浅层地下水水源（2.40 亿 m³）和深层地下水水源（0.61 亿 m³）构成，分别占总供水量的 8.63% 和 2.19%；其他水源供水量为 5.58 亿 m³（占比 20.06%）（图 4-4）。

2020 年，天津所有供水水源的供水量排序如下：跨流域调水水源>其他水源>引滦入津水源>本地地表水源>浅层地下水水源>深层地下水水源。

4.2.2　用水现状

据《2020 年天津水资源公报》统计，天津总用水量为 27.82 亿 m³。其中，农业用水量由农田灌溉用水量（9.5 亿 m³）和林牧渔业用水量（0.8 亿 m³）构成，分别占总用水

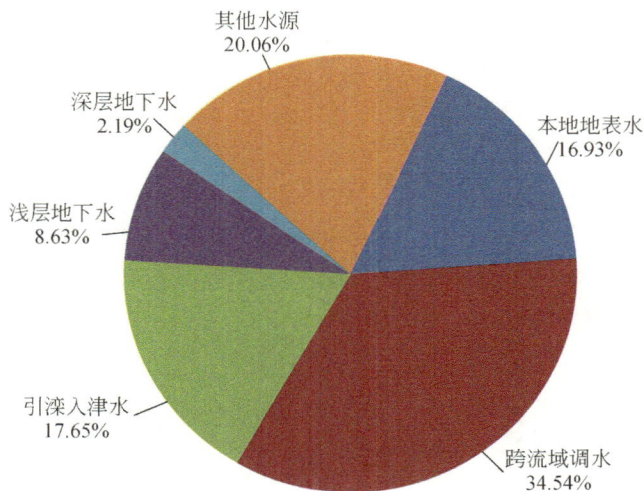

图 4-4　天津供水现状（2020 年）

量的 34.15% 和 2.88%，为天津主要用水户；生活用水量为 6.63 亿 m³，由城镇生活用水（5.99 亿 m³）和农村生活用水（0.64 亿 m³）构成，分别占总用水量的 21.53% 和 2.30%；工业用水量为 4.46 亿 m³（占比 16.03%）；生态环境用水量为 6.43 亿 m³（占比 23.11%）（图 4-5）。

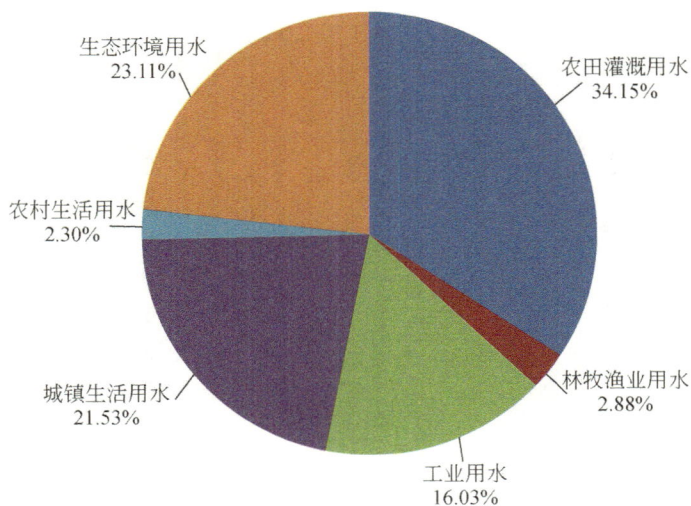

图 4-5　天津用水现状（2020 年）

2020 年，天津所有类型用水量排序如下：农田灌溉用水量>生态环境用水量>城镇生活用水量>工业用水量>林牧渔业用水量>农村生活用水量。

4.2.3 供用水演化趋势

据《中国水资源公报》统计，2000～2020 年天津供水总量呈上升趋势。在外调水补充以及地下水超采治理条件下，地表水供水比例上升，地下水供水比例下降。同时，为缓解水资源供需矛盾，近年来，天津再生水等非常规水利用量逐年增加。

2000～2020 年天津供水总量增长 23.4%。地表水供水量占比最大，由 2000 年的 14.41 亿 m³ 上升至 2020 年的 19.23 亿 m³，增长 33.4%，多年平均供水比例为 53.12%；地下水供水量占比次之，供水量由 2000 年的 8.23 亿 m³ 下降至 2020 年的 3.01 亿 m³，供水量减少 63.4%，供水比例由 36.35% 下降至 10.82%；其他水源主要为再生水供水，供水量由 2000 年的 0 上升至 2020 年的 5.59 亿 m³，供水比例由 0 增长至 20.06%。地表水供水包括本地地表水源、引滦入津水源及外调水源三部分，其中本地地表水供水量由 2000 年的 7.73 亿 m³ 下降至 2020 年的 4.71 亿 m³，减少 39.1%，供水比例由 34.10% 下降至 16.93%；引滦入津供水量呈逐渐减少趋势，多年供水量平均值为 3.53 亿 m³，供水比例多年平均值为 14.67%；外调水供水量由 2000 年的 0.82 亿 m³ 上升至 2020 年的 9.61 亿 m³，增长 1071.9%，供水比例由 4.2% 上升至 34.54%（图 4-6）。

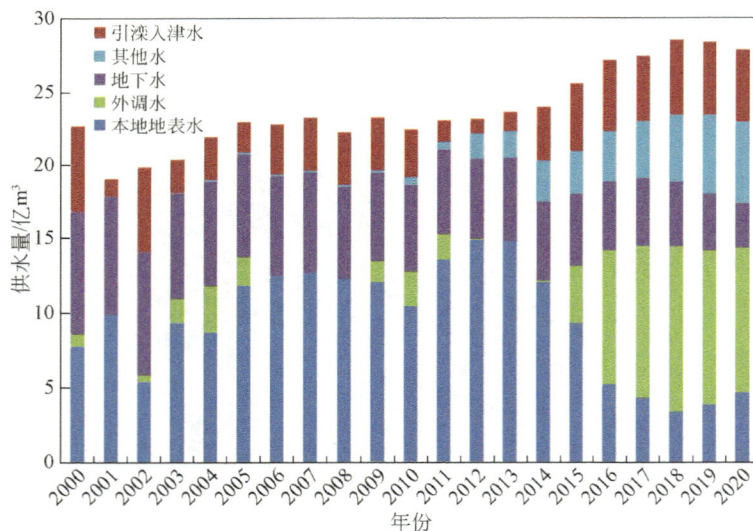

图 4-6 天津 2000～2020 年供水变化

2000～2020 年天津用水总量呈上升趋势。农业用水和生活用水呈先增加后减少再增加趋势，工业用水量变化不大，生态用水量逐年增加。其中，农村种植结构的调整促使农田灌溉用水占比逐年下降而林牧渔业用水量逐年上升，农村劳动力向城镇转移、城镇人口激增使农村生活用水逐年下降但城市生活用水逐年上升。

农业用水量由 2000 年的 12.08 亿 m^3 下降至 2020 年的 10.30 亿 m^3，下降 14.7%，用水比例由 53.2% 下降为 37.0%；生活用水量占比次之，用水量由 2000 年的 5.22 亿 m^3 增长至 2020 年的 6.6 亿 m^3，用水比例由 23.0% 增长至 23.8%；生态环境用水量占比最小，从 2003 年才开始产生，用水量从 2003 年的 0.3 亿 m^3 增长为 2020 年的 6.4 亿 m^3，用水比例由 1.5% 增长为 23.1%；工业用水量由 2000 年的 5.34 亿 m^3 下降至 2020 年的 4.46 亿 m^3，用水比例由 23.8% 下降至 16.0%。详见图 4-7。

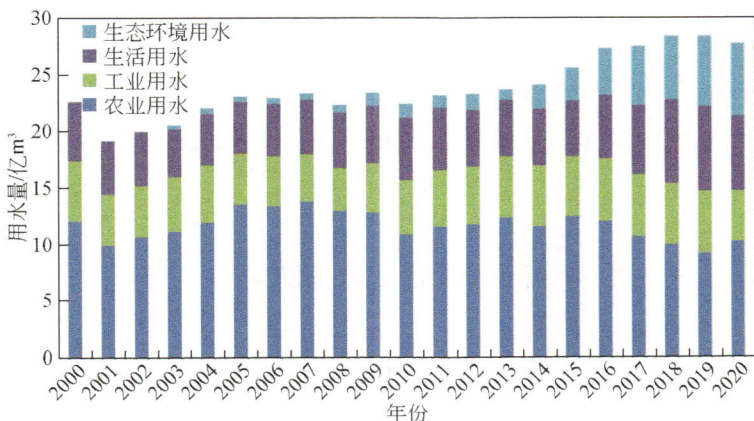

图 4-7　天津 2000~2020 年用水变化

整体来看，2014 年底南水北调中线工程通水以来，天津缺水情况得到显著改善，水资源开发利用率则从 2010~2014 年平均 134% 下降到 2015~2020 年平均 101%，降幅达到 25%；2015~2020 年，天津地下水超采量由 2.0 亿 m^3 下降到 0.6 亿 m^3，降幅达到 70%。南水北调中线通水后，天津工业和农业用水有所下降，而生态环境用水明显增加，从 2014 年的 2.1 亿 m^3 快速增加到 2020 年的 6.4 亿 m^3。近年来，引滦河水在天津供水体系中的贡献和占比明显降低，在南水北调中线通水以前，引滦河水约占天津总供水量的 1/4，在中线通水后，引滦河水占总供水量的比例快速下降到 1/8。引滦河水占天津城市用水的比例也由中线工程通水前的 70% 下降现在的 30%，可以看出，引滦河水已经由以往的城市主要供水水源转化为保障性水源，且主要用于生态环境补水。

第5章 南水北调工程建设运行情况

南水北调工程中线一期工程通水使得天津水安全程度得到较大提高，引滦河水的作用也在不断降低，这也是推动滦河水再分配最重要的现实基础。本章简要回顾了南水北调工程建设运行情况以及对天津供水情况，并对南水北调后续工程向天津供水相关规划做了分析。分析结果表明，东线一期工程北延应急供水工程、南水北调东线二期工程和引江补汉工程都将进一步提高天津供水保障能力，在保障天津水安全的前提下，实现引滦河水再分配的可行性是较大的。

5.1 南水北调工程总体方案

我国水资源北少南多，土地资源北多南少。北方地区水资源占 19%，耕地资源占 65%；南方地区水资源占 81%，耕地资源占 35%。1952 年，毛泽东同志在视察黄河时提出："南方水多，北方水少，如有可能，借点水来也是可以的。"这是南水北调宏伟构想的首次提出。南水北调工程是党中央、国务院根据我国经济社会发展需要作出的重大决策，是从国家全局出发考虑安排的重大生产力布局，是事关我国经济社会发展全局的一项战略性工程。根据《南水北调工程总体规划》，南水北调工程总体布局东线、中线和西线三条调水线路向北方调水，连接起长江、淮河、黄河、海河，形成我国"四横三纵"骨干水网。现阶段，南水北调东线和中线的一期工程已建成通水，而西线工程尚未动工。

5.2 东中线一期工程概况

5.2.1 东线一期工程概况

东线一期工程从江苏扬州附近的长江干流引水，利用京杭大运河以及与其平行的河道输水，连通洪泽湖、骆马湖、南四湖、东平湖，新建大屯、东湖、双王城等平原调蓄水库进行输水和调蓄，沿线调蓄总库容 47.29 亿 m³。长江水经泵站逐级提水进入东平湖后，两路分水，一路向北穿黄河后自流到德州大屯水库，另一路向东经济平干渠、穿济南至引黄济青渠道上节制闸。

工程共设 13 个梯级 34 座抽水泵站，调水路线总长度 1466.50km，占地总面积 22.4 万亩，搬迁总人数 2.71 万人。规划规模为抽江 500m³/s，入东平湖 100m³/s，过黄河 50m³/s，送山东半岛 50m³/s。工程建成后多年平均抽江水量 87.66 亿 m³，调入下级湖 29.70 亿 m³，过黄河 4.42 亿 m³，送到胶东 8.83 亿 m³；新增抽江水量 38.01 亿 m³，新增净供水量 36.01 亿 m³。

国务院批复的一期工程主体工程投资为 342 亿元，其中，中央预算内投资 59.4 亿元，南水北调工程基金 39.8 亿元，银行贷款 80.8 亿元（利用水费和还贷期继续征收的南水北调工程基金偿还），国家重大水利工程建设基金 162 亿元（建设期先利用银行贷款，2010～2019 年征收国家重大水利工程建设基金偿还贷款本息）。

东线一期工程主要向苏北、皖东北、鲁西南、鲁北和山东半岛等地供水，补充山东半岛和山东、江苏、安徽等输水沿线城市的生活、环境和工业用水，兼顾农业和其他用水，并为天津、河北应急供水创造条件。供水目标主要包括：济南、青岛、徐州等重要中心城市及调水沿线和山东半岛的大中城市用水与重要电厂、煤矿用水；济宁—扬州段京杭运河航运用水；江苏现有江水北调工程供水区和安徽洪泽湖用水区的农村用水；在满足上述供水目标的前提下，利用工程供水能力，在需要时向河北和天津应急供水。

一期工程受水区涵盖了黄河、淮河、海河流域的 21 座地级以上城市，包括济南、青岛、徐州等 3 座特大城市和聊城等 18 座大中城市。一期工程受水区范围见表 5-1，新增水量配置见表 5-2。

表 5-1　东线一期工程受水区范围

省份	城市
江苏	徐州、连云港、宿迁、淮安、扬州
安徽	蚌埠、淮北、宿州
山东	济南、青岛、淄博、东营、枣庄、烟台、潍坊、济宁、威海、德州、聊城、滨州、菏泽

表 5-2　东线一期工程新增水量分配表

省份	江苏	安徽	山东	合计
净供水量/亿 m³	19.25	3.23	13.53	36.01

5.2.2　中线一期工程概况

中线一期工程是从加坝扩容后的丹江口水利枢纽陶岔渠首枢纽引水，沿唐白河流域西侧过长江流域与淮河流域的分水岭方城垭口后，经黄淮海平原西部边缘，在郑州以西孤柏嘴处穿过黄河，沿京广铁路西侧北上，基本自流到北京、天津。

中线一期工程由水源工程、输水干线工程（简称干线工程）和汉江中下游治理工程三部分组成：

水源工程。水源工程是在丹江口大坝基础上加高并进行水库移民后形成的，工程建设包括丹江口大坝加高、丹江口库区移民及陶岔渠首枢纽。丹江口水库大坝加高工程是中线水源工程的控制性工程，规划丹江口大坝按最终规模加高完建，在一期工程的基础上加高14.6m，坝顶高程达到176.6m，正常蓄水位170m，相应库容290.5亿 m³，增加库容116亿 m³，有效库容163.6亿 m³，由年调节变为不完全多年调节水库。水库大坝加高后，防洪仍然是第一位的任务，防洪库容增至81.2亿~110亿 m³。供水取代发电成为第二位的任务，在满足汉江中下游干流和湖北襄阳引丹灌区用水的前提下，主要向中线一期工程受水区供水。丹江口水电站仅结合向汉江中下游供水的下泄水量发电，不再专为发电泄水，电站仍在系统中承担调频调峰任务。陶岔渠首枢纽既是中线总干渠引水渠首，也是丹江口水利枢纽副坝与主要挡水建筑物。

干线工程。干线工程是南水北调中线一期工程的输水工程，包括总干渠和天津干渠，渠线总长1432km。其中，总干渠长1276km，以明渠为主，北京段采用预应力钢筒混凝土管和暗涵输水；天津干渠长156km，采用暗涵输水。总干渠自加坝扩容后的丹江口水利枢纽陶岔渠首枢纽引水，经江淮分水岭的方城垭口入淮河流域，经黄淮海平原西部边缘至郑州西部孤柏嘴穿越黄河，继续沿太行山东麓、京广铁路线西侧北上，穿越漳河，经河北进入北京，最后到达终点团城湖。天津干渠自总干渠河北境内的西黑山分水，自西向东至天津外环河。

汉江中下游治理工程。调水后丹江口水利枢纽下泄水量减少，对汉江中下游地区两岸取水及航运将产生一定的影响，为消除或减少调水对汉江中下游产生的不利影响，新建兴隆水利枢纽、引江济汉工程，改造沿岸部分引水闸站，整治局部航道。

中线一期工程的任务是向北京、天津、河北、河南四省（直辖市）的受水区城市提供生活、工业用水，缓解城市与农业、生态用水的矛盾。工程建成后多年平均调水量95.0亿 m³，工程受水区范围见表5-3，水量分配见表5-4。

表5-3 中线一期工程受水区范围

省（直辖市）	地级城市
北京	
天津	
河北	石家庄、邯郸、邢台、保定、廊坊、衡水
河南	郑州、南阳、平顶山、漯河、周口、许昌、焦作、新乡、鹤壁、濮阳、安阳

表 5-4　中线一期工程水量分配表

省（直辖市）	河南	河北	北京	天津	合计
毛供水量/亿 m³	37.7	34.7	12.4	10.2	95.0
净供水量/亿 m³	35.8	30.4	10.5	8.6	85.3

注：河南供水量包括刁河灌区供水量

2003 年 12 月 30 日，南水北调中线工程开工，2014 年 12 月 12 日，历时 11 年建设的南水北调中线正式通水。截至 2014 年 12 月通水前，中线干线一期工程总投资达 2103.6 亿元。中线工程运行初期供水价格实行成本水价，并计征营业税及其附加。各区段口门水价不一，其中河南南阳段最低，为 0.18 元/m³；北京最高，为 2.33 元/m³。

5.3　南水北调工程效益分析

南水北调东线自 2013 年通水，到本年度（2020～2021 年）调水结束，累计抽引江水 187.66 亿 m³，相当于 6 个洪泽湖的正常蓄水量（30 亿 m³），累计调入山东 52.88 亿 m³ 的水量。自 2014 年 12 月 12 日中线通水以来，中线的供水量逐年提升，截至 2021 年 7 月 19 日，中线工程累计入渠水量已经达到 400 亿 m³。

南水北调提升了受水区沿线城市的供水保障能力。以中线受水区首都北京为例，南水北调来水增加了北京可调配水源，优化了北京的水资源配置，城区的用水安全系数提升至 1.2，人均水资源量提升至 150m³。如今，北京城区日供水量的 70% 以上均来自南水北调中线。在引江水的补给下，北京密云水库蓄水量不断增加，截至 2021 年 8 月 24 日 8 时，密云水库蓄水量达到 33.71 亿 m³，突破历史最高纪录，超过了刻有 "历史最高水位线" 的石碑底座，极大增强了首都供水安全保障能力。

南水北调工程改善沿线城市用水水质。以河北沧州为例，当地是典型高氟水地区，资料显示，从 1965 年运河断流到 1997 年水厂正式供水的 30 年间，当地居民长期饮用高氟地下水，在这一时期出生的孩子近 90% 长了氟斑牙，这一时期成年人 35% 患有不同程度的氟骨病。当地政府尝试药物除氟、浅井与深井水混合饮用、活性炭吸附、反渗透等各种改水降氟办法，但处理水质的效果仍不理想。2017 年 6 月，沧州市南水北调配套工程全部建成通水，9 座水厂全部按期切换成长江水源，沧州市彻底告别高氟水。

南水北调工程本来是作为受水区城市的补充水源，运行中发现成效显著，逐渐由 "辅" 变 "主"，进一步优化了受水区城市供水格局。近年来供水量持续增加，水质稳定达标，已逐渐转变为沿线 40 多座大中城市的主力水源，成为了这些城市供水的生命线。如北京供水中，引江水占了 75%；天津几乎达到了 100%；郑州也达到了 90%。

截至 2021 年 9 月，南水北调工程直接受益人口达 1.4 亿人。中线工程惠及京津冀豫四省市，其中，河南郑州、南阳等 11 个省辖市的 2400 万群众全部用上南水。河北 3000 万群众受益，南水已覆盖石家庄、邯郸等 7 个省辖市；东线一期工程惠及苏、鲁两省，主要包括徐州、连云港、淮安、济南、青岛、淄博等省辖市。

5.4　南水北调向天津供水情况

2014～2020 年六个调水年度，南水北调中线分别向天津供水 3.14 亿 m^3、8.39 亿 m^3、10.29 亿 m^3、10.33 亿 m^3、11.02 亿 m^3 和 12.05 亿 m^3，累计供水量达到 55.22 亿 m^3。南水北调供水范围已覆盖中心城区、环城四区及滨海新区等 14 个行政区，1200 万市民直接受益，经济、社会、生态效益显著。

5.5　南水北调后续工程向天津供水相关规划

5.5.1　东线一期工程北延应急供水工程

2019 年，水利部会同有关部门制定了《华北地区地下水超采综合治理行动方案》，南水北调东线一期工程北延应急供水工程列入行动方案。北延应急供水工程经南水北调东线一期工程山东东平湖北部的小运河输水，至聊城临清邱屯枢纽后分东、西两条线路输水，最后向北汇合在天津静海南部九宣闸。两条供水线路同时使用或在不同时段交替使用。两条输水线路全长共 695km。

该工程目的是在保证南水北调东线一期工程用水户权益的前提下，利用工程富余能力向北供水，供水范围为天津与河北东部，供水水量一是置换农业用地下水，缓解华北地区地下水超采状况；二是向衡水湖、南运河、南大港、北大港等河湖湿地补水，改善生态环境；三是为天津、沧州城市生活应急供水创造条件。工程可增加向京津冀地区供水能力 4.9 亿 m^3，其中至天津非汛期可供水量为 1.75 亿～4.02 亿 m^3。

北延应急供水工程于 2019 年 11 月 28 日在山东聊城临清开工建设，并于 2021 年 5 月 10 日～5 月 24 日首次正式向河北、天津供水约 3600 万 m^3，其中，天津九宣闸累计收水超 700 万 m^3。

5.5.2　南水北调东线二期工程

《南水北调工程总体规划》和正在编制的《南水北调东线二期规划》提出，东线二期工程利用东线一期工程，扩大规模，向北延伸，输水至河北、天津和北京。

东线二期工程输水干线规划从江苏扬州附近的长江干流引水，利用京杭大运河以及与其平行的河道输水，连通洪泽湖、骆马湖、南四湖、东平湖，经泵站逐级提水进入东平湖后，向北穿黄河后经位临渠、临吴渠、小运河、七一·六五河、南运河至九宣闸，再通过管道向北京和廊坊北三县供水，干线终点为伊指挥营（河北和北京边界）。

东线二期工程规划多年平均抽江水量 163.97 亿 m³；过黄河水量 50.88 亿 m³；向天津配置水量 8.04 亿 m³。目前，《南水北调东线二期规划》还在编制之中。

5.5.3 引江补汉工程（南水北调中线后续水源工程）

引江补汉工程是南水北调中线工程的后续水源，其目的是从长江三峡库区引水入汉江，提高汉江流域的水资源调配能力，增加南水北调中线工程北调水量，提升中线工程供水保障能力，并为引汉济渭工程达到远期调水规模、向工程输水线路沿线地区城乡生活和工业补水创造条件。

引江补汉工程规划多年平均引水量 39.0 亿 m³，其中，中线陶岔渠首多年平均补水 24.9 亿 m³（1956~2018 年系列），补水后多年平均北调水量可由 90.2 亿 m³（1956~2018 年系列）提升至 115.1 亿 m³。当前规划将陶岔新增水量 20.1 亿 m³ 分配至河南、河北和北京三省市，天津维持原中线一期分配水量不变。

中国国际工程咨询有限公司曾提出评估意见，认为根据中线一期工程水量消纳情况和需求迫切程度，北调水量未分配给天津不合理，建议下阶段根据复核后的北调水量规模，按照统筹东中线供水范围、优化水资源配置格局的要求，进一步优化中线受水区各省市水量分配方案。客观上，引江补汉工程虽未分配给天津水量，但依然提高了中线工程向天津供水能力。

第二篇
滦河水再分配必要性分析

|第 6 章| 唐山水资源评价

摸清水资源本底条件是开展区域水资源安全保障的基础性工作。2000 年以来,唐山主要河道径流量大幅衰减,平原区地下水超采问题突出,面临着艰巨的地下水超采综合治理任务,加剧了全市社会经济用水供需矛盾,水资源成为限制唐山经济社会发展与环境改善的重要瓶颈之一,而引滦河水作为唐山唯一的地表水水源,与本地水资源的合理调配利用,是保障唐山水资源安全的压舱石。因此,针对唐山全域水资源条件变化新形势,采用分布式水循环模型,结合已有调查评价成果全面摸清全市及各区县水资源本底条件及时空演变,是优化水资源分配格局、争取滦河水再分配的基础性工作,同时也对水资源的开发利用与生态环境保护具有重要应用价值。

6.1 唐山水资源评价分区及评价指标

6.1.1 水资源评价分区

考虑水资源条件的流域属性、行政区划管理需求,本次水资源评价兼顾行政分区和流域分区特征。行政分区考虑唐山的 17 个县 (市、区),流域分区是在滦河流域分区的基础上,考虑 4 个流域三级分区,各分区的控制面积见表 6-1。

6.1.2 水资源评价指标

根据唐山自然地理与水循环特点,建立水循环模型,精细分析各均衡要素(降水、蒸发、地表水与地下水)之间平衡转化关系,提出唐山地表水资源量、地下水资源量和水资源总量计算成果,分析唐山水资源时空变化特征,评价人类活动对水资源量的影响,为唐山水资源的合理开发和利用提供可靠的依据。评价指标见表 6-2。

表 6-1　唐山水资源评价分区　　　　　　　（单位：km²）

分区	序号	唐山区县	所在流域三级分区	三级分区面积	行政区面积
行政分区	1	路南区	滦河平原及冀东沿海	27	67
			北四河下游平原	40	
	2	路北区	滦河平原及冀东沿海	35	112
			北四河下游平原	77	
	3	古冶区	滦河平原及冀东沿海	253	253
	4	开平区	滦河平原及冀东沿海	252	252
	5	丰南区	滦河平原及冀东沿海	1141	1568
			北四河下游平原	427	
	6	丰润区	北四河下游平原	1028	1334
			滦河平原及冀东沿海	169	
			北三河山区	137	
	7	迁安市	滦河山区	749	1208
			滦河平原及冀东沿海	459	
	8	遵化市	北三河山区	1361	1508
			滦河山区	89	
			北四河下游平原	58	
	9	乐亭县	滦河平原及冀东沿海	1276	1276
	10	滦南县	滦河平原及冀东沿海	1270	1270
	11	迁西县	滦河山区	1016	1439
			北三河山区	383	
			滦河平原及冀东沿海	40	
	12	玉田县	北三河山区	87	1165
			北四河下游平原	1078	
	13	滦州市	滦河山区	115	999
			滦河平原及冀东沿海	884	
	14	曹妃甸区	滦河平原及冀东沿海	700	700
	15	芦台开发区	北四河下游平原	139	139
	16	汉沽管理区	北四河下游平原	149	149
	17	海港开发区	滦河平原及冀东沿海	32	32
流域分区	1	滦河山区		1969	
	2	滦河平原及冀东沿海诸河		6538	
	3	北三河山区		1968	
	4	北四河下游平原区		2996	
		全市		13471	

表 6-2　水资源评价指标

指标分类	指标名称	指标说明
气候特征评价指标	多年平均年降水量	年降水量的大小反映气候湿润和干旱程度，以 mm 计
	多年平均年蒸发能力	用 E601 型蒸发器蒸发值代表，以 mm 计。蒸发能力大小与大气中相对湿度等有关，是反映气候干湿状况的重要指标
水资源构成评价指标	地表水资源量	指当地河流、湖泊、水库等地表水体的动态水量，其定量特征用河川年径流量表示，但不包含区外流入本区的径流量，以亿 m³ 计
	地下水资源量	主要指与大气降水、地表水体有直接补给或排泄关系的动态地下水量，即参与现代水循环而且可以不断更新的地下水量。重点评价矿化度小于 1g/L 的地下水资源量，以亿 m³ 计
	水资源总量	指当地降水形成的地表和地下产水量，可用当地地表水资源量与不重复的地下水资源量之和表示，以亿 m³ 计

6.2　降　　水

降水是产生地表径流和补给地下水的主要来源，降水量的大小和时空分布反映一个地区的水资源状况。正确评价降水对于水资源评价具有重要的意义。

6.2.1　各分区降水量

本次分析计算采用唐山及周边邻近地区 11 个气象观测站或雨量站点的长系列观测逐日资料，时间序列为 1956～2020 年。为了使各代表站资料序列统一，对个别缺测年月的降水量采用相关法、历年均值替代法等方法进行插补。空间面雨量计算采用泰森多边形法，计算公式为

$$\overline{P}_j = \sum_{i=1}^{n_j} P_{ij} \frac{f_{ij}}{F_j} \tag{6-1}$$

式中，$\overline{P}_j$ 为第 j 分区的逐年降水量（mm）；F_j 为第 j 分区的面积（km²）；P_{ij} 为第 j 分区第 i 雨量站的逐年年降水量（mm）；f_{ij} 为第 j 分区第 i 雨量站所能代表的面积（km²）；n_j 为第 j 分区的雨量站数。

根据上述方法计算得到唐山行政分区和流域分区的多年平均降水量以及不同频率年降水量分布（表 6-3 和表 6-4）。

根据 1956～2020 年降水量系列统计分析，唐山多年平均降水量为 642.0mm，降水总量为 86.49 亿 m³。从行政区划来看，遵化降水量最大，为 705.1mm；其次是迁西，为

704.4mm，17 个行政区中只有曹妃甸、海港开发区和乐亭的降水量小于 600mm，最小的为曹妃甸降水量为 594.4mm。从流域分布来看，以北三河山区最大，达到 698.5mm，滦河及冀东沿海诸河平原区最小，仅为 613.1mm。从空间分布来看，山区多于平原区，北三河多于滦河及冀东沿海诸河。

表 6-3　唐山 1956～2020 年平均降水量

分区		计算面积/km²	年降水量		占全市或全流域年降水量百分比/%
			mm	亿 m³	
行政分区	路南区	67	606.0	0.41	0.5
	路北区	112	605.9	0.68	0.8
	古冶区	253	633.3	1.60	1.8
	开平区	252	622.6	1.57	1.8
	丰南区	1568	604.2	9.47	10.9
	丰润区	1334	648.1	8.65	10.0
	迁安市	1208	657.0	7.94	9.2
	遵化市	1508	705.1	10.64	12.3
	乐亭县	1276	595.9	7.60	8.8
	滦南县	1270	607.8	7.72	8.9
	迁西县	1439	704.4	10.14	11.7
	玉田县	1165	643.6	7.50	8.7
	滦州市	999	650.0	6.49	7.5
	曹妃甸区	700	594.4	4.16	4.8
	芦台开发区	139	600.9	0.84	1.0
	汉沽管理区	149	605.7	0.90	1.0
	海港开发区	32	595.7	0.19	0.2
流域分区	滦河山区	1969	681.1	14.92	17.3
	滦河平原及冀东沿海诸河	6538	613.1	40.01	46.3
	北三河山区	1968	698.5	14.08	16.3
	北四河下游平原区	2996	629.2	17.48	20.2
全区		13471	642.0	86.49	100.0

注：因小数修约，占比各分项加和不等于100%

对各分区逐年降水量系列进行频率分析计算，其均值用 1956～2020 年算术平均值，C_v 及 C_s/C_v 运用配线法确定。行政分区和流域分区不同频率的年降水量统计分析结果见表 6-4。全市 C_s/C_v 平均值为 2.0，不同频率年份 20%、50%、75% 和 95% 的降水量特征值分别为 772.0mm、629.2mm、528.0mm 和 402.9mm。

表6-4 唐山不同频率年降水量分析成果

分区		计算面积/km²	年降水量/mm	C_v	C_s/C_v	不同频率年降水量/mm			
						20%	50%	75%	95%
行政区划	路南区	67	606.0	0.30	3.0	746.0	578.7	473.3	360.6
	路北区	112	605.9	0.30	3.0	745.9	578.6	473.2	360.5
	古冶区	253	633.3	0.30	3.0	779.6	604.8	494.6	376.8
	开平区	252	622.6	0.30	3.0	766.4	594.6	486.2	370.4
	丰南区	1568	604.2	0.25	2.0	773.9	630.7	529.4	403.9
	丰润区	1334	648.1	0.25	2.0	779.3	635.1	533.0	406.7
	迁安市	1208	657.0	0.25	3.0	786.0	636.5	538.0	427.1
	遵化市	1508	705.1	0.20	1.5	820.7	698.0	606.4	486.5
	乐亭县	1276	595.9	0.31	1.5	741.9	582.1	468.9	325.9
	滦南县	1270	607.8	0.30	3.0	745.1	603.4	495.1	344.4
	迁西县	1439	704.4	0.25	2.0	847.1	690.3	579.4	442.0
	玉田县	1165	643.6	0.28	2.5	786.0	622.0	513.8	387.7
	滦州市	999	650.0	0.30	1.5	801.0	629.1	506.5	353.0
	曹妃甸	700	594.4	0.25	2.0	714.7	582.5	488.9	373.0
	芦台开发区	139	600.9	0.25	2.0	722.6	588.9	494.3	377.1
	汉沽管理区	149	605.7	0.25	2.0	728.4	593.6	498.2	380.1
	海港开发区	32	595.7	0.31	1.5	741.7	581.9	468.8	325.8
流域分区	滦河山区	1969	681.1	0.26	2.5	808.8	647.9	535.6	403.9
	滦河平原及冀东沿海诸河	6538	613.1	0.25	2.0	749.9	572.5	462.3	362.4
	北三河山区	1968	698.5	0.26	2.5	810.5	638.1	536.4	476.5
	北四河下游平原区	2996	629.2	0.26	2.0	769.5	584.5	466.2	380.6
全市		13471	642.0	0.25	2.0	772.0	629.2	528.0	402.9

与河北第二次水资源评价成果对比，本次评价偏小0.8%；与唐山水资源评价成果对比，本次评价偏小0.3%。结果符合精度要求（表6-5）。

表6-5 唐山年降水量计算成果对比

项目	年降水量/mm	相对差值/%
河北第二次评价	647.3	−0.8
唐山水资源评价	644.2	−0.3
本次评价	642.0	

6.2.2 降水量变化趋势

唐山 1956～2020 年降水量年际变化如图 6-1 所示，整体呈下降趋势，唐山多年平均降水量为 642mm，降水量极大值和极小值分别出现在 1964 年和 2002 年，分别是 1040.12mm 和 318.15mm，为多年平均值的 162.0% 和 49.6%。唐山降水量从北部山区到东南沿海递减分布，其中遵化最大（705mm），曹妃甸、乐亭不足 600mm。

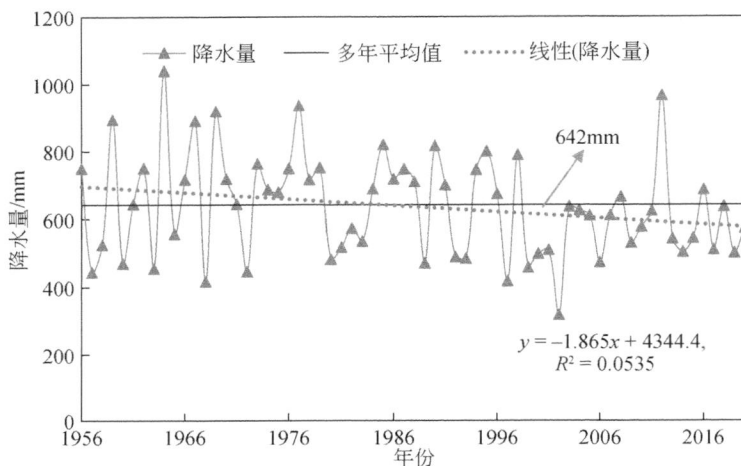

图 6-1　唐山 1956～2020 年降水量变化

6.3　蒸　　发

水面蒸发量是反映当地蒸发能力的指标。水面蒸发量主要受气压气温、湿度、风力、辐射等气象因素的综合影响，在不同纬度、不同地形条件下所产生的水面蒸发能力也不同。

6.3.1　各分区蒸发量

唐山行政分区和流域分区多年平均蒸发量见表 6-6。从行政区划来看，滦南最大，达到 1176.1mm；芦台最小，为 1012.6mm。从流域分布来看，滦河平原及冀东沿海诸河最大，达到 1065.6mm；最小为北三河山区，仅为 995.6mm。总体规律是平原区大于山区，内地大于沿海，市区大于周边区县。全市 C_v 平均值为 0.1，全市年均蒸发能力为

1098.7mm，20%、50%、75% 和 95% 年份蒸发能力分别为 1198.3mm、1088.6mm、1023.2mm 和 924.5mm。

表 6-6　唐山 1981~2020 年分区蒸发量特征值

分区		计算面积 /km²	统计参数		不同频率年蒸发量/mm			
			蒸发量/mm	C_v	20%	50%	75%	95%
行政分区	路南区	67	1068.0	0.09	1153.7	1071.4	1005.7	910.6
	路北区	112	1146.0	0.09	1239.2	1106.5	1048.8	964.5
	古冶区	253	1081.0	0.1	1163.4	1071.2	1006.5	903.8
	开平区	252	1146.0	0.09	1239.2	1106.5	1048.8	964.5
	丰南区	1568	1097.0	0.1	1188.1	1093.9	1021.5	918.5
	丰润区	1334	1175.3	0.09	1265.2	1136.5	1058.8	967.5
	迁安市	1208	1077.9	0.09	1153.7	1071.4	1005.7	910.6
	遵化市	1508	1017.4	0.1	1131.4	1042.2	975.6	888.5
	乐亭县	1276	1083.8	0.1	1174.4	1081.2	1009.7	907.8
	滦南县	1270	1176.1	0.1	1267.4	1140.5	1068.7	970.8
	迁西县	1439	1053.4	0.1	1148.5	1059.5	988.5	885.8
	玉田县	1165	1101.4	0.09	1209.2	1096.8	1038.5	944.5
	滦州市	999	1160.8	0.1	1124.6	1068.4	998.7	910.7
	曹妃甸区	700	1100.8	0.1	1199.3	1106.6	1033.5	934.7
	芦台开发区	139	1012.6	0.1	1142.9	1054.3	983.7	881.4
	汉沽管理区	149	1097.0	0.1	1188.1	1093.9	1021.5	918.5
	海港开发区	32	1083.8	0.1	1174.4	1081.2	1009.7	907.8
流域分区	滦河山区	1969	1018.6	0.1	1131.4	1042.2	975.6	888.5
	滦河平原及冀东沿海诸河	6538	1065.6	0.09	1153.7	1071.4	1005.7	910.6
	北三河山区	1968	995.6	0.11	1116.4	1020.7	951.8	864.7
	北四河下游平原区	2996	1038.6	0.1	1155.6	1066	994.6	891.2
全市		13471	1098.7	0.1	1198.3	1088.6	1023.2	924.5

如表 6-7 所示，与唐山水资源评价成果对比，本次评价偏大 7.7%，符合精度要求。

表 6-7　唐山年蒸发量计算成果对比

项目	年蒸发量/mm	相对差值/%
唐山水资源评价（1981~2000 年）	1020.0	
本次评价（1981~2020 年）	1098.7	+7.7

6.3.2 蒸发量变化趋势

唐山 1981~2020 年水面蒸发量变化如图 6-2 所示，整体呈下降趋势，唐山多年平均水面蒸发量为 1098.7mm，蒸发量极大值和极小值分别出现在 1981 年和 1985 年，分别是 1235.4mm 和 910.2mm，为多年平均值的 112.5% 和 82.8%。

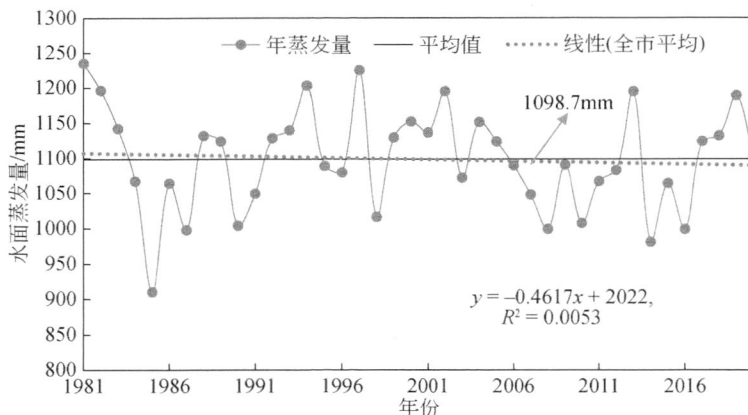

图 6-2　唐山 1981~2020 年蒸发量变化图

6.4 径　　流

6.4.1 主要水文站的径流变化

共选 6 个水文站的实测径流，数据系列为 1956~2020 年，平均实测系列长度为 65 年，共 390 年的实测径流资料，对径流系列不足 65 年的站点进行了插补延长。唐山主要水文站点的实测径流变化见表 6-8 和图 6-3。由表 6-8 可知，1956~2020 年多年平均实测径流量最大的是滦县水文站，其次是大黑汀水库和潘家口水库，都在滦河干流上，分别为 28.13 亿 m³、21.98 亿 m³ 和 17.40 亿 m³。

分段来看，6 个主要水文站 1956~1979 年的实测径流均值比 1980~2000 年和 2001~2019 年的实测径流均值都大，其中最大的为滦县，在 1956~1979 年的实测径流均值为 47.81 亿 m³，1980~2000 年实测径流均值为 22.77 亿 m³，2001~2020 年实测径流均值为 9.20 亿 m³。

表 6-8 主要水文站实测径流量统计表　　　　　　　（单位：亿 m³）

水文站	所在河流	1956~2020 年平均径流量	1956~1979 年径流均值	1980~2000 年径流均值	2001~2020 年径流均值
大黑汀水库	滦河（干流）	21.98	34.75	19.29	8.82
潘家口水库	滦河（干流）	17.40	26.01	16.77	7.24
滦县	滦河（干流）	28.13	47.81	22.77	9.20
石佛口	沙河	0.47	0.51	0.39	0.50
水平口	沙河	1.49	2.29	1.21	0.78
小定府	还乡河	3.25	5.39	2.62	1.24

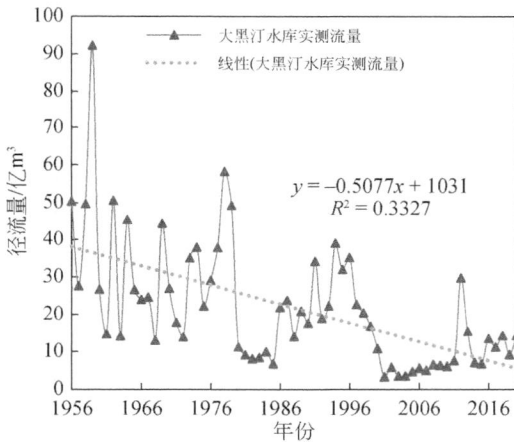

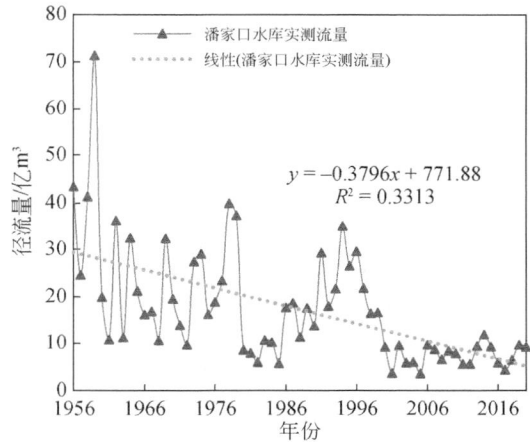

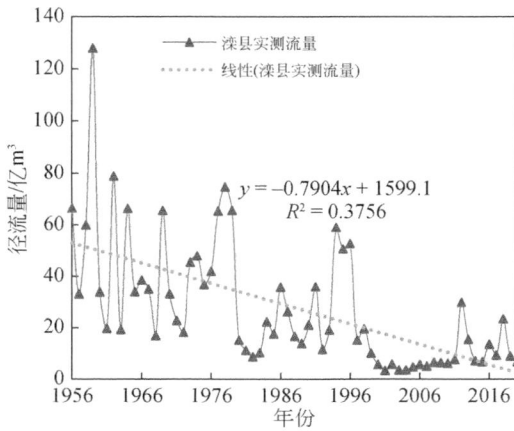

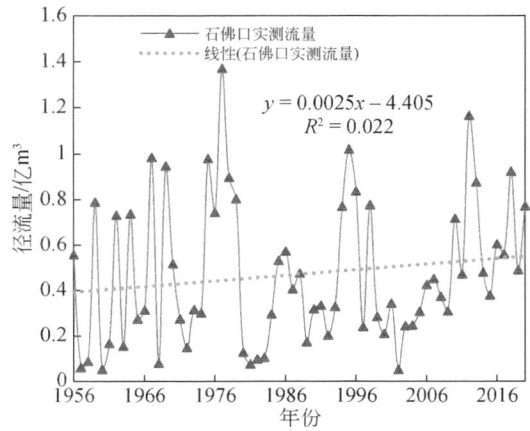

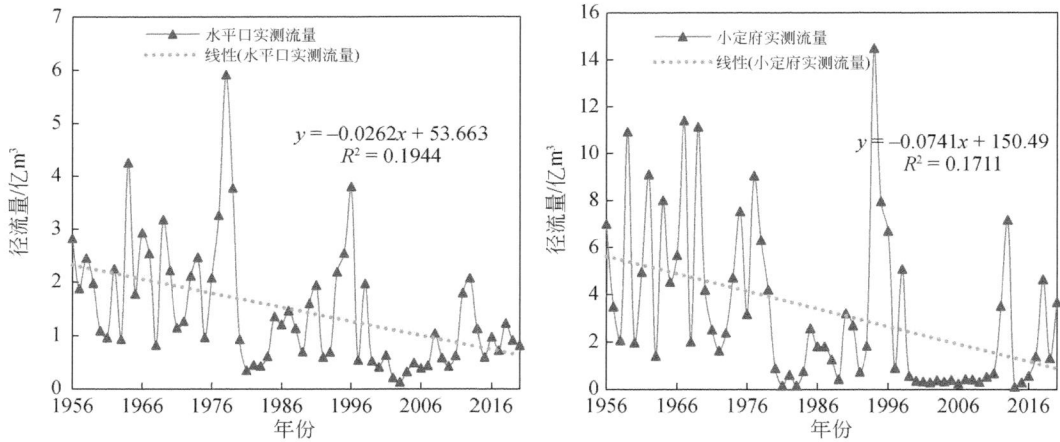

图 6-3　唐山主要水文站点的实测径流年际变化图

6.4.2　径流的年内分配

径流年内分配与降水年内变化规律相似，由于下垫面等因素空间差异性，径流年内分配与降水有所不同。全年连续最大 4 个月水量一般出现在 6 ~ 9 月，由于不同河道径流的补给形式和调蓄能力差异，各河水量的集中程度有所不同，一般为 50% ~ 80%（表 6-9）。

表 6-9　主要水文站多年平均径流量年内分配表　　　　（单位：亿 m³）

水文站		大黑汀水库	潘家口水库	滦县	石佛口	水平口	小定府
各月分配平均径流量	1	0.40	0.34	0.55	0.01	0.06	0.03
	2	0.32	0.25	0.51	0.01	0.05	0.02
	3	0.81	0.68	0.78	0.02	0.06	0.03
	4	1.18	1.26	1.10	0.01	0.04	0.03
	5	1.80	1.84	1.51	0.01	0.03	0.03
	6	1.97	1.75	1.75	0.01	0.05	0.05
	7	4.68	3.25	6.70	0.11	0.29	0.19
	8	5.95	3.96	8.82	0.16	0.47	0.39
	9	2.47	1.91	3.14	0.05	0.17	0.15
	10	1.31	1.14	1.66	0.03	0.10	0.06
	11	0.97	0.91	1.14	0.02	0.08	0.04
	12	0.62	0.63	0.71	0.02	0.07	0.04
汛期（6 ~ 9 月）占比		67.1%	60.6%	71.9%	72.4%	66.6%	74.0%

6.4.3 径流系数

唐山主要水文站的多年平均径流系数见表6-10。各站的多年平均径流系数值集中在0.1~0.4，其中，最大的是水平口站，为0.32，最小的是滦县站，为0.12。分段来看，1956~1979年径流系数最大的是小定府站，为0.50，1980~2000年径流系数最大的是水平口站，为0.26，2001~2020年径流系数最大的是石佛口站，为0.22。

表6-10　主要水文站多年平均径流系数统计表

水文站	多年平均径流系数	1956~1979年径流系数	1980~2000年径流系数	2001~2020年径流系数
大黑汀水库	0.19	0.28	0.17	0.07
潘家口水库	0.18	0.25	0.18	0.09
滦县	0.12	0.19	0.10	0.04
石佛口	0.20	0.20	0.17	0.22
水平口	0.32	0.47	0.26	0.17
小定府	0.31	0.50	0.25	0.10

6.5　地表水资源量

地表水资源量通常指河流、湖泊、水库等地表水体的动态水量，即河川径流量。本次地表水资源量计算是在以前评价结果的基础上，结合模型模拟计算结果，得到各分区地表水资源量。其中，山丘区和平原区地表水资源量主要包括降水产流直接形成的径流量和地下水出露形成的河川基流量。

6.5.1 分区地表水资源量

采用基于物理机制的水循环模型（WACM），模拟得到唐山各行政分区与流域分区地表水资源量成果（表6-11）。可以看到，1956~2020年，唐山年均地表水资源量为13.47亿m³，其中，遵化、迁西、迁安的地表水资源量贡献较大，分别为3.07亿m³、2.78亿m³和1.87亿m³；从不同时段看，1956~1979年，年均地表水资源量最丰富，达到15.96亿m³；1980~2000年，年均地表水资源量锐减至12.78亿m³；2001~2020年，地表水资源量进一步衰减至10.62亿m³。

表 6-11　唐山地表水资源量（1956～2020 年）

分区		计算面积/km²	地表水资源量/亿 m³			
			1956～1979 年	1980～2000 年	2001～2020 年	1956～2020 年
行政分区	路南区	67	0.05	0.04	0.05	0.05
	路北区	112	0.09	0.07	0.08	0.08
	古冶区	253	0.18	0.15	0.17	0.17
	开平区	252	0.24	0.18	0.17	0.20
	丰南区	1568	0.94	0.76	0.27	0.70
	丰润区	1334	1.35	1.14	0.97	1.18
	迁安市	1208	1.99	1.69	1.93	1.87
	遵化市	1508	3.87	2.71	2.34	3.07
	乐亭县	1276	0.70	0.62	0.30	0.57
	滦南县	1270	0.87	0.72	0.37	0.69
	迁西县	1439	3.30	2.59	2.26	2.78
	玉田县	1165	0.92	0.82	0.63	0.81
	滦州市	999	0.80	0.69	0.83	0.77
	曹妃甸区	700	0.44	0.42	0.20	0.37
	芦台开发区	139	0.10	0.08	0.02	0.07
	汉沽管理区	149	0.10	0.08	0.02	0.07
	海港开发区	32	0.02	0.02	0.01	0.02
流域分区	滦河山区	1969	4.40	4.05	2.90	3.42
	滦河平原及冀东沿海诸河	6538	3.65	2.78	2.67	3.06
	北三河山区	1968	4.01	3.65	2.85	3.94
	北四河下游平原区	2996	3.90	2.30	2.20	3.05
全市		13471	15.96	12.78	10.62	13.47

6.5.2　出入境水量

全市地处滦河流域中下游，入境河流主要为滦河水系干支流、北三河水系蓟运河流域遵化以北的沙河诸支流小河，上述河流在境外的流域面积共计 53576km²，占总集水面积的 95.0%，相当于唐山总面积的 4 倍。全市出境河流有淋河、黎河、沙河、金水河、兰泉河、双城河、荣辉河、还乡河、泥河、津唐运河和煤河等，属自然出境。1983 年引滦入津输水工程正式投入运行，直接由潘家口、大黑汀水库引水，经滦河入于桥水库，属供水式出境。本次主要评价自然出境水量。

入境水量一般指上游区域产生的河川径流量，经当地调蓄利用后流入研究区内的实际水量，自然出境水量为区内流入下游的地表水量，不含入海水量。据 1956～2020 年统计结果（表6-12），全市平均年入境水量为 25.07 亿 m³，出境水量 4.09 亿 m³。分阶段来看，1956～1979 年，入境水量平均为 39.03 亿 m³，出境水量平均为 6.00 亿 m³，这一阶段的入境水量和出境水量平均值较大，分别为多年平均入境和出境水量的 155.7% 和 146.7%；1980～2000 年，入境水量平均为 25.29 亿 m³，出境水量平均为 3.52 亿 m³，分别为多年平均入境和出境水量的 100.9% 和 86.1%；2001～2020 年，入境水量平均为 14.76 亿 m³，出境水量平均为 2.88 亿 m³，对比前两个阶段有明显的减小，分别占多年平均入境和出境水量的 58.9%、70.4%。

表 6-12　各年代出入境水量　　　　　　　　　（单位：亿 m³）

时期	入境水量	出境水量
1956～1979 年	39.03	6.00
1980～2000 年	25.29	3.52
2001～2020 年	14.76	2.88
1956～2020 年	25.07	4.09

6.5.3　入海水量

唐山有滦河及冀东沿海两个入海水系，入海河流主要有滦河、陡河、沙河、小青龙河、双龙河、溯河及沿海诸小河。根据《唐山水资源评价》，全市 1956～2000 年入海总量 707.13 亿 m³，平均年入海水量 15.71 亿 m³；其中滦河 13.99 亿 m³，占全市年入海水量的 89.05%；陡河 0.68 亿 m³，占全市年入海水量的 4.34%；沙河 0.37 亿 m³，占全市年入海水量的 2.38%。

据统计，全市 1956～2020 年平均年入海水量 18.35 亿 m³。入海水量年过程变化见图 6-4。分阶段来看，1956～1979 年，入海水量平均为 39.29 亿 m³，为多年平均入海水量的 2 倍；1980～2000 年，入海水量平均为 13.29 亿 m³，为多年平均入海水量的 71.5%；2001～2020 年，入海水量平均为 2.95 亿 m³，对比前两个阶段有明显的减小，仅为多年平均入海水量的 16.3%。

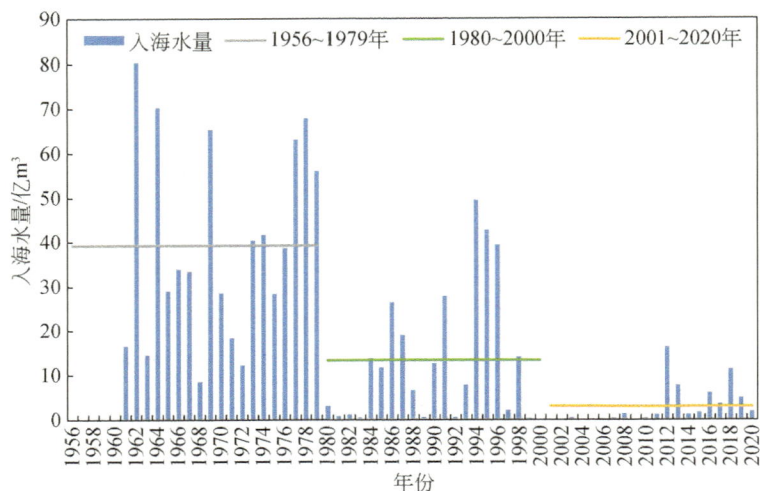

图 6-4 1956～2020 年唐山入海水量变化

6.6 地下水资源量

地下水资源量主要是指与大气降水、地表水体有直接补给或排泄关系的动态地下水量，即参与水循环而且可以不断更新的地下水量。由于水文地质条件及资料信息的差异，通常对山区与平原区地下水采用不同的方法进行计算。其中，山丘区地下水资源量计算多采用排泄法，即以多年平均排泄量作为地下水资源量。排泄量包括河川基流量、河床潜流量、山前侧向排泄量、地下水实际开采净消耗量和未计入基流的泉水量等组成，一般以多年平均排泄量作为山丘区地下水资源量。

平原区地下水资源量通常采用补给法计算，并采用总排泄量进行校核。地下水补给项包括：①天然补给量——降水入渗补给量；②转化补给量——山前及相邻区域侧渗补给量、山前泉水入渗补给量、河床潜流量、河流渗漏补给量、渠系入渗补给量、田间灌溉等；③回归补给量——井灌和用于工业、生活与生态环境的地下水的入渗补给量。其中前两项为地下水资源量，回归补给量是地下水本身的重复量不计在地下水资源量内。

模拟计算得到各分区的地下水资源量（表 6-13）。1956～2020 年多年平均地下水资源量为 14.30 亿 m³，其中，遵化、丰润两地地下水资源量最大，分别为 1.97 亿 m³ 和 1.70 亿 m³。流域分区中，地下水资源量主要集中在平原地区，合计 9.53 亿 m³，占全区的 67%。分段来看，唐山 1956～1979 年多年平均地下水资源量为 14.61 亿 m³；1980～2000 年多年平均地下水资源量为 14.57 亿 m³，2001～2020 年多年平均地下水资源量为 13.49 亿 m³。

表 6-13　唐山 1956~2020 年地下水资源量

分区		计算面积 /km²	地下水资源量/亿 m³			
			1956~1979 年	1980~2000 年	2001~2019 年	1956~2020 年
行政分区	路南区	67	0.11	0.11	0.11	0.11
	路北区	112	0.18	0.18	0.18	0.18
	古冶区	253	0.41	0.41	0.38	0.40
	开平区	252	0.41	0.39	0.38	0.39
	丰南区	1568	0.88	0.86	0.33	0.73
	丰润区	1334	1.72	1.69	1.70	1.70
	迁安市	1208	1.46	1.36	1.81	1.51
	遵化市	1508	1.88	1.88	2.13	1.97
	乐亭县	1276	1.12	1.12	1.00	1.09
	滦南县	1270	1.74	1.78	1.24	1.62
	迁西县	1439	1.71	1.68	1.27	1.58
	玉田县	1165	1.40	1.51	1.18	1.38
	滦州市	999	1.14	1.14	1.61	1.26
	曹妃甸区	700	0.27	0.28	0.09	0.22
	芦台开发区	139	0.07	0.07	0.03	0.06
	汉沽管理区	149	0.08	0.08	0.03	0.07
	海港开发区	32	0.03	0.03	0.02	0.03
流域分区	滦河山区	1969	2.42	2.31	2.13	2.38
	滦河平原及冀东沿海诸河	6538	5.32	5.41	5.10	5.12
	北三河山区	1968	2.46	2.38	2.28	2.39
	北四河下游平原区	2996	4.41	4.47	3.98	4.41
全市		13471	14.61	14.57	13.49	14.30

6.7　水资源总量

6.7.1　多年平均水资源总量

区域水资源总量的计算公式为

$$W = R + Q - D \tag{6-2}$$

式中，W 为水资源总量；R 为地表水资源量；Q 为地下水资源量；D 为地表水与地下水互相转化的重复水量。

根据模拟计算结果（表6-14），唐山 1956~2020 年多年平均水资源总量为 23.39 亿 m^3，其中遵化、迁西、迁安三地水资源总量最为丰富，分别为 4.42 亿 m^3、3.37 亿 m^3 和 2.87 亿 m^3；流域分区中，滦河平原及冀东沿海诸河水资源总量最丰富，约为 7.28 亿 m^3，其次是北四河下游平原区 6.08 亿 m^3、北三河山区 5.18 亿 m^3。分时段看，水资源量衰减趋势显著，1956~1979 年多年平均水资源总量为 25.33 亿 m^3，1980~2000 年多年平均水资源总量为 22.31 亿 m^3，2001~2020 年多年平均水资源总量 21.89 亿 m^3。

表6-14 唐山 1956~2020 年水资源总量

分区		计算面积 /km²	水资源总量/亿 m³			
			1956~1979 年	1980~2000 年	2001~2020 年	1956~2020 年
行政分区	路南区	67	0.11	0.11	0.14	0.12
	路北区	112	0.21	0.20	0.24	0.21
	古冶区	253	0.47	0.45	0.52	0.48
	开平区	252	0.48	0.43	0.51	0.47
	丰南区	1568	1.58	1.42	0.55	1.25
	丰润区	1334	2.60	2.33	2.42	2.46
	迁安市	1208	2.95	2.53	3.21	2.87
	遵化市	1508	5.10	3.95	4.00	4.42
	乐亭县	1276	1.47	1.40	1.27	1.39
	滦南县	1270	2.29	2.17	1.59	2.06
	迁西县	1439	3.81	3.14	3.00	3.37
	玉田县	1165	1.91	1.88	1.77	1.86
	滦州市	999	1.59	1.54	2.30	1.76
	曹妃甸区	700	0.55	0.56	0.26	0.48
	芦台开发区	139	0.09	0.08	0.04	0.08
	汉沽管理区	149	0.08	0.08	0.04	0.07
	海港开发区	32	0.04	0.04	0.03	0.04
流域分区	滦河山区	1969	5.06	4.55	4.43	4.85
	滦河平原及冀东沿海诸河	6538	8.11	6.36	6.81	7.28
	北三河山区	1968	5.33	5.30	4.93	5.18
	北四河下游平原区	2996	6.83	6.10	5.72	6.08
全市		13471	25.33	22.31	21.89	23.39

6.7.2 与已有评价结果的对比解析

与唐山第一次水资源评价（1956~1979年）、第二次水资源评价（1956~2000年）成果对比，本次评价成果在第一阶段（1956~1979年）的地表水资源量与第一次评价结果相当，偏小10.9%；与第二次水资源评价（1956~2000年）成果相比，地表水资源量偏小1.0%，地下水资源量偏大1.6%，水资源总量评价成果接近；与第三次水资源评价（2001~2016年）成果相比，地表水资源量偏小1.5%，地下水资源量与水资源总量评价成果接近（表6-15）。

表6-15　唐山水资源量计算成果对比

项目	评价计算面积 （13471km²）	地表水资源量 /亿 m³	地下水资源量 /亿 m³	水资源总量 /亿 m³
唐山水 资源评价	第一次水资源评价（1956~ 1979年）	17.91	—	—
	第二次水资源评价（1956~ 2000年）	14.63	14.36	23.91
	第三次水资源评价（2001~ 2016年）	10.78	13.40	21.95
本次评价	1956~1979年	15.96	14.61	25.34
	1980~2000年	12.78	14.57	22.32
	2001~2020年	10.62	13.49	21.88
	1956~2000年	14.48	14.59	23.93
	1956~2020年	13.47	14.30	23.39

第7章 | 唐山地下水超采量现状及其影响

随着经济社会快速发展，唐山水资源供需矛盾日益尖锐，导致地下水超采严重，特别是沿海地区由于浅层地下水是咸水，所以主要以超采深层地下水为主，近30年累积超采量达到150亿 m³，造成地面沉降、海水入侵、河道断流等严重生态环境问题。滦河作为唐山唯一地表水源，在地下水超采综合治理的深层地下水置换方面具有至关重要的作用，因此迫切需要滦河水再分配。本章采用监测井数据分析并结合文献查询等方法，分析了唐山地下水埋深的时空动态变化、地下水开采情况及超采量、地下水超采造成的问题等情况。

7.1 水文地质条件与地下水监测井分布

7.1.1 水文地质情况

唐山平原区位于燕山南麓山前倾斜平原，地势北高南低。区内分布有第四系含水层和奥陶系灰岩岩溶裂隙含水体，其中第四系含水层是区内工农业及生活用水的主要开采层。自北而南可划分为冲洪积平原、滨海平原两个水文地质区。

冲洪积平原水文地质区第四系由古滦河、滦河、还乡河、陡河、沙河、饮马河、洋河等河流不同时期形成的规模大小不等并相互叠置的冲洪积扇组成，含水层岩性均以砂卵石、卵砾石为主，由老到新，含水层的平面分布范围逐渐缩小。滨海平原水文地质区的含水层以中细砂、粉砂为主，深层淡水之上广泛分布有咸水。

根据沉积物的岩性特征以及水文地质条件，在研究区可以划分出四个含水层组：第Ⅰ含水层组，底界埋深 10~30m，位于地表及浅部地段，直接接受大气降水补给和蒸发排泄，水循环条件好，为垂直强烈循环交替带；第Ⅱ含水层，组底界埋深 40~200m，间接接受大气降水补给，水循环条件较好，为较强烈循环交替带；第Ⅲ含水层，组底界埋深 60~420m，地下水具承压性，径流条件较差，为较差循环带；第Ⅳ含水层，组底界埋深 350~500m，地下水具承压性，径流条件差，为弱循环带。通常在华北平原地下水研究中，将第Ⅰ、第Ⅱ含水层组统称为浅层含水层系统，第Ⅲ、第Ⅳ含水层组统称为深层含水层系统。

第四系地层堆积厚度及岩性变化南北差异较大,由北向南厚度逐渐增加。北部含水层以细砂和少量粗砂砾石为主,南部则以细砂夹少量中砂为主,唐山断裂两侧岩性也有一定差异。本区第四系沉积为滦河早、中期冲洪积及海(湖)积建造,根据地形地貌形态、成因、地下水赋存条件可划分为南北两个水文地质区,大体以咸淡水分布界线为界,北部区域是山前冲洪积平原水文地质区,以南为滨海冲洪积、海(湖)积低平原水文地质区。含水层按开采段深度与地表水力联系分为浅层、浅中层、中深层和深层。各开采段含水层水文地质特征如下:

(1) 山前冲洪积平原水文地质区

浅层开采段:相当于第 I 含水组(Q_4)和第 II 含水组(Q_3)。第 I 含水组底板埋深 6m,第 II 含水组底板埋深 $60 \sim 100$m。

浅中层开采段:相当于第 III 含水组(Q_2)上段、底板埋深 $150 \sim 190$m。早在 20 世纪 70 年代第 I、II、III 含水组之间由于长期采用"通天管"混合开采,已人为贯通了各含水组之间的水力联系。形成了水力联系密切的统一含水系统。其中第 II 含水组和第 III 含水组上段富水性最好,为目前主要开采层,按地下水埋藏特征,属于潜水,相当于浅中层开采段($0 \sim 150$m)。含水层主要岩性由砂砾卵石、中粗砂、细中砂组成,含水层总厚度 $40 \sim 100$m,单位涌水量 $20 \sim 30$m^3/(h·m)。

(2) 滨海冲洪积、海湖积低平原水文地质区

浅层开采段:主要是第 I 含水组(Q_4)和第 II 含水组(Q_3)上段,第 I 含水组底板埋深 $0 \sim 18$m,第 II 含水组底板埋深 $60 \sim 150$m,浅层水均为咸水,咸水底板埋深 $40 \sim 60$m,地下水类型为潜水,含水层岩性主要为粉细砂,单位涌水量小于 2m^3/(h·m)。目前尚未开采利用。

中深层开采段:主要是第 II 含水组(Q_3)下段和第 III 含水组(Q_2)上段,底板埋深 $150 \sim 250$m,是主要开采层,主要为承压水,开采深度为 $80 \sim 250$m,在水平方向上,与全淡水区的浅中层含水层同属一层。含水层岩性主要包含中细砂、细砂,厚度为 $60 \sim 100$m,单位涌水量为 $20 \sim 30$m^3/(h·m)。

深层地下水开采段:开采深度 $250 \sim 380$m,地下水类型为承压水。含水层岩性主要为中细砂,厚度 $40 \sim 60$m,单位涌水量为 $10 \sim 20$m^3/(h·m),目前只有部分工业少量利用。

7.1.2 监测井分布

唐山目前具有长系列观测资料的监测井有 9 眼,具有连续观测资料的时间为 2006 ~ 2017 年,其中唐山辖区 3 眼,滦南 2 眼,乐亭 2 眼,滦州和玉田各 1 眼。2017 年新建自动监测井 30 眼，监测时间从 2018 年 1 月开始，其中唐山辖区 3 眼，丰南 7 眼，曹妃甸 4 眼，滦南和乐亭各 8 眼。根据当地规定，监测井的井深大于 100m 时为深层监测井，小于 100m 时为浅层监测井，监测井均分布在冲洪积扇和海积扇区，详细分布如图 7-1 所示。

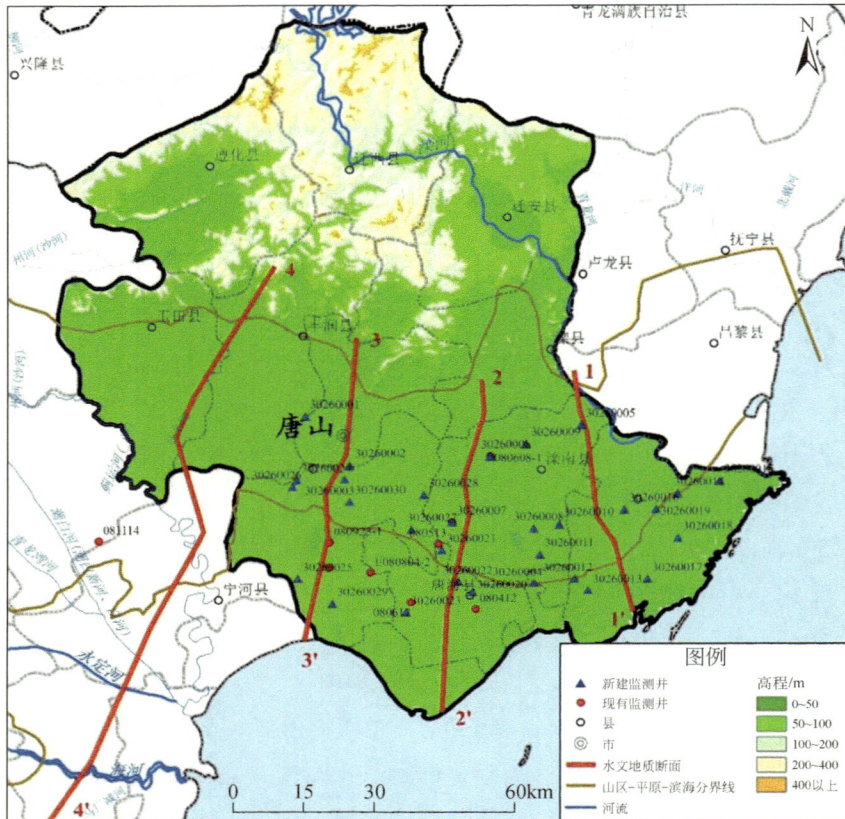

图 7-1　唐山地下水监测井分布及水文地质断面

7.2　地下水埋深时空变化分析

7.2.1　地下水埋深空间变化

根据监测井数据，通过插值处理得到现状水平唐山地下水埋深的空间分布情况（图 7-2 和图 7-3），2006 ~ 2020 年唐山浅层地下水埋深呈逐渐下降趋势。通过图 7-3 可以发现，地下水埋深的空间分布规律为从西北向东南逐渐变浅，埋深最大的位置为唐山市辖区范围，地下水埋深为 23m 左右；埋深最浅的为滦河入海口及沿海区域的乐亭及曹妃甸一带，地下水埋深在 3~5m。

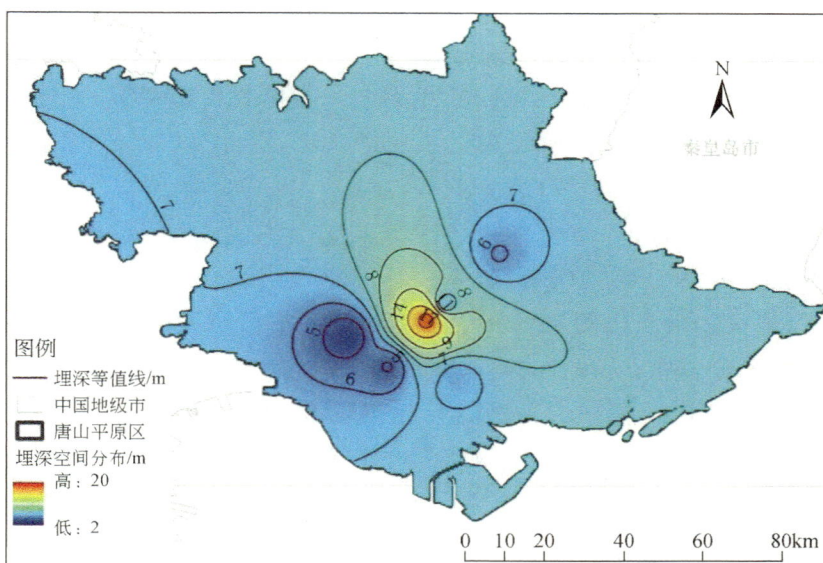

图 7-2　2006 年唐山平原区地下水埋深分布

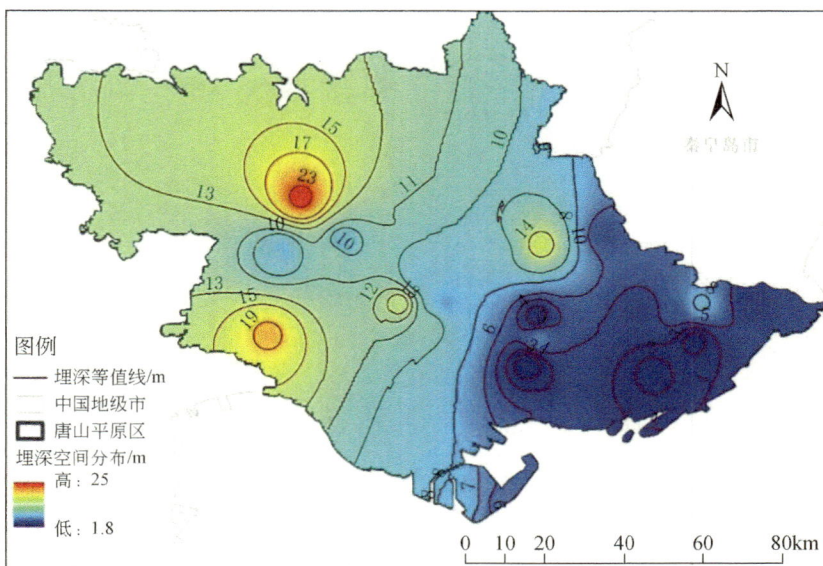

图 7-3　2020 年唐山平原区地下水埋深分布

7.2.2　地下水埋深动态变化分析

唐山平原区主要是由山前冲洪积扇及冲洪积平原与海积平原组成，同时结合监测井的深度分布不同区域及不同地下水类型的典型监测井进行地下水年际动态变化分析，采用现有连续监测数据的9眼监测井，时间序列为2006～2017年。

1. 地下水埋深年际变化

滦南扒齿港（080608-1）地下水监测井和滦州古马（新）（080513）地下水监测井均为位于冲洪积扇区的潜水监测井，其中，滦南扒齿港监测井多年平均地下水埋深为5.95m，2012年地下水埋深最浅，为4.41m；2017年地下水埋深最深，为7.71m；年际地下水埋深最大变幅为3.26m，2006～2012年呈逐渐降低趋势，2012～2017年呈逐渐增加趋势。滦州古马（新）监测井多年平均地下水埋深为18.27m，2012年地下水埋深最浅，为16.79m；2017年地下水埋深最深，为20.01m；年际地下水埋深最大变幅为3.22m，2006～2011年地下水埋深较平稳，2011年增加，2012年降低，2012年之后呈逐渐增加趋势（图7-4）。冲洪积扇地下水埋深整体呈下降趋势，且在2012年由于丰水年原因均有所回升，多年最大变幅均在3.2m左右，不同区域地下水埋深差距较大。

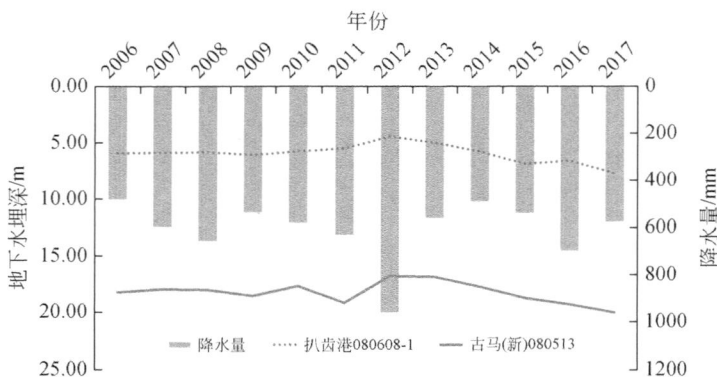

图7-4　唐山冲洪积扇区潜水埋深年际变化

滦南司各庄（080617）地下水监测井和乐亭西新庄（080412）地下水监测井均为位于海积平原区的潜水监测井，其中，滦南司各庄监测井多年平均地下水埋深为5.11m，2012年地下水埋深最浅，为4.08m；2014年地下水埋深最深，为5.88m；年际地下水埋深最大变幅为1.80m，2006～2008年呈逐渐降低趋势，2008～2011年呈逐渐增加趋势，2012年地下水埋深下降最大，2012年之后地下水埋深呈逐年增加趋势。乐亭西新庄多年平均地下水埋深为5.18m，2012年地下水埋深最浅，为2.00m；2007年地下水埋深最深，为

6.37m；年际地下水埋深最大变幅为 4.37m，2006～2012 年呈逐渐降低趋势，2012～2017 年呈逐渐增加趋势（图 7-5）。海积平原监测井地下水埋深整体呈沿海区域逐渐回升、其他区域逐渐下降趋势，其中乐亭地下水埋深多年变幅较大，可能是靠近河流补给作用明显的原因，不同区域的多年平均地下水埋深变化差异不大。

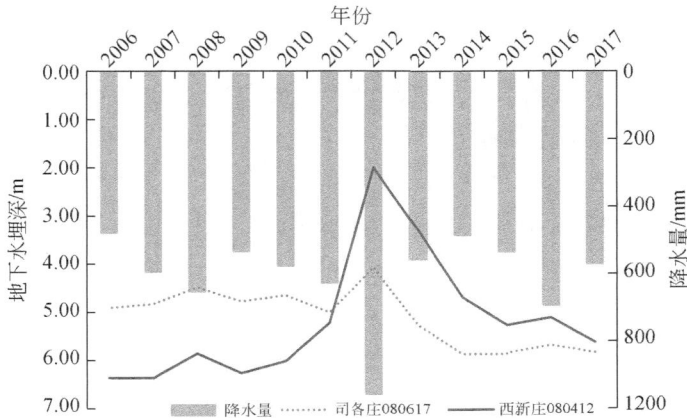

图 7-5　唐山海积平原潜水埋深年际变化

唐山市辖区北郊水厂（080923-1）监测井和唐山市辖区市区（080926）监测井均为位于市区的深层井，其中唐山市辖区北郊水厂监测井多年平均地下水埋深为 37.65m，2014 年地下水埋深最浅，为 26.70m；2006 年地下水埋深最深，为 53.92m；年际地下水埋深最大变幅为 27.22m，2006～2014 年地下水埋深呈逐渐降低趋势，2014 年之后逐年缓慢增加。唐山市辖区市区监测井多年平均地下水埋深为 18.94m，2013 年地下水埋深最浅，为 16.20m；2011 年地下水埋深最深，为 20.60m；年际地下水埋深最大变幅为 4.40m，2006～2011 年地下水埋深较平稳，2011～2013 年呈逐渐降低趋势，2013 年之后先增加后逐年降低（图 7-6）。深层监测井地下水埋深整体呈逐年回升趋势，变化幅度较浅层监测

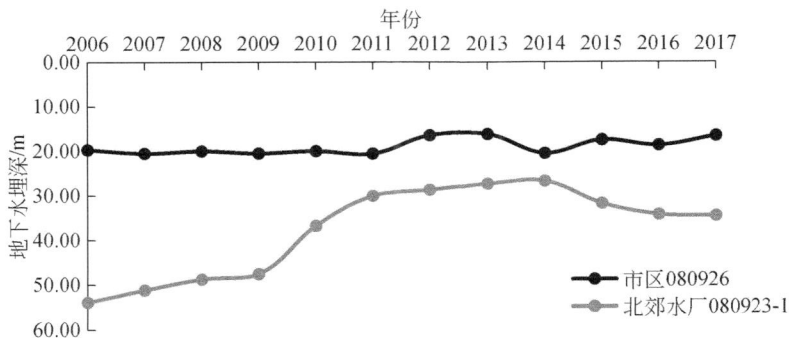

图 7-6　唐山海积平原地下水埋深年际变化

井大，且不同区域地下水埋深差异较大，变化幅度也更容易受到人类活动的影响。

通过上述分析可知唐山地下水年际变化规律，即局部深层地下水埋深回升主要在唐山市辖区有地表水置换的局部区域；浅层地下水埋深除沿海乐亭以外大部分区域呈缓慢下降趋势。

2. 地下水埋深年内变化

唐山地下水年内变化采用新建自动监测井具有连续监测数据的 2017～2020 年数据，年内变化主要分区县来分析变化特点。

表 7-1 为唐山市辖区新建的 3 眼监测井，分别为果园（30260001）、女织寨（30260002）和稻地（30260003），监测井井深分别为 60m、60m 和 90m，属于浅层地下水。年内地下水埋深整体均呈 1～4 月平稳、4～5 月明显增加、5～7 月明显降低、7～12 月基本平稳的趋势。女织寨（30260002）和稻地（30260003）地下水埋深年内最大变幅较大，分别为 6.28m 和 6.57m；果园（30260001）地下水埋深年内变化幅度较小，年内最大变幅为 2.11m。

表 7-1　唐山市辖区新建自动监测井信息

监测井编码	监测井名称	监测井地址	井深/m	井口高程/m	监测井类型
30260001	果园	路北区果园立交桥旁搅拌站门口	60	26.76	Q
30260002	女织寨	路南区女织寨乡赵田庄村	60	9.93	Q
30260003	稻地	路南区稻地镇政府院内	90	9	Q

注：Q 为浅层监测井，后同

将 2017～2020 年地下水埋深变化与降水量变化叠加分析，唐山辖区地下水埋深呈逐渐下降趋势，部分说明唐山辖区目前地下水还是处在超采状态（图 7-7）。

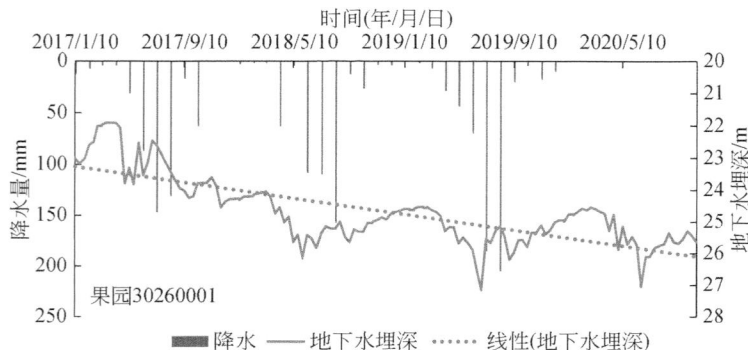

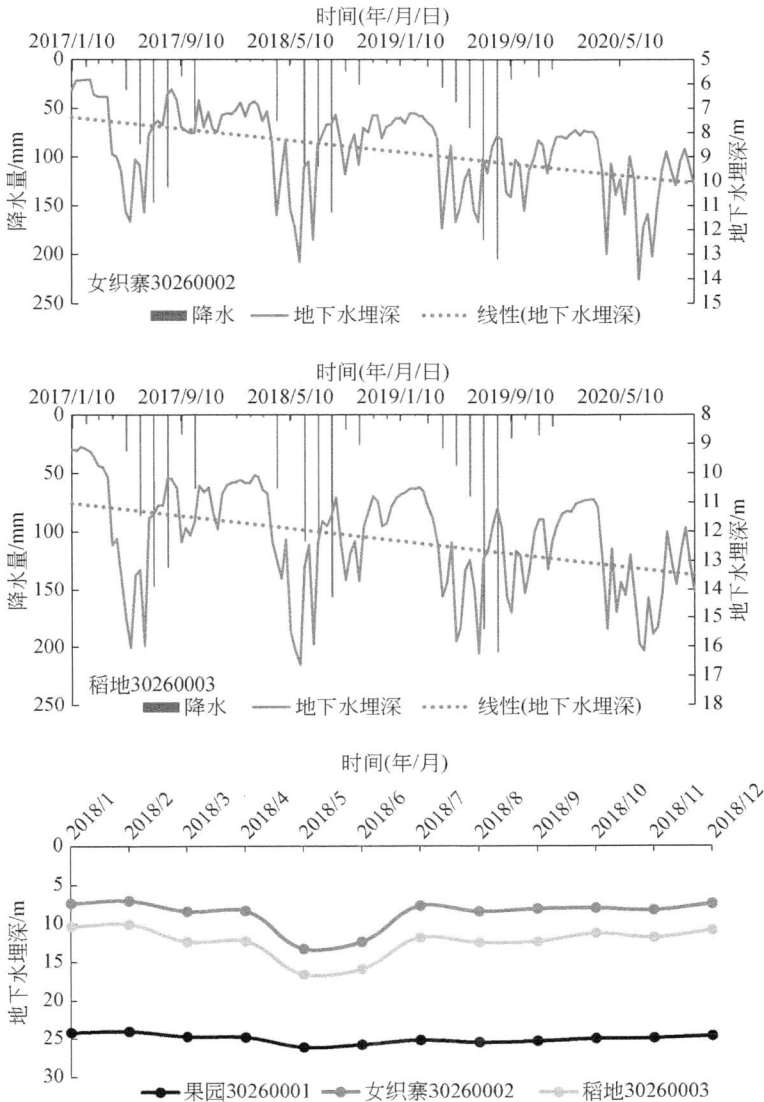

图 7-7 唐山市辖区地下水埋深年内变化

表 7-2 为唐山滦南新建的 8 眼监测井，其中扒齿港（30260006）、安各庄（30260007）、潘家戴庄（30260009）和孙庄（30260011）为浅层监测井，地下水埋深年内变化趋势为 1~3 月较平稳、4~6 月显著增加、7~12 月逐步降低，但是年内变化幅度较大，均在 3~5m。杨岭（3026004）、长凝（3026005）和胡各庄（30260008）为浅层监测井，杨岭（30260004）地下水埋深年内变化趋势为 1~4 月稳定、4~9 月缓慢降低、9~12 月缓慢增加；长凝（30260005）和胡各庄（30260008）地下水埋深年内变化趋势均

为1~4月稳定、4~6月缓慢增加、6~12月稳步降低，地下水埋深年内变幅较小，均在2m以内，整体稳定。赵麻湾村（30260010）为深层监测井，井深180m，地下水埋深年内变化趋势为1~3月稳定、4~6月逐渐增加，6~7月降低、7~9月增加、9~12月降低，呈波浪式变化，整体变化趋势为稳步增加。

表7-2　唐山滦南新建自动监测井信息

监测井编码	监测井名称	监测井地址	井深/m	井口高程/m	监测井类型
30260004	杨岭	滦南县南堡镇政府院内	60	2.2	Q
30260005	长凝	滦南县长凝镇初级中学操场东北角	60	15.19	Q
30260006	扒齿港	滦南县水务局扒齿港井管厂院内	50	23.07	Q
30260007	安各庄	滦南县安各庄镇政府院内	70	9.46	Q
30260008	胡各庄	滦南县水务局灌区管理站院内	70	6.06	Q
30260009	潘家戴庄	滦南县程庄镇初级中学院内	60	25.04	Q
30260010	赵麻湾村	滦南县姚王庄镇赵麻湾村委会南侧	180	5.61	S
30260011	孙庄	滦南县坨里镇警务中心院内	50	4.56	Q

注：S为深层监测井，后同

将2017~2020年地下水埋深变化与降水量变化叠加分析，发现滦南地下水埋深呈增加的监测井为长凝、扒齿港、安各庄、潘家戴庄、赵麻湾村，该区域目前地下水还是处在超采状态；地下水埋深趋于稳定的监测井为胡各庄和孙庄，该区域目前地下水埋深较稳定；地下水埋深逐步降低的监测井为杨岭，该区域目前基本达到采补平衡（图7-8）。

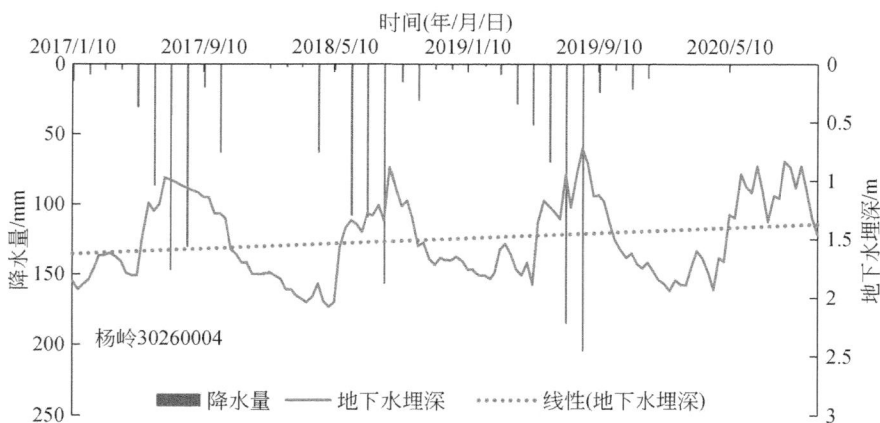

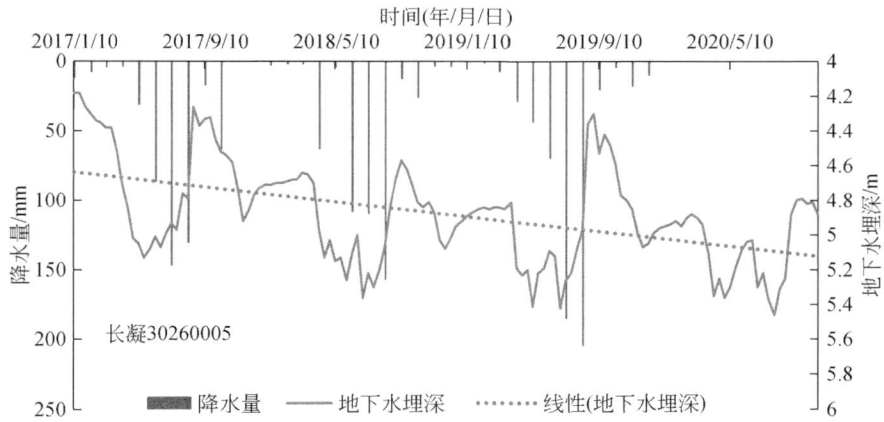

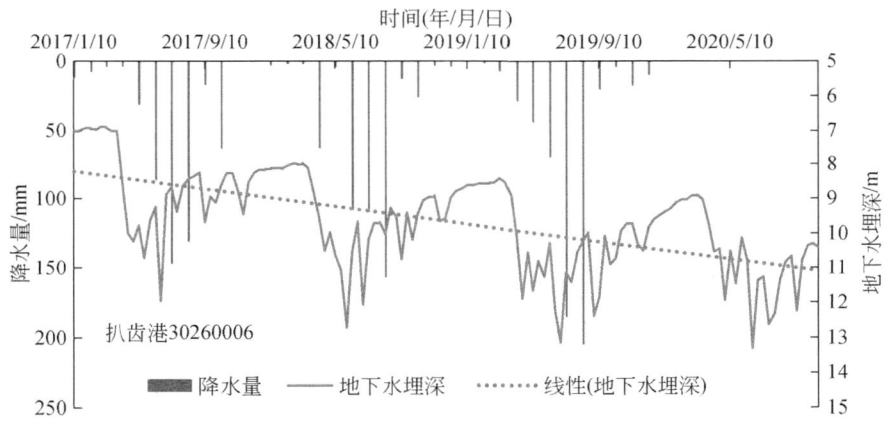

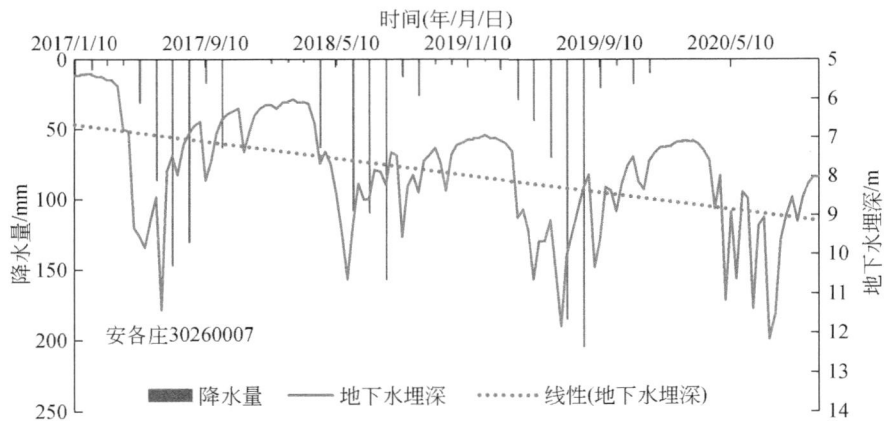

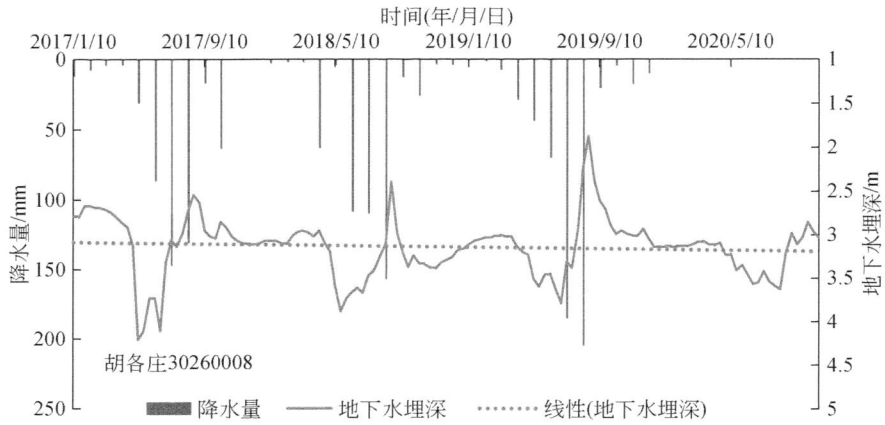

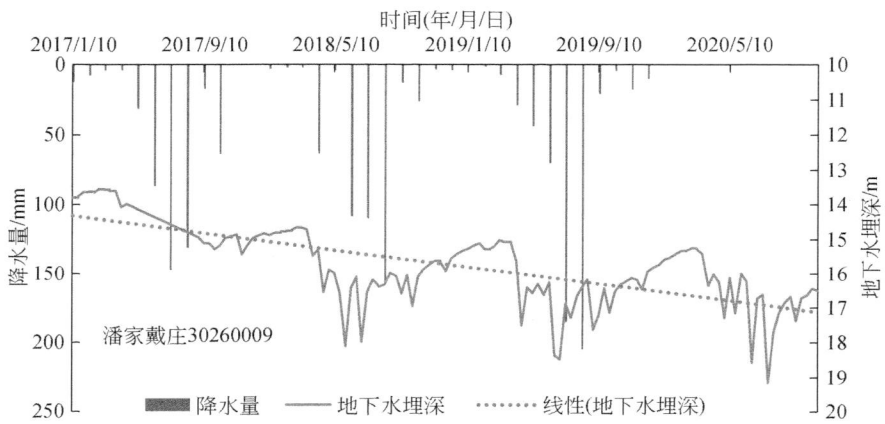

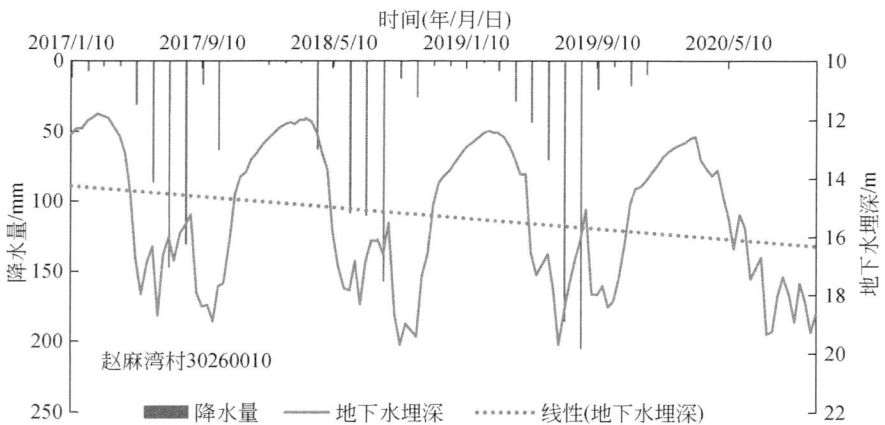

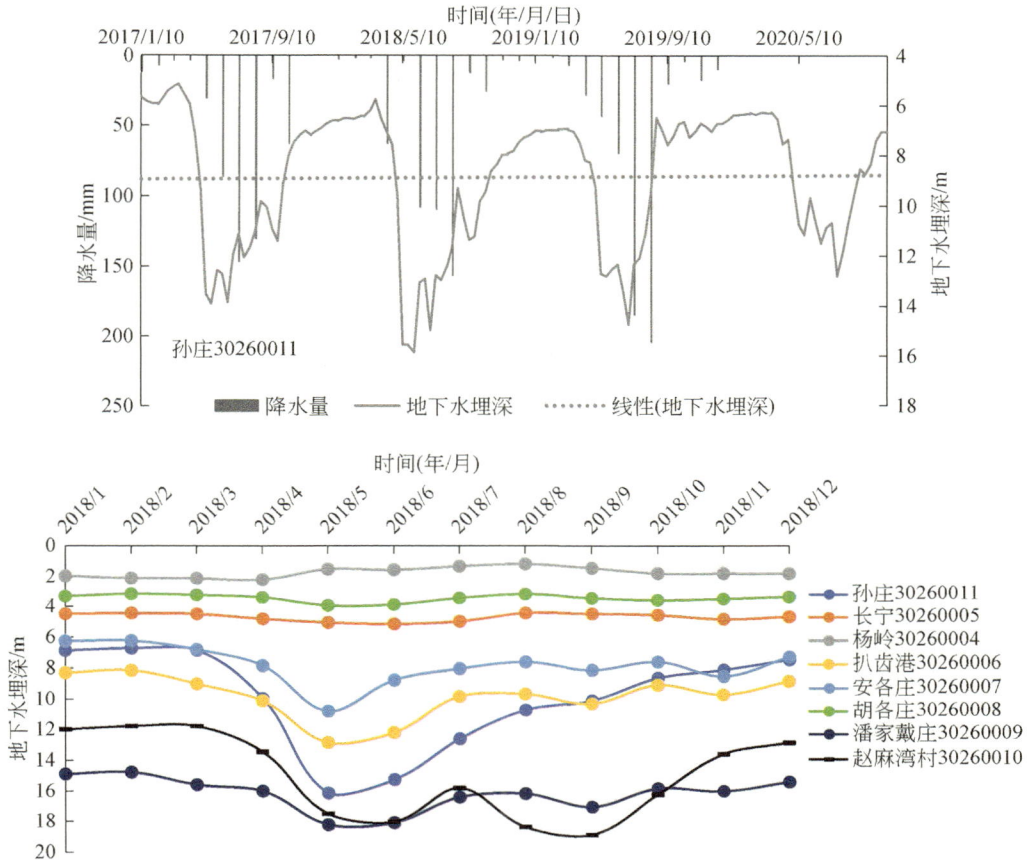

图 7-8 唐山滦南地下水埋深年内变化

表 7-3 为唐山乐亭新建的 8 眼监测井，其中古河（30260012）和尹庄子（30260013）为深层监测井，井深均为 220m，年内变化幅度较其他监测井大，年内最大变幅分别为 40.90m 和 40.44m，地下水埋深变化趋势为 2018 年 1~3 月较平稳、3~6 月急剧增加、6~8 月逐步降低、8~9 月小幅增加、9~12 月逐步降低，但是最终均呈增加趋势。唐山乐亭其余 6 眼新建监测井均为浅层监测井，井深为 20~60m，年内整体变化较平稳，且没有下降趋势。其中高家铺（30260014）、姜各庄（30260015）、冯哨铁庄（30260019）3 眼监测井靠近滦河入海口，年内十分平稳，年内最大变幅均在 0.8m 以内；汤家河（30260018）、新开口（30260017）、佳源公司（30260016）3 眼监测井沿海，年内变幅次之，年内最大变幅为 1~2m。

将 2017~2020 年地下水埋深变化与降水量变化叠加分析，发现乐亭地下水埋深呈增加的监测井为尹庄子、高家铺、姜各庄、佳源公司、汤家河、冯哨铁庄，该区域目前地下水还是处在超采状态；地下水埋深趋于稳定的监测井为古河，该区域目前地下水埋深较稳定；地下水埋深逐步降低的监测井为新开口，该区域目前基本达到采补平衡（图7-9）。

表7-3 唐山乐亭新建地下水自动监测井信息

监测井编码	监测井名称	监测井地址	井深/m	井口高程/m	监测井类型
30260012	古河	乐亭县古河乡古河集	220	3.09	S
30260013	尹庄子	乐亭县马头营镇尹庄子村村址院内	220	2.05	S
30260014	高家铺	乐亭县胡坨镇高家铺村址北院	30	7.43	Q
30260015	姜各庄	乐亭县姜各庄镇初级中学院内东侧	20	4.76	Q
30260016	佳源公司	乐亭县唐山佳源石油制品有限公司	40	8.1	Q
30260017	新开口	乐亭县王滩镇新开口初中院内南侧	20	3	Q
30260018	汤家河	乐亭县汤家河镇初级中学院内西南角	30	2.9	Q
30260019	冯哨铁庄	乐亭县乐亭镇冯哨铁庄村址院内北侧	60	5.97	Q

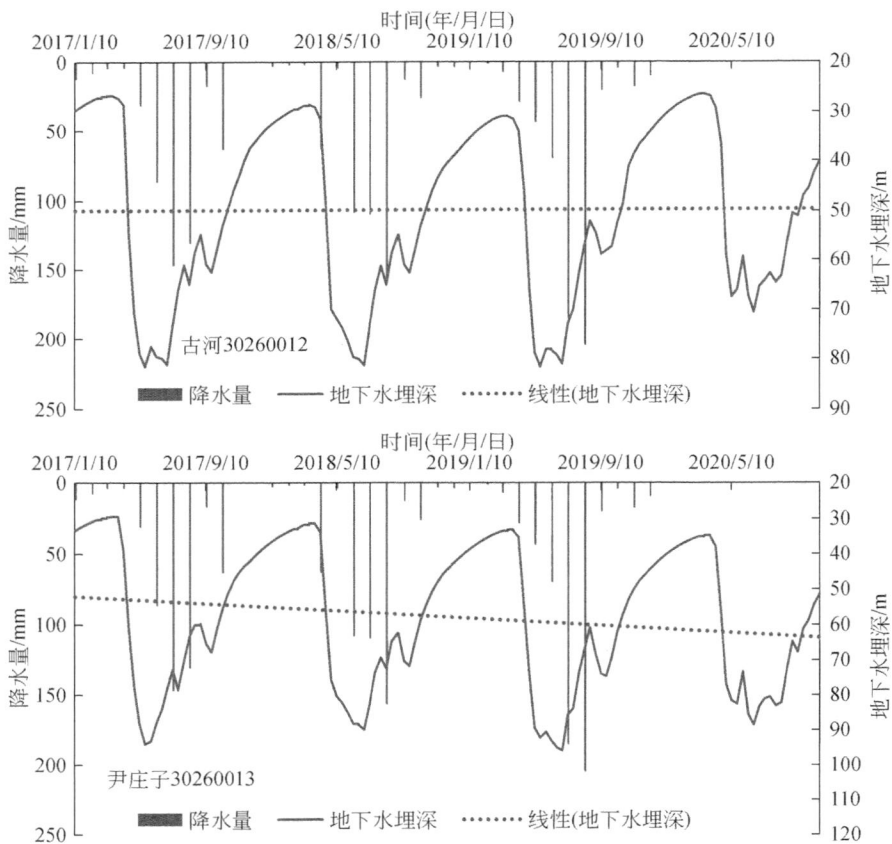

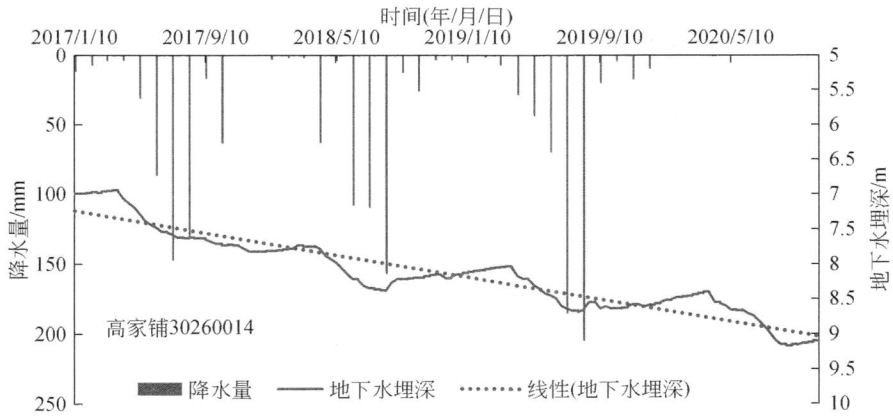

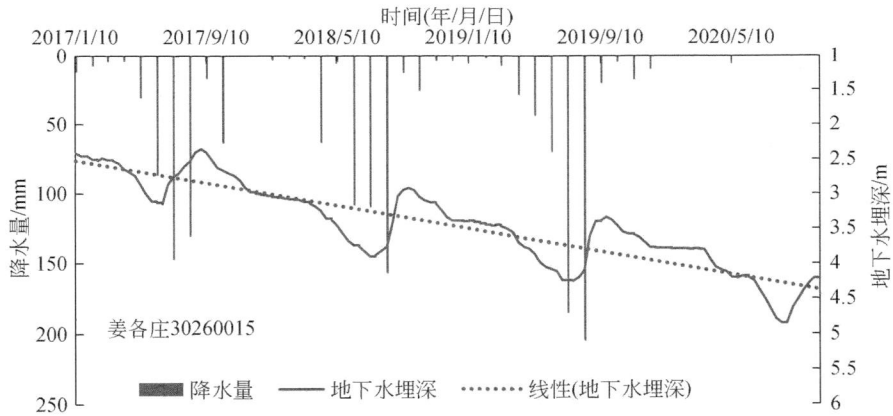

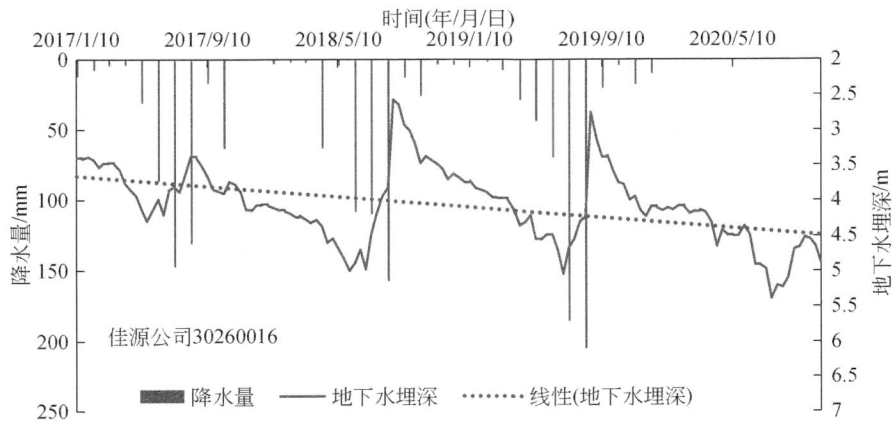

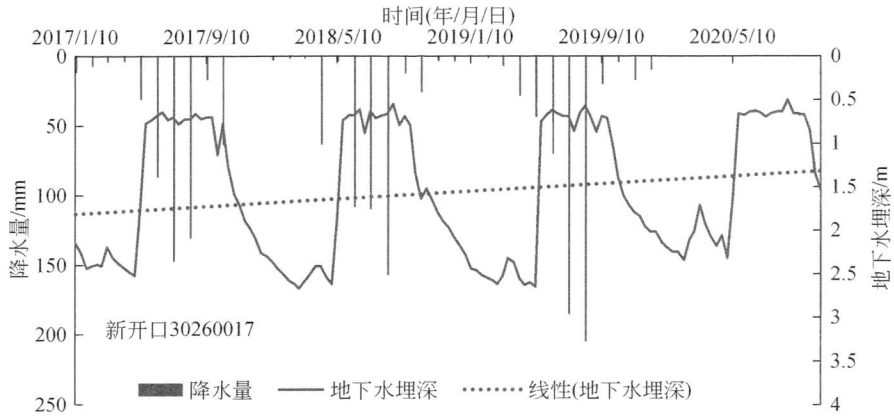

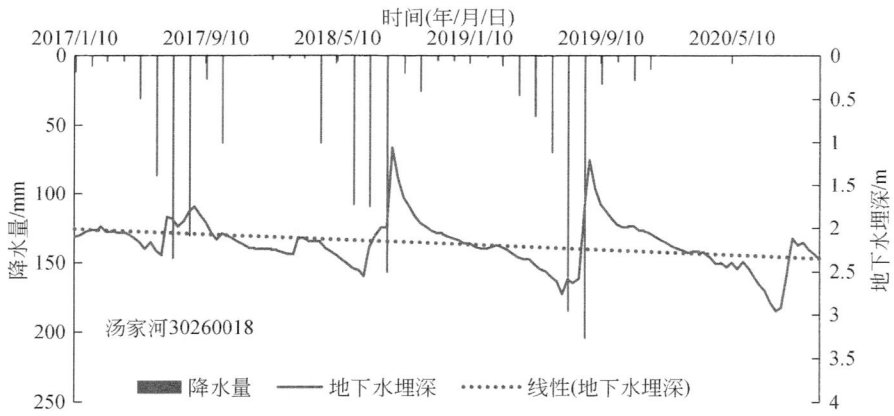

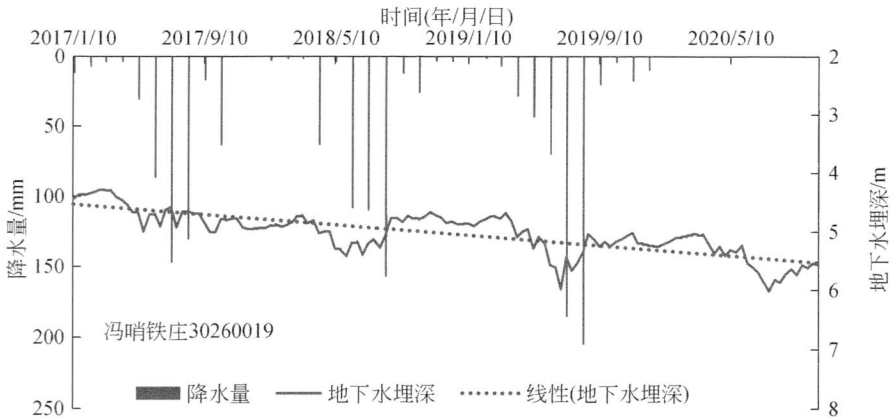

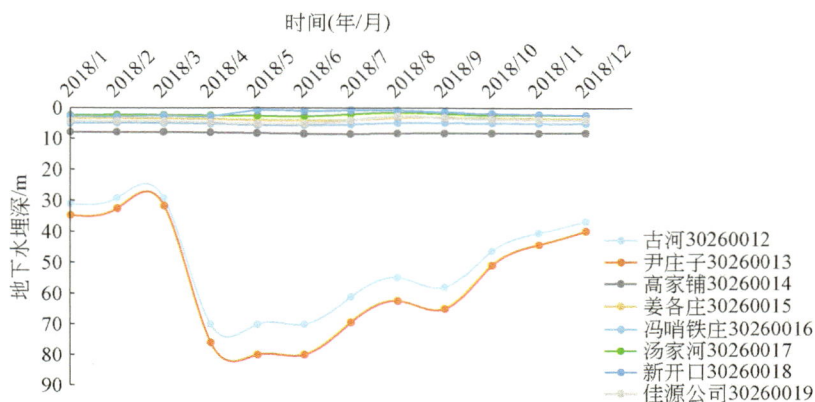

图 7-9　唐山乐亭地下水埋深年内变化

表 7-4 为唐山曹妃甸新建的 4 眼监测井，其中沾南灶（30260023）、柳树庄（30260022）和六农场（30260021）地下水埋深整体年内变化趋势为 1～4 月平稳、5～7 月为全年最大。沾南灶（30260023）、柳树庄（30260022）为深层监测井，六农场（30260021）为浅层监测井。奥东化工（30260020）为深层监测井，井深 150m，年内变化趋势为 1～5 月逐渐下降、5～12 月缓慢增加，整体年内较平稳。深层监测井和浅层监测井的年内变化幅度差别不大。

表 7-4　唐山曹妃甸新建地下水自动监测井信息

监测井编码	监测井名称	监测井地址	井深/m	井口高程/m	监测井类型
30260020	奥东化工	曹妃甸区唐山奥东化工有限公司	150	2.43	S
30260021	六农场	曹妃甸区六农场曾家湾村水电站院内	80	3.51	Q
30260022	柳树庄	曹妃甸区唐海镇柳树庄队部院内	150	2.76	S
30260023	沾南灶	曹妃甸区第十一农场沾南灶队部院内	200	1.64	S

表 7-5 为唐山丰南新建的 7 眼监测井，地下水埋深整体年内变化趋势为 1～4 月平稳、5～7 月为全年最大。丰南区老铺（30260029）和沙坨子（30260030）为深层监测井，井深分别为 150m 和 170m，年内最大变幅分别为 4.00m 和 11.31m。其余 5 眼监测井为浅层监测井，年内变幅较深层监测井小。

将 2017～2020 年地下水埋深变化与降水量变化叠加分析，发现曹妃甸所有地下水监测井地下水埋深呈增加趋势，侧面表明该区域目前地下水还是处在超采状态（图 7-10）。

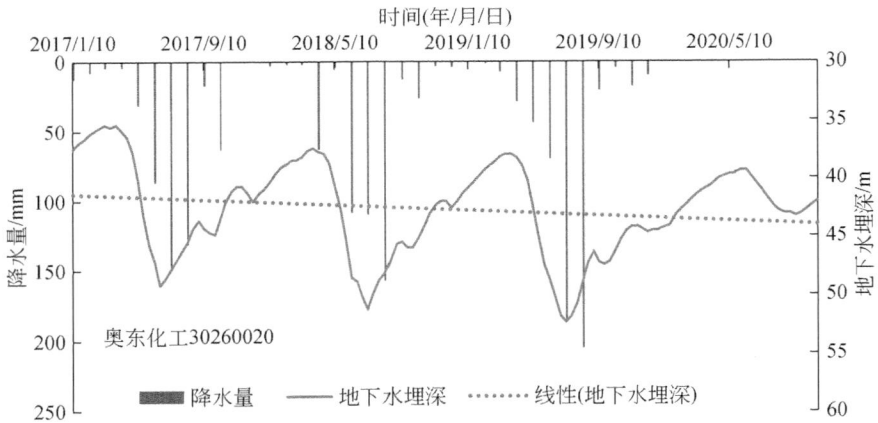

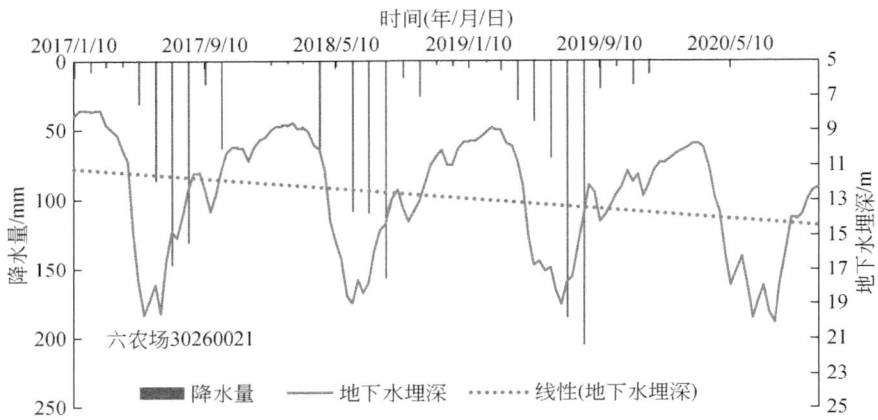

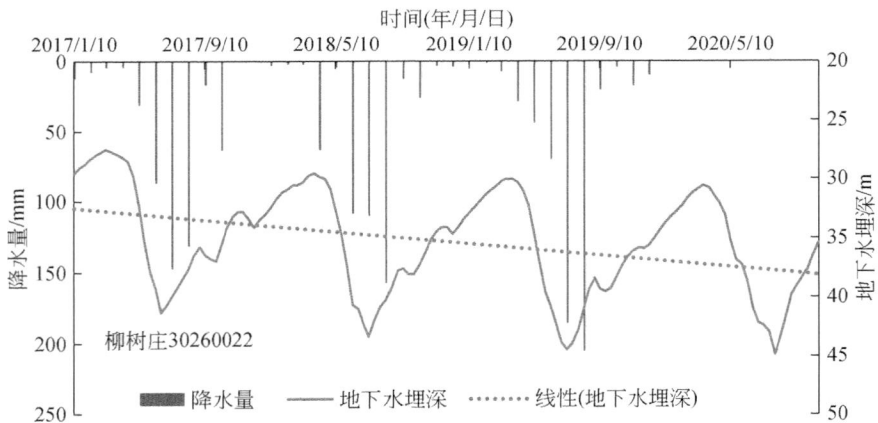

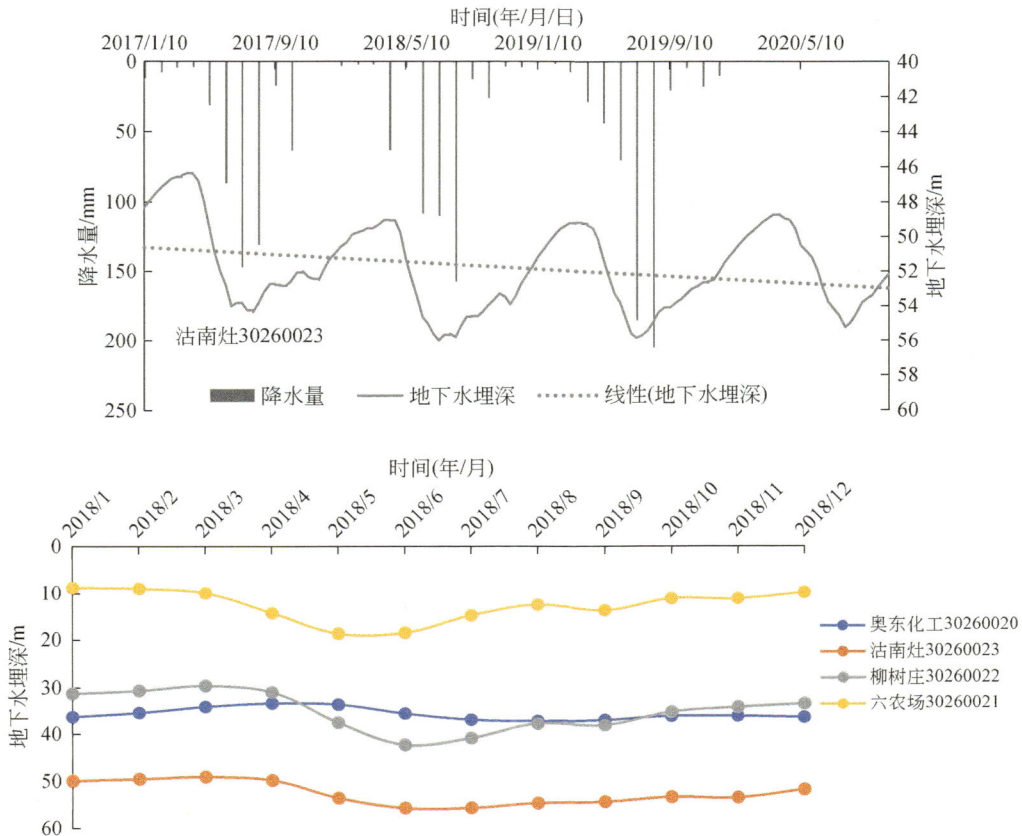

图 7-10　唐山曹妃甸地下水埋深年内变化

表 7-5　唐山丰南新建地下水自动监测井信息

监测井编码	监测井名称	监测井地址	井深/m	井口高程/m	监测井类型
30260024	于家泊	丰南区丰南镇于家泊村	60	2.62	Q
30260025	柳树圈	丰南区柳树圈乡西河村	60	1.18	Q
30260026	么家泊	丰南区丰南镇么家泊村	90	2.11	Q
30260027	大新庄	丰南区大新庄镇大新庄村旧政府院内	90	5.41	Q
30260028	小卢庄	丰南区大新庄镇爽坨村	70	11.73	Q
30260029	老铺	丰南区柳树圈镇老铺村	150	1.22	S
30260030	沙坨子	丰南区西葛镇沙坨子村	170	4.9	S

　　将 2017~2020 年地下水埋深变化与降水量变化叠加分析，发现丰南地下水埋深呈增加趋势的监测井为于家泊、柳树圈、大新庄、小卢庄、沙坨子，侧面表明该区域目前地下

水还是处在超采状态；地下水埋深逐步降低的监测井为么家泊和老铺，该区域地下水埋深基本达到采补平衡（图 7-11）。

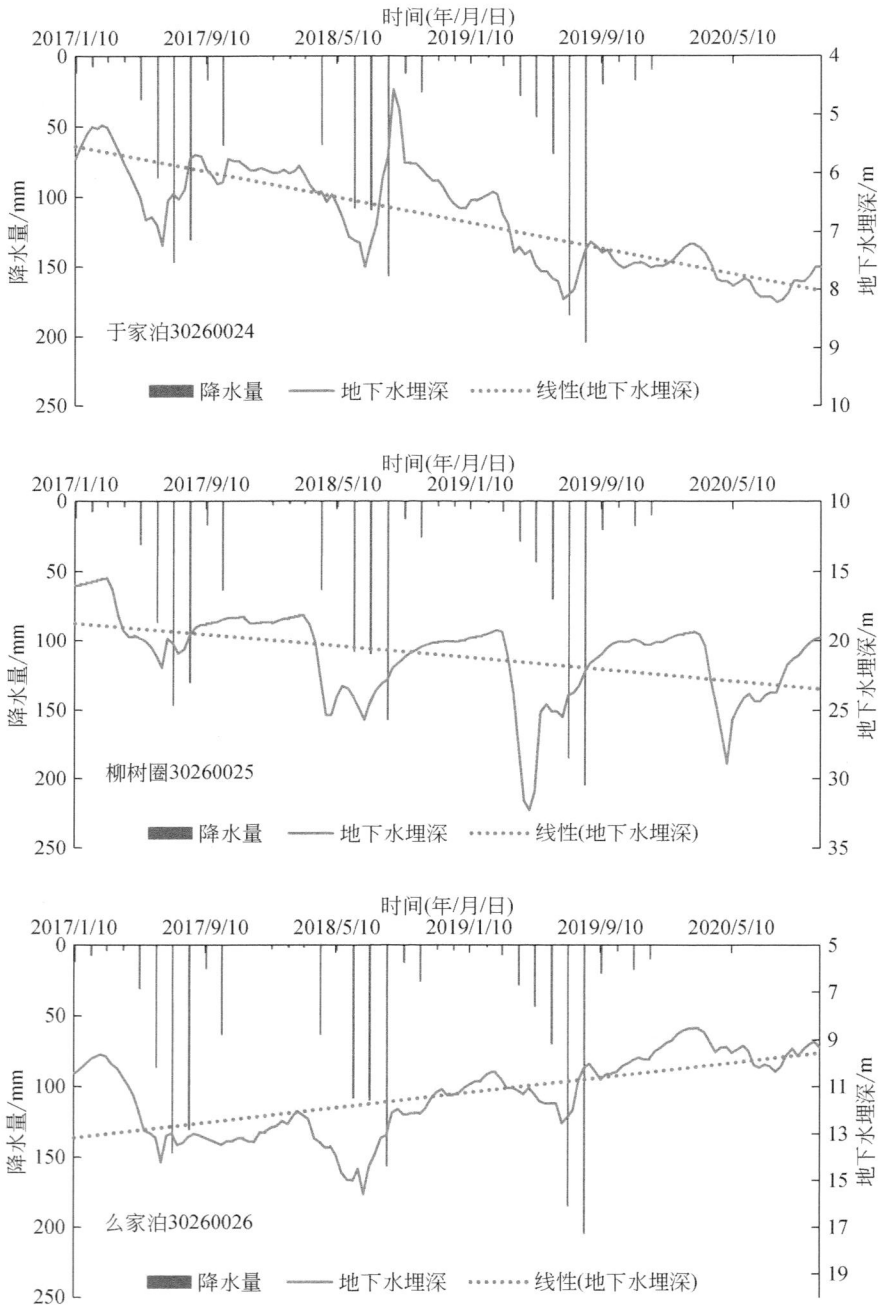

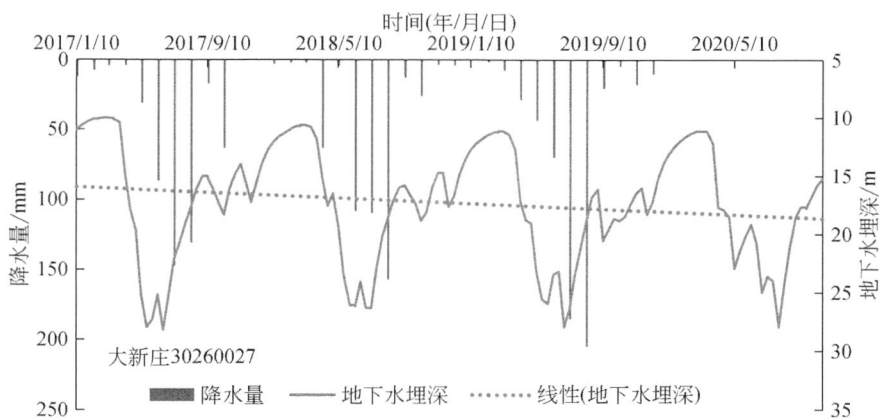

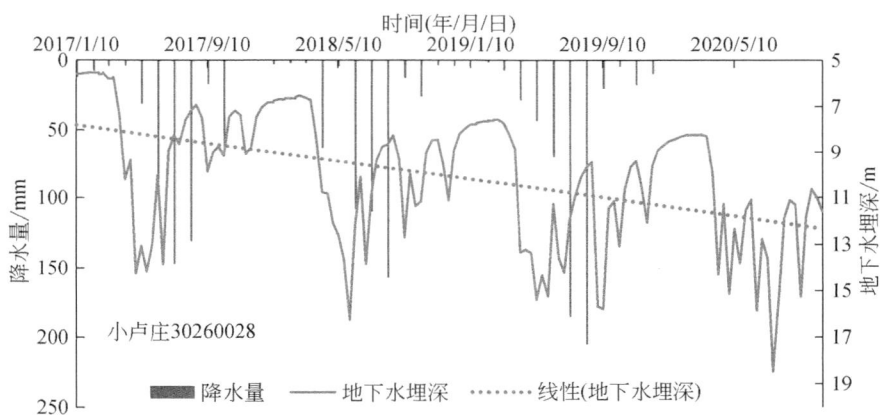

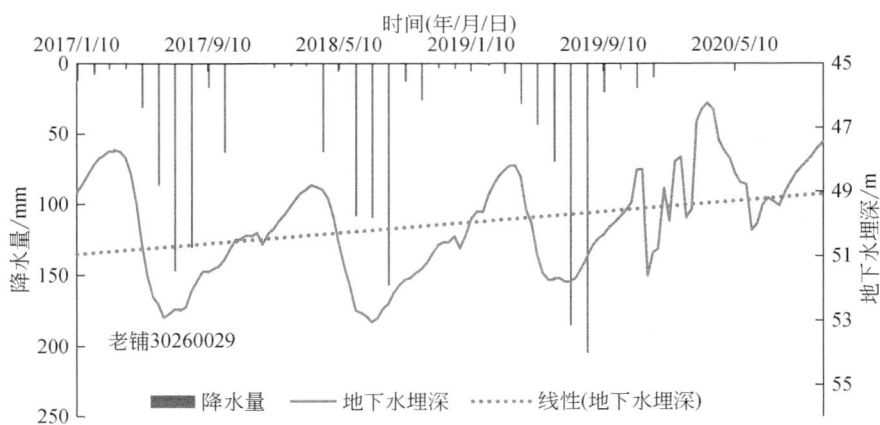

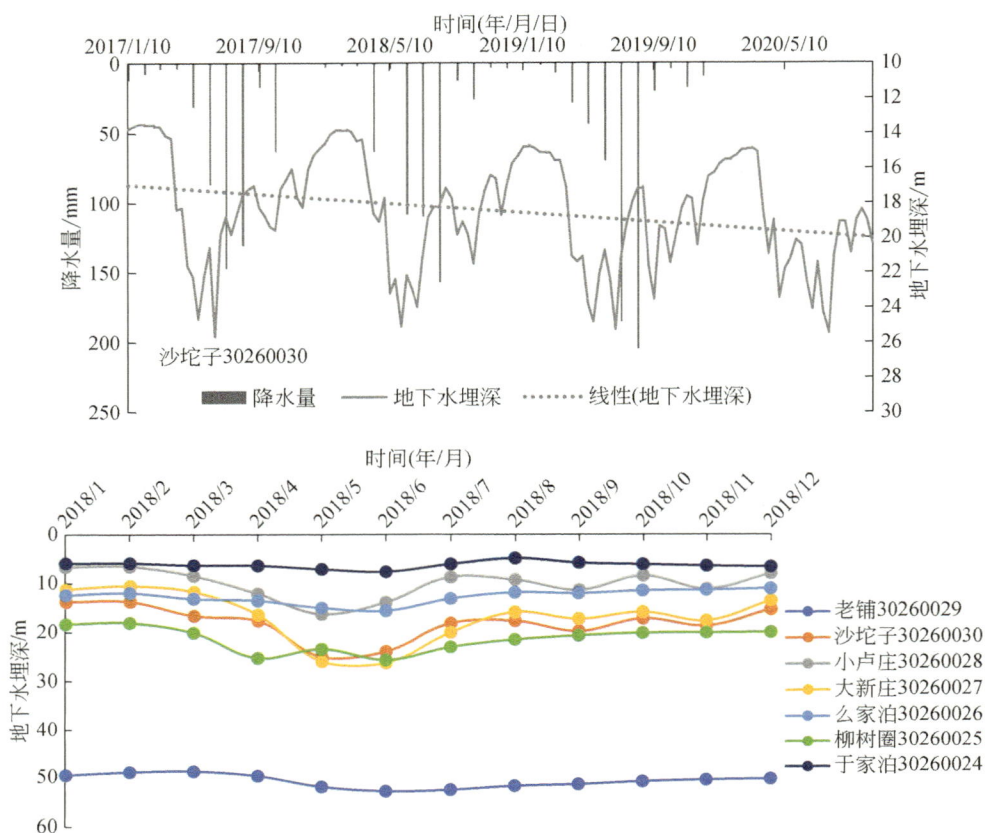

图 7-11　唐山丰南地下水埋深年内变化

通过对唐山 2018 年地下水年内变化分析可知大部分区域浅层地下水埋深年内变化趋势为 1~4 月较稳定、4~7 月由于灌溉原因地下水埋深增加、7~12 月由于无灌溉，降水和侧向补给使地下水埋深逐步缓慢降低。其中，深层地下水埋深年内变化幅度显著大于浅层地下水埋深年内变化幅度。且部分浅层地下水埋深年末未恢复到年初地下水埋深的水平，其中，乐亭深层地下水埋深年末地下水埋深显著深于年初，表明乐亭深层地下水超采较严重，水资源短缺问题较严重。

7.3　唐山地下水开采量及超采情况分析

7.3.1　唐山地下水开采量

唐山 2007~2020 年地下水开采总量总体呈逐渐减少趋势，2007 年唐山地下水开采量最大，达到了 20.85 亿 m^3，其中，浅层地下水开采量为 15.46 亿 m^3，深层地下水开采量为 5.30 亿 m^3，微咸水开采量为 0.09 亿 m^3。2019 年地下水开采量最小，为 11.27 亿 m^3，其中，浅层地下水开采量为 8.76 亿 m^3，深层地下水开采量为 2.51 亿 m^3，无微咸水开采。唐山在 2007~2011 年有少量微咸水利用，2011 年以后没有使用微咸水（图 7-12）。

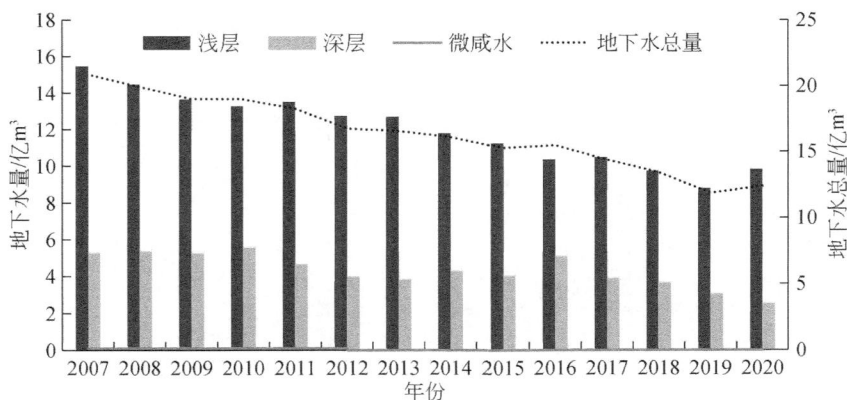

图 7-12　唐山地下水逐年开采量

7.3.2　分区县地下水开采量

2020 年唐山地下水开采量最多的区县为迁安 1.55 亿 m^3，地下水年开采量超过 1 亿 m^3 的区县还有丰润、滦南、玉田、遵化和滦州（表 7-6 和图 7-13）。

表 7-6　唐山 2020 年分区地下水用水量

区县	地下水总量/万 m^3	浅层/万 m^3	深层/万 m^3
路南区	1342	1342	0
路北区	5670	2225	3445
古冶区	4180	1826	2354
开平区	3486	3486	0
丰南区	8284	4293	3991
丰润区	14056	13062	994
曹妃甸区	3742	120	3622
唐山国际旅游岛	726	0	726
滦南县	15491	12900	2591

区县	地下水总量/万 m³	浅层/万 m³	深层/万 m³
乐亭县	5794	4321	1473
迁西县	3808	3808	0
玉田县	13786	11446	2340
芦台经济技术开发区	392	80	312
汉沽管理区	532	80	452
高新技术产业开发区	590	501	89
海港经济开发区	3243	0	3243
遵化市	12814	12814	0
迁安市	15514	15514	0
滦州市	10244	10244	0
合计	123694	98062	25632

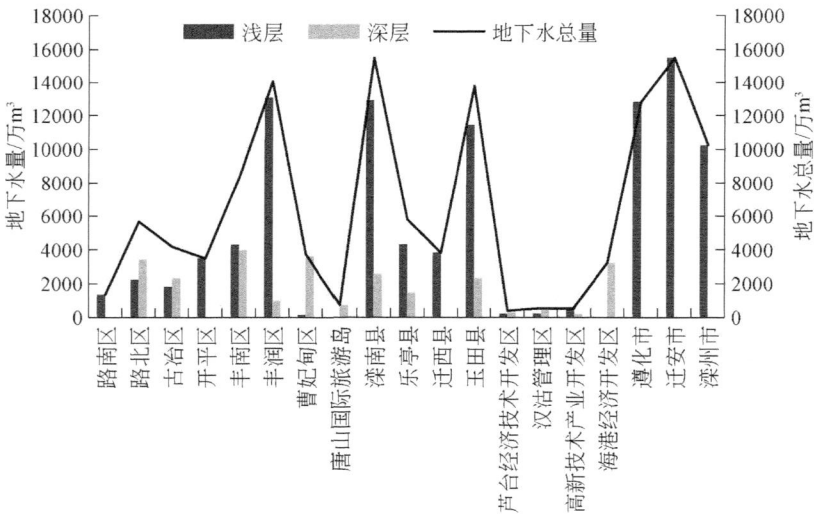

图 7-13　唐山分区县 2020 年地下水用水量

从地下水开采类型来看，只开采深层地下水的区县有唐山国际旅游岛和海港经济开发区；以深层地下水开采为主的区县有曹妃甸、芦台经济技术开发区、汉沽管理区和路北；只开采浅层地下水的区县有路南、开平、迁西、遵化、迁安和滦州；其余区县是深层和浅层地下水混合开采（图 7-14）。

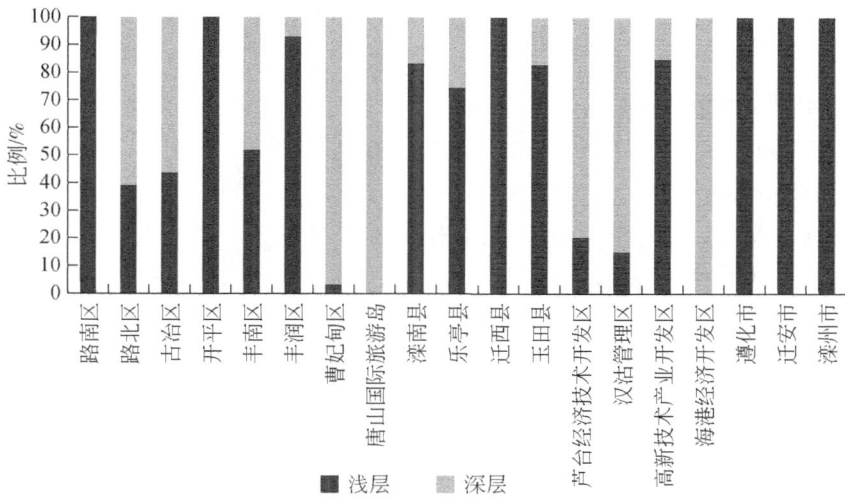

图 7-14 唐山分区县 2020 年地下水开采比例

（1）路南地下水开采量

唐山路南 2009～2020 年地下水开采总量整体呈平稳后急剧下降趋势（图 7-15）。其中，2009～2010 年保持稳定不变，也是地下水开采量最大的年份，开采总量达到了 3710 万 m³，其中浅层地下水开采量为 2960 万 m³，占比为 79.78%，深层地下水开采量为 750 万 m³，占比为 20.22%，2010 年以前主要以浅层地下水开采为主。2010 年以后，路南地下水开采总量减少，地下水开采总量约为 2600 万 m³，2011～2017 年整体较稳定，但是深层地下水开采总量占总开采量的比例由之前的 20.22% 提升到 86.94%，2011～2017 年主要以深层地下水开采为主。2017 年以后，路南地下水开采总量急剧减少，每年平均地下水

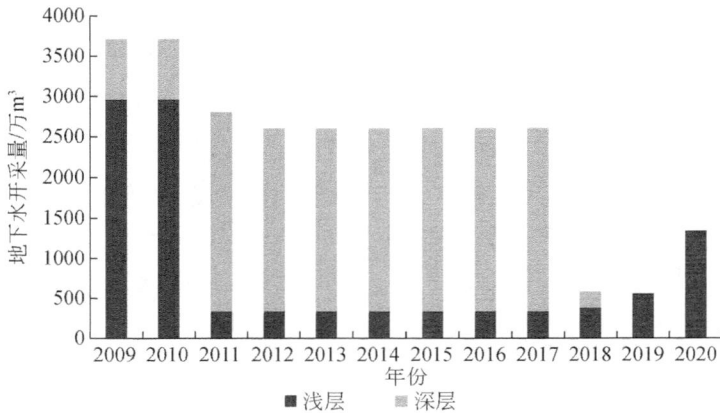

图 7-15 路南地下水逐年开采量

开采量为 569 万 m³，2020 年恢复到 1342 万 m³，2019 年后只开采浅层地下水，无深层地下水开采。

（2）路北地下水开采量

唐山路北 2009～2020 年地下水开采总量变化趋势和路南基本一致，但是 2009～2010 年路北只开采利用深层地下水，每年深层地下水开采量为 9570 万 m³（图 7-16）。2010 年以后，深层地下水开采量逐渐减少，部分使用浅层地下水，主要还是利用深层地下水。2017 年以后地下水开采量急剧减少，从 2009 年的 9570 万 m³ 减少到 2019 年的 1432 万 m³。2020 年地下水开采量回升至 5670 万 m³，其中浅层地下水 2225 万 m³，深层地下水开采量 3445 万 m³。

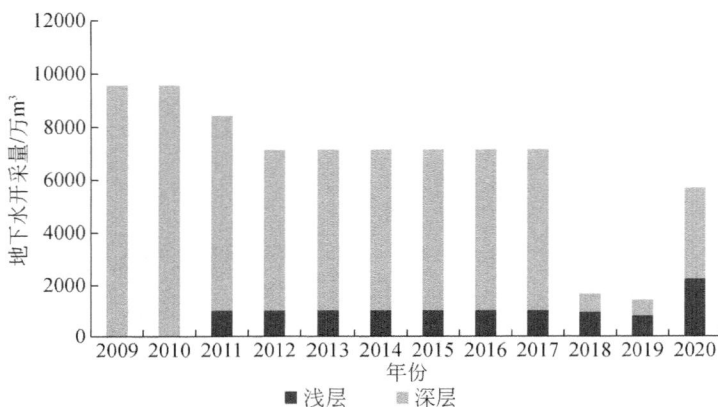

图 7-16 路北地下水逐年开采量

（3）古冶地下水开采量

唐山古冶 2009～2020 年地下水开采总量呈逐渐减少趋势（图 7-17），基本分为三个阶段：2009～2012 年每年地下水开采总量维持在 6592 万 m³，其中，浅层地下水每年开采量为 1765 万 m³，占比为 26.77%，深层地下水每年开采量为 4828 万 m³，占比为 73.23%；2013～2016 年每年地下水开采总量维持在 5832 万 m³，其中，浅层地下水每年开采量为 1770 万 m³，占比为 29.51%，深层地下水每年开采量为 4062 万 m³，占比为 69.65%；2017～2020 年每年地下水开采总量维持在 4409 万 m³，其中，浅层地下水每年开采量为 1449 万 m³，占比为 32.86%，深层地下水每年开采量为 2960 万 m³，占比为 67.14%。

（4）开平地下水开采量

唐山开平 2009～2020 年地下水开采总量呈先增加后减少趋势（图 7-18）。2009～2010 年以浅层地下水开采为主，部分开采深层地下水。2010 年以后只开采浅层地下水。2012～2015 年地下水开采量较 2009～2011 年增加，2016～2020 年地下水开采量较之前显著减少，且 2016～2017 年地下水开采量呈逐年减少趋势。

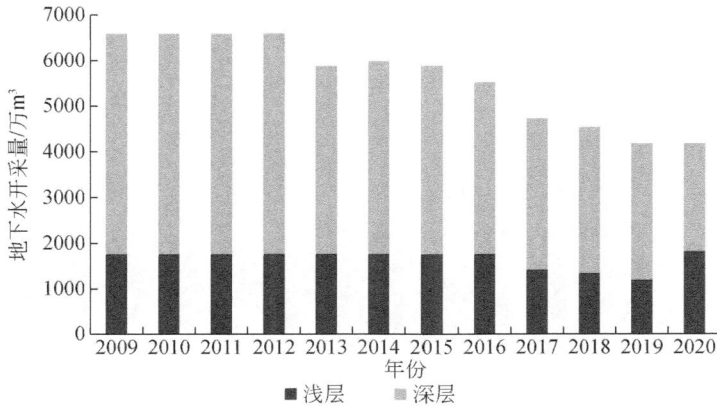

图 7-17 古冶地下水逐年开采量

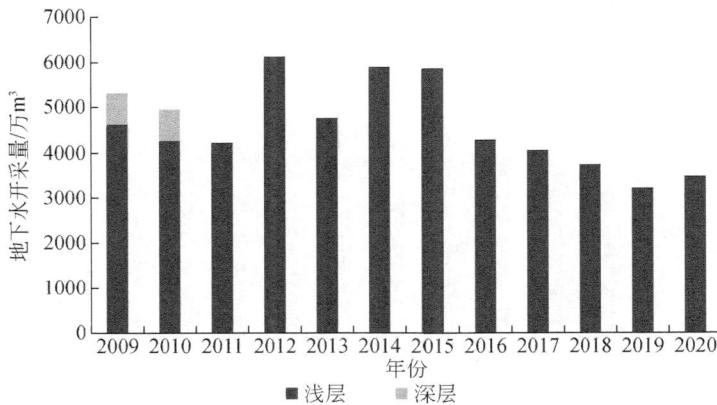

图 7-18 开平地下水逐年开采量

（5）丰南地下水开采量

唐山丰南 2009～2020 年地下水开采总量呈先增加后减少再增加后逐渐减少趋势（图 7-19）。2010～2012 年地下水开采量逐渐减少，2013 年较 2012 年地下水开采量显著提升，2013 年以后地下水开采量逐渐减少。2012 年地下水开采量较小的主要原因是 2012 年为丰水年。丰南地下水每年开采量中浅层地下水和深层地下水占比相当。

（6）丰润地下水开采量

唐山丰润 2009～2020 年地下水开采总量呈逐年减少的趋势（图 7-20）。以浅层地下水开采为主，部分开采深层地下水。2009～2014 年地下水开采量呈逐渐下降趋势，从 2009 年最大地下水开采量 2.65 亿 m³ 减少到 2014 年的 1.85 亿 m³。2015～2020 年地下水开采量逐渐稳定，多年平均地下水开采量为 1.55 亿 m³，其中，浅层地下水开采量为 1.33 亿

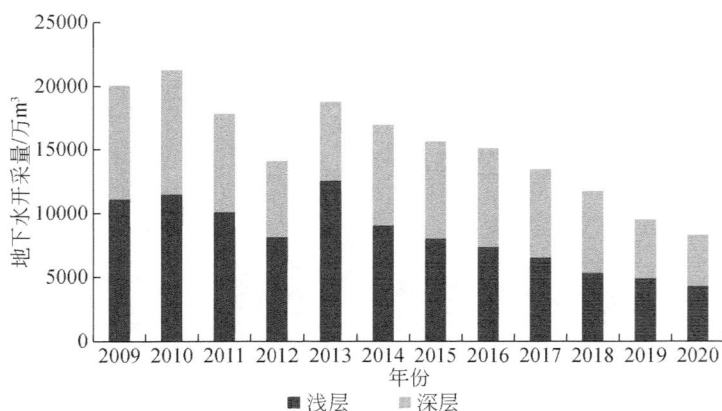

图 7-19 丰南地下水逐年开采量

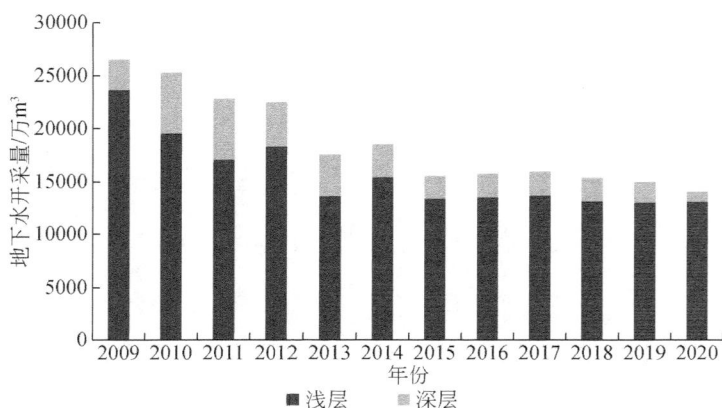

图 7-20 丰润地下水逐年开采量

m³，占比 85.89%，深层地下水开采量为 0.22 亿 m³，占比为 14.11%。

（7）滦州地下水开采量

唐山滦州 2009～2020 年地下水开采总量除了 2016 年显著增加外整体呈逐渐减少趋势（图 7-21）。2016 年地下水开采量最大，达到了 2.63 亿 m³，其中，浅层地下水开采量为 1.41 亿 m³，占比 53.71%；深层地下水开采量为 1.22 亿 m³，占比 46.29%。

（8）滦南地下水开采量

唐山滦南 2009～2020 年地下水开采总量呈先较稳定后逐渐减少趋势（图 7-22）。2009～2015 年地下水开采量较稳定，多年平均地下水开采量为 1.67 亿 m³，其中，浅层地下水开采量为 0.24 亿 m³，占比为 14.21%，深层地下水开采量为 1.43 亿 m³，占比为 85.79%。2016 年地下水开采量为 1.23 亿 m³，主要以深层地下水开采为主，深层地下水

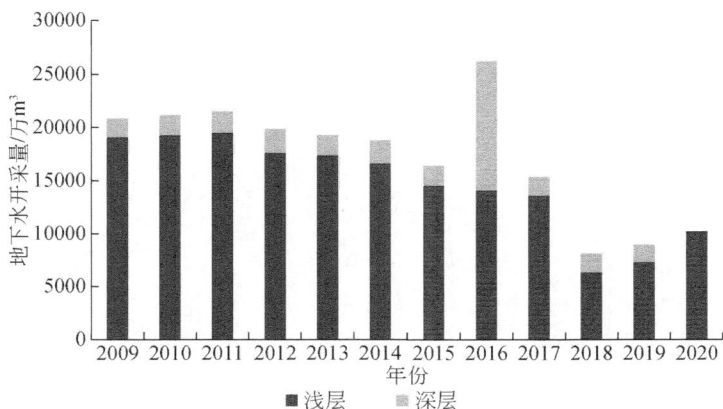

图 7-21 滦州地下水逐年开采量

开采量为 1.03 亿 m³，占比为 83.71%。2017～2019 年地下水开采量大幅减少，主要以浅层地下水开采为主。2020 年地下水开采量回升到 1.55 亿 m³。

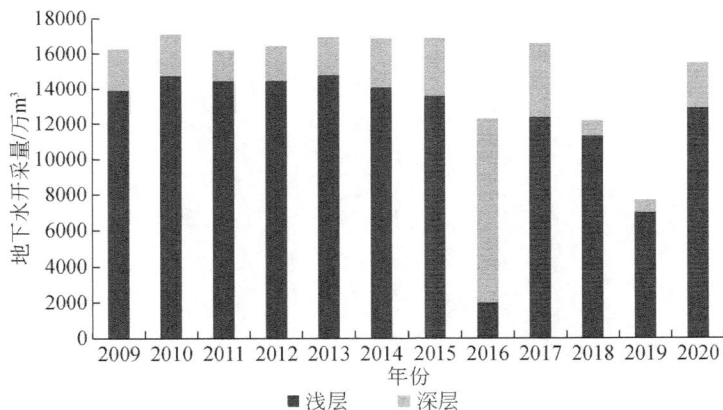

图 7-22 滦南地下水逐年开采量

（9）乐亭地下水开采量

唐山乐亭 2009～2020 年地下水开采总量呈逐渐减少趋势，2009～2010 年浅层地下水和深层地下水同时开采，占比基本相当（图 7-23）。2011～2017 年乐亭只开采浅层地下水，平均开采量为 1.18 亿 m³，2018～2020 年又开始部分开采深层地下水，以浅层地下水为主。2020 年地下水开采量为 5794 万 m³，较 2009 年的 1.56 亿 m³ 减少了 62.86%。

（10）迁西地下水开采量

唐山迁西 2009～2020 年地下水开采总量呈先增加后逐渐减少趋势，地下水开采以浅层地下水为主，占比达到 95% 以上。2009～2011 年地下水开采量呈增加趋势，2011～

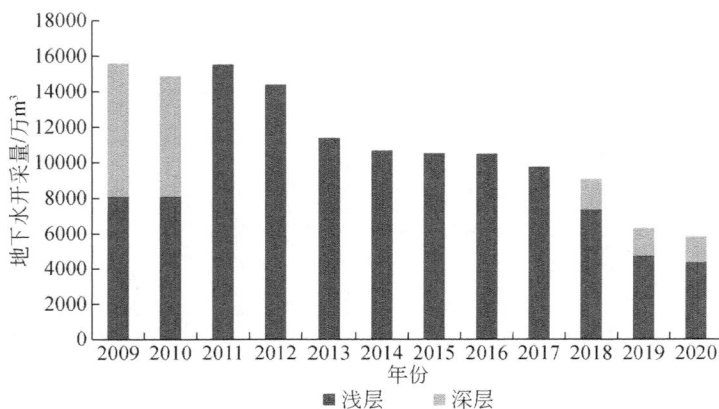

图 7-23　乐亭地下水逐年开采量

2020 年地下水开采量逐渐减少。2018 年开始只开采浅层地下水，无深层地下水开采（图 7-24）。

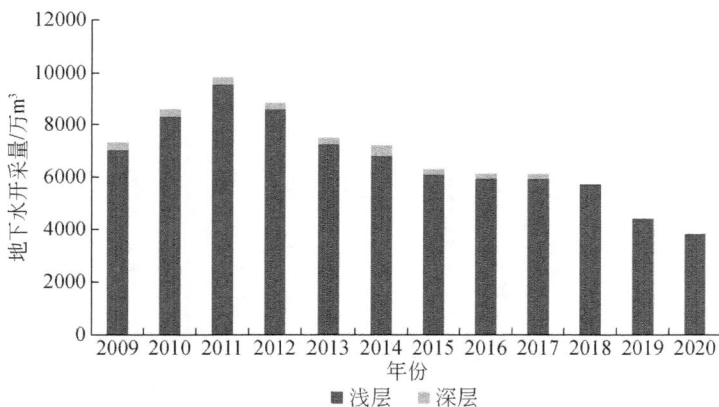

图 7-24　迁西地下水逐年开采量

（11）玉田地下水开采量

唐山玉田 2009～2020 年地下水开采总量维持稳定（图 7-25），多年平均地下水开采量维持在 1.46 亿 m^3。主要以浅层地下水开采为主，占比在 80% 以上。2009～2011 年每年使用 880 万 m^3 左右的微咸水，2011 年以后就不再使用微咸水。

（12）曹妃甸地下水开采量

唐山曹妃甸 2009～2020 年地下水开采总量呈先增加后减少然后增加趋于平稳的趋势（图 7-26），曹妃甸主要以开采深层地下水为主，2009～2012 年深层地下水开采量占比达到 98% 左右，2013～2018 年只开采深层地下水，2019 年开始极少开采浅层地下水，地下

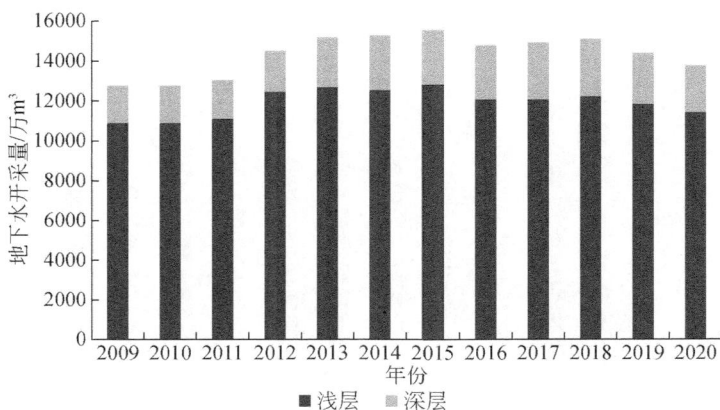

图 7-25　玉田地下水逐年开采量

水开采量为 4507 万 m³，其中，深层地下水开采量为 4387 万 m³，占比为 97.34%；浅层地下水开采量为 120 万 m³，占比仅为 2.66%。

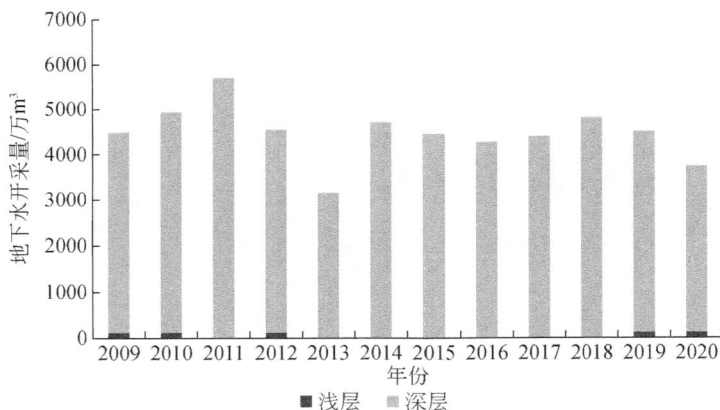

图 7-26　曹妃甸地下水逐年开采量

（13）遵化地下水开采量

唐山遵化 2009~2020 年地下水开采总量呈逐渐减少趋势（图 7-27），主要以浅层地下水开采为主，2019 年之前是浅层和深层地下水均有开采，2019 年开始只开采浅层地下水。地下水开采量最大的是 2009 年，为 20772 万 m³；地下水开采量最小的是 2020 年，为 12814 万 m³，较 2009 年减少了 30.52%。

（14）迁安地下水开采量

唐山迁安 2009~2020 年地下水开采总量呈先减少后增加趋势（图 7-28），主要以浅层地下水开采为主，2019 年之前是深层和浅层地下水均有使用，2019 年后只开采浅层地下

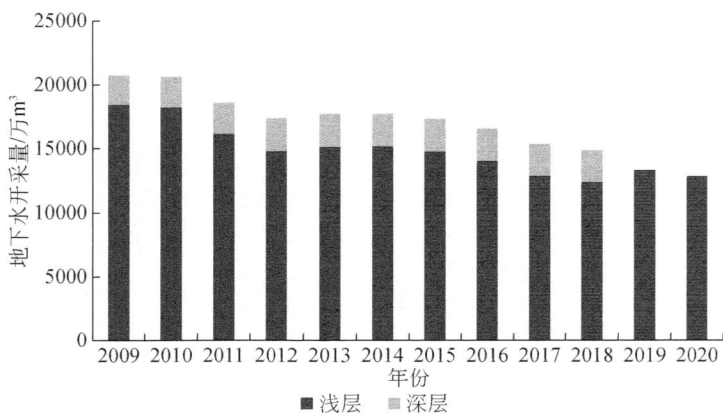

图 7-27 遵化地下水逐年开采量

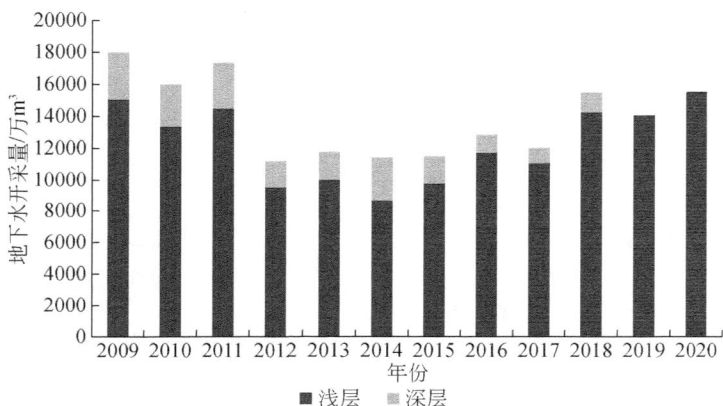

图 7-28 迁安地下水逐年开采量

水，年开采量约为 1.48 亿 m³。

（15）芦台经济技术开发区地下水开采量

唐山芦台经济技术开发区 2009～2020 年地下水开采总量呈逐渐减少趋势（图 7-29）。2019 年之前只开采深层承压水，2019 年后开始逐渐开采浅层地下水。2011 年地下水开采量最大，达到 646 万 m³。2020 年地下水开采量最小，为 392 万 m³，其中，深层地下水开采量为 312 万 m³，占比为 79.59%；浅层地下水开采量为 80 万 m³，占比为 20.41%。

（16）汉沽管理区地下水开采量

唐山汉沽管理区 2009～2020 年地下水开采总量呈先增加后减少趋势（图 7-30）。2009～2018 年只开采深层地下水，2019 年开始部分开采浅层地下水。2010 年地下水（深层地下水）开采量最大，为 807 万 m³，2019 年深层地下水开采量最小，为 465 万 m³，较

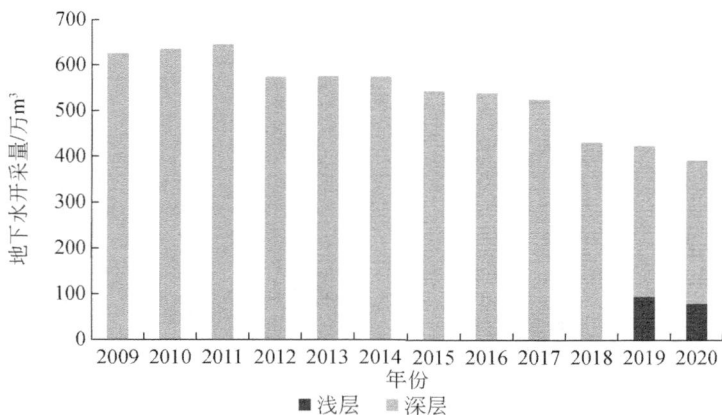

图 7-29　芦台开发区地下水逐年开采量

2010 年减少了 42.38%。目前汉沽管理区地下水开采量约为 550 万 m³，以深层地下水为主，占比达到 84.55%。

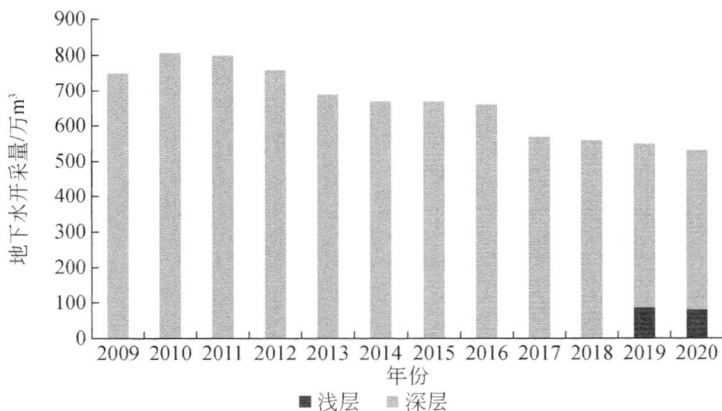

图 7-30　汉沽管理区地下水逐年开采量

（17）海港经济开发区地下水开采量

唐山海港经济开发区 2018 年地下水开采总量为 3431 万 m³，其中，浅层地下水开采量为 431 万 m³，占比为 12.56%；深层地下水开采量为 3000 万 m³，占比为 87.44%。2019 年地下水开采量较 2018 年有所增加，2019 年地下水开采量为 4319 万 m³，较 2018 年增加了 888 万 m³，其中浅层地下水开采量为 1134 万 m³，占比为 26.25%；深层地下水开采量为 3186 万 m³，占比为 73.75%，提高了浅层地下水的使用比例。2020 年只开采深层地下水，年开采量为 3243 万 m³（图 7-31）。

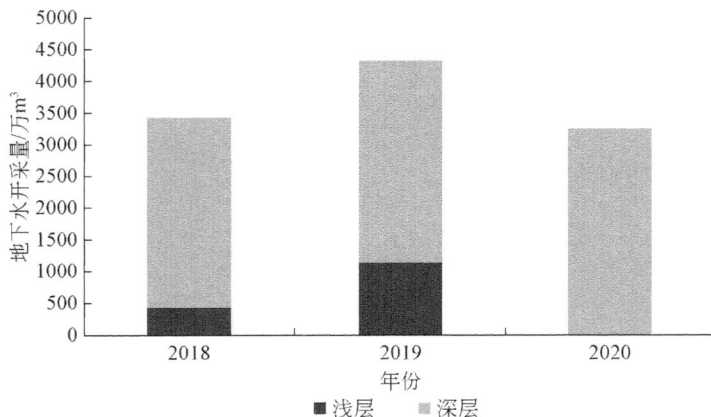

图 7-31   海港开发区地下水逐年开采量

综上所述，2009～2020 年唐山大多数区县地下水开采量呈逐渐减少趋势，其中只有迁安和海港开发区地下水开采量呈逐渐增加趋势；大多数区县浅层地下水和深层承压水同时开采，其中古冶、曹妃甸、芦台经济技术开发区、汉沽管理区、海港经济开发区等主要以深层地下水开发利用为主，其余区域以浅层地下水开发利用为主。2020 年开始，部分以深层地下水开发利用为主的区县逐渐开始部分使用浅层地下水，如芦苇开发区和汉沽管理区。

7.3.3   地下水超采情况

1. 剩余压采量分析

为贯彻落实党的十八届三中全会和河北省委八届六次全体（扩大）会议精神，推进生态文明建设，实现绿色发展，按照国家地下水超采综合治理工作部署和要求，2014 年 6 月 3 日，河北省人民政府以冀政函〔2014〕58 号印发了《河北省地下水超采综合治理试点方案（2014 年度）》的通知。在 2016～2019 年，结合本省实际，河北制定了《河北省地下水超采综合治理试点方案》，作为试点市之一，唐山贯彻落实河北省政府、省水利厅文件精神，于 2016 年开始开展地下水超采综合治理。本次评估唐山地下水压采能力与压采效果，共涉及 11 个区县，其中，深层承压水超采区 4 个区县，分别为滦南、丰南、曹妃甸、乐亭；浅层地下水超采区 7 个区县，分别为路南、路北、古冶、开平、丰润、玉田、滦州。

河北唐山地下水压采效果评估坚持"有效保护和修复地下水系统，促进人水和谐"的压采理念，在《河北省地下水超采综合治理项目压采效果第三方评估工作方案》要求基础上，细化分解形成了评估工作技术指南、技术路线和一系列统计表格；通过现场调研与资料分析，评估了各项地下水压采措施的落实情况；水利项目、农业项目等地下水压采项目工作全面完成，达到了设计的压采能力，2016~2019 年唐山地下水超采综合治理专项资金水利项目、农业项目等地下水压采项目工作全面完成，达到了设计的压采能力，累计形成地下水压采能力共计 13868 万 m^3，其中，农业项目地下水压采能力为 3815 万 m^3，水利项目地下水压采能力为 10053 万 m^3，而城市水源置换和工业节水形成压采能力为 7066 万 m^3，因此，2019 年唐山地下水压采能力共计 20934 万 m^3。

2019 年唐山专项资金项目实际地下水压采量为 9519 万 m^3，其中，农业专项资金项目实际地下水压采量为 1423 万 m^3，水利专项资金项目实际地下水压采量为 8096 万 m^3。而城市水源置换和工业节水实际压采量为 7066 万 m^3，因此，2019 年唐山实际形成总压采量为 16585 万 m^3。

2014~2019 年唐山评估区浅层和深层地下水位呈下降趋势，但地下水超采综合治理后，大部分区域水位下降速率减缓。在进行地下水超采评价时，浅层地下水的剩余超采量计算方法为：以当年地下水水位与前年地下水水位的变幅为基础，将其折算到平水年的变幅水平，再乘以给水度和含水层面积；深层地下水开采就是超采，根据统计数据得到的深层地下水开采量即超采量。根据中国水利水电科学研究院《唐山 2019 年度地下水超采综合治理试点项目压采能力与压采效果评估报告》中计算成果，至 2019 年，唐山剩余超采量 28404 万 m^3，其中，浅层地下水剩余超采量 14661 万 m^3，深层承压水剩余超采量 13743 万 m^3。

《河北省地下水超采综合治理 2020 年度实施计划》（冀水超采治理办〔2020〕12 号）下达唐山 2020 年地下水超采综合治理任务 9654 万 m^3。根据《唐山 2020 年度地下水超采综合治理市级自评自查报告》，到 2020 年底，全市 2020 年度地下水超采综合治理项目除部分水利和农业跨年项目按省要求有序推进外，其他项目均已完工，完成压采任务 12436.55 万 m^3，为年度治理任务的 128.82%。

2. 地下水压采目标任务

河北下达唐山 2016~2022 年完成地下水压采任务 4.87 亿 m^3。截至 2020 年底，唐山完成压采量 2.93 亿 m^3。按照《河北省深入开展地下水超采综合治理工作方案》，剩余还需压减 1.94 亿 m^3，其中 2021 年和 2022 年计划分别压减 9305 万 m^3 和 10097 万 m^3（表 7-7）。

表 7-7　2020～2022 年唐山压采目标任务分解　　　　（单位：万 m³）

区域	截至 2020 年底剩余开采量	2021～2022 年剩余超采量	
		2021 年	2022 年
合计	19402	9305	10097
唐山区（路南区、路北区）	3155	1207	1948
古冶区	1107	109	998
开平区	240	240	0
丰南区（含汉沽管理区）	3022	1560	1462
丰润区	2320	997	1323
曹妃甸区	1224	652	572
滦州市	2296	1079	1217
滦南县	1756	984	772
乐亭县（含海港经济开发区）	3208	1903	1305
玉田县	1074	574	500

7.4　地下水超采造成的问题

地下水的开发使其天然均衡状态发生改变，引起一些地区生态环境和地质环境状况的改变，这些变化引发了一系列生态环境地质问题，如生态环境问题（包括土地沙漠化、河流湿地的退化和消失）、地面变形和破坏（包括地面沉降、地裂缝和地面塌陷）、水质问题（包括海咸水入侵、地下水污染）等，从而对经济社会发展产生了不同程度的危害。

河北通过地下水超采综合治理，地下水位的下降速率已经逐渐减小，下降趋势基本得到遏制，但在地下水严重超采区，目前还处于超采状态，已经形成的区域地下水位降落漏斗还可能继续发展，会带动周围地区地下水位的下降。

7.4.1　地面沉降

地面沉降灾害是环境地质灾害中一个非常严重的问题。自 20 世纪 50 年代以来，地面沉降问题越来越受到全球的关注。目前，国内外地面沉降可归纳为三大类型：内陆盆地型、冲积洪积平原型、沿海三角洲和滨海平原型。地面沉降成因主要包括矿产资源开发、地壳活动、过量抽汲地下液体、海平面上升、地表荷载及自然作用等。

根据国家地震局 1992~1996 年资料，唐山沿海地区地面沉降速率由西南向东北逐渐变缓，至丰登坞、韩城、开平、塔坨、大马庄、汀流河、会里一线递减为零。沉降总面积为 6009.0km²，占平原区面积的 71.7%。汉沽农场年沉降速率在全区最大，超过 70mm/a。地面沉降速率超过 40mm/a 的分布区面积为 679km²，约占平原区面积的 8.1%；地面沉降速率 30~40mm/a 的分布区面积为 591km²，约占平原区面积的 7.1%；地面沉降速率 20~30mm/a 的分布区面积为 603km²，约占平原区面积的 7.2%；地面沉降速率 10~20mm/a 的分布区面积为 506km²，约占平原区面积的 6.0%；地面沉降速率小于 10mm/a 的分布区面积为 3630km²，占平原区面积的 43.3%。

最近关于唐山地面沉降的研究来源于自然资源部中国地质调查局所属的中国地质环境监测院承担的 "全国地质资源环境承载能力评价与监测预警" 项目（2016~2018 年）及 "京津冀地区地面沉降地裂缝调查及地质环境监测" 项目（2016~2018 年），相关成果编制完成《中国地面沉降现状图》（1∶500 万）。该项研究表明，截至 2015 年，唐山宁河漏斗区、曹妃甸、乐亭曹庄子中心累计沉降量分别为 2498.85mm、1905.43mm 和 839.35mm。最新技术干涉雷达（InSAR）测算结果表明，2016~2017 年宁河漏斗区年沉降速率最大，已经超过 70mm/a。

7.4.2　海水入侵

海水入侵是指滨海地区由于人为超量开采地下水，引起地下水位大幅下降，海水与淡水之间的水动力平衡被破坏，导致咸淡水界面向陆地方向移动，海水侵入淡水含水层系统的现象。根据地下水水化学检测点数据，截至 2015 年，根据海水入侵程度划分为轻度污染、较严重污染、严重污染，入侵对应的面积分别是 1075.5km²、689.7km² 和 1402.6km²。

7.4.3　河道断流

唐山有 5 条主要河道（滦河、蓟运河、沙河、还乡河、陡河）和 130 条分支河道，目前只有滦河一条河道常年有水，其他河道均为季节性河流。并且从滦河径流月过程（天然径流量）上看，2000 年以来共有 21 个月份发生断流，占全部月份的 10%。滦县水文断面在 1956~2000 年系列中多年平均径流量为 36.1 亿 m³，1980~2016 年多年平均径流量为 16.5 亿 m³（图 7-32），2000~2016 年多年平均径流量衰减为 8 亿 m³，较 1956~2000 年系列衰减了 78%。

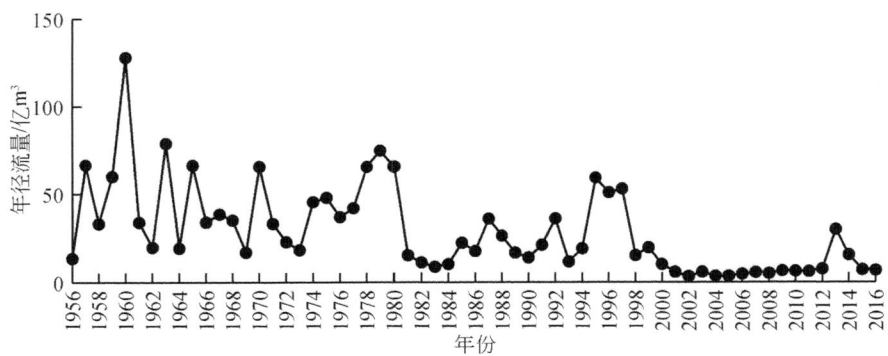

图 7-32　滦县水文断面径流演变过程

第8章 唐山节水现状与潜力分析

唐山是我国第一批节水型城市，各项节水工作均走在我国前列。2020年唐山万元GDP用水量、万元工业增加值用水量、人均用水量和亩均灌溉用水量分别为31.2m³、12.8m³、291.5m³和159.6m³，其用水效率和效益不仅远高于全国平均值，而且与南水北调东、中线受水区城市相比亦处于相对较高水平。但是，综合考虑唐山现状供水管网漏损状况、城镇化水平、工业用水重复利用状况及高效节水灌溉实施状况，唐山仍有一定的节水潜力。总结唐山目前节水工作进展及各行业节水现状水平，挖掘唐山生活、工业、农业和非常规水利用节水潜力，是在深入贯彻"节水优先"治水方针基础上争取滦河水再分配的前提条件。

8.1 节水工作进展

（1）唐山是我国第一批节水型城市试点，用水管理更加科学规范

2002年唐山被建设部、国家经济贸易委员会授予"国家节水型城市"，持续保持"全国节水型城市"称号，实现了城市节水工作的跨越式发展。深入开展节水型企业和社区创建活动，将月用水量在200m³以上的用水户纳入计划用水管理范围。城市计划用水率为92.8%，对计划用水单位全部建立了用水情况电子档案；依据河北省用水定额，并结合唐山水资源状况和用水单位实际情况，制定和下达用水指标。强化地下水监管，严格取水许可制度。在城区布设地下水位观测点，对用水户取用水情况、地下水位变化情况、退水水质变化情况实时监控。先后编制《唐山市节水型社会建设规划》《唐山市节水型社会"十二五"规划》《唐山节水型机关建设实施方案》，更加明确节水工作的约束要求，推进节水型社会建设工作进一步深化。出台河北第一部市级节水法规《唐山节水用水条例》，以及《唐山城市供水用水管理条例》，为全面推动节水工作深入开展提供了法律政策依据。

（2）唐山把水资源作为最大的刚性约束，通过最严格水资源管理制度，倒逼用水效率提升

唐山全面落实最严格水资源管理制度，编制完成《唐山最严格水资源管理制度的实施意见》《唐山最严格水资源管理制度的实施方案》《唐山最严格水资源管理制度的考核办法》，提出了目标任务，明确了约束要求，制定了政策措施。完成丰润中国动车城、曹妃甸千万吨级炼油项目、唐山丰南、南堡等工业区供水工程100多个重点建设项目水资源论证报告，合理配置水资源约4.5亿 m^3。同时，狠抓农业节水，择优发展规模化高效节水灌溉，建设高效节水灌溉面积54.63万亩，改善灌溉面积41.48万亩，农田灌溉有效利用系数从0.6736提高到0.6766。强化城市节水，完成丰南、玉田、丰润、乐亭等4个区县县域节水型社会创建。全市用水总量由2010年的26.53亿 m^3 下降到2020年的22.50亿 m^3，工业、农业用水量逐年递减，生态用水量逐年递增。万元工业增加值用水量由18.14 m^3 下降至12.80 m^3，中水年利用量从5128万 m^3 提高到8983万 m^3。

（3）改善水资源管理手段，加快推进地下水超采综合治理

2006年市政府《关停城市规划区自备井实施方案》施行后，唐山按计划完成了120眼自备井的关停任务，年地下水开采量减少1500多万 m^3，城市中心区地下水位由逐年下降开始逐年回升，有效地保护了地下水资源，提升了城市地质安全系数。2016年纳入省地下水超采综合治理范围，压采地下水总任务4.87亿 m^3，2022年底实现地下水水位止降回升。2020年唐山全力推动总投资45亿元的3大类69个压采项目，其中，农业节水项目26个、投资2.32亿元，可压采地下水0.28亿 m^3；再生水置换项目10个、投资2.82亿元，可压采地下水0.21亿 m^3；地表水置换项目28个、投资40亿元，可压采地下水1.13亿 m^3；钢铁产业转型、去产能、异地搬迁等项目5个，可压采地下水0.07亿 m^3。通过"节、引、替、蓄、补、管"措施并举，严格管控取用地下水，累计完成地下水超采治理任务3.3亿 m^3，地下水年取水量由15.27亿 m^3 下降至12.28亿 m^3，深层、浅层平原区地下水埋深分别由33.87m、10.98m回升至29.08m、9.09m，分别回升4.49m和1.89m。

（4）唐山加大非传统水资源利用，多措并举实施全行业节水

唐山以"一水多用、优水优用、分质使用"为原则，加大节水技术力度，提高非常规水源利用率。2006年出台《唐山城市再生水利用管理暂行办法》，要求日用水量在50 m^3 以上的工业企业，园林、绿化、景观、建筑、养护单位以及其他可以利用再生水的单位，应当利用再生水的项目，不得使用地表水或取用地下水。唐山建有东郊、北郊等9座污水处理厂，污水日处理能力达85.9万 m^3，处理率达到98%。近年来，又投资1.8亿元对部分污水处理厂进行了中水深度处理改造，建立了中水站，处理后的中水达到工业用水标准，除供应企业生产用水外，还供大城山公园绿化用水、城市主干道喷洒、绿化用水。同时，要求各大用水单位内部建立污水处理设施，例如，唐山钢铁公司建设城市中水与废水处理及综合利用项目，实现每小时提供净化水4200 m^3，水资源重复利用率达到97%。2020年非常规水源利用量占全市用水量的4.3%。同时，加大矿井疏干水的开发利用，目前9座疏干水净化水厂日处理能力达到17.9万 m^3，利用率达到70%；开滦集团矿井水年利用量6000多万 m^3，矿井水利用率达到80%。

（5）聚焦关键领域，扎实推进重点节水行动深入开展

聚焦农业、工业和生活用水三大重点领域，统筹推进节约用水。推进高效节水灌溉项目建设，发展喷灌、滴灌、管道输水等农业节水灌溉，安装智能控制设施，实行一户一卡、水电双控。依托水资源税改革，严格执行水资源论证、取水许可和水量核定等制度，引导钢铁、化工等高耗水企业通过引进先进设备、实施技术改造、改进生产工艺等方式，从源头上减少生产水耗，科学回收、循环利用生产污水、空调冷凝水等废水，工业用水计量率和城镇非居民用水单位计划用水管理率达 100%。在公共机构冲厕、园林绿化、道路抑尘洒水等工作上鼓励利用再生水。积极开展县域节水型社会达标建设、"节水型企业（单位）社区"创建和公共机构节水型单位建设，推进水利行业节水型机关创建，按照"以点带面、典型带动、重点突破、整体推进"的工作思路，累计创建成省市节水型企业（单位）233 家、节水型社区 68 家。不断加强节水技改工程，累计投资 4 亿元，实施节水技术改造和非常规水开发利用项目 54 项，不断提高工业用水重复利用率，年节水达 3541 万 m³。深入开展节水宣传，组织开展节水宣传进广场、进社区、进企业、进学校活动，营造浓厚的节水氛围。

8.2 节水工作总体成效

（1）近年来唐山用水效率和效益显著提升

2007 年以来，唐山大力推进全社会综合节水，用水效率大幅提升。2007 年和 2020 年万元 GDP 用水量分别为 102.7m³ 和 31.2m³，2020 年与 2007 年相比下降了 70%；2007 年和 2020 年万元工业增加值用水量分别为 37.7m³ 和 12.8m³，2020 年与 2007 年相比下降了 66%；2007 年和 2020 年人均用水量分别为 386.1m³ 和 291.5m³，2020 年与 2007 年相比下降了 25%；2007 年和 2020 年亩均灌溉用水量分别为 257.1m³ 和 159.6m³，2020 年与 2007 年相比下降了 38%；2007 年和 2020 年人均城镇生活用水量分别为 103.9L/（人·d）和 112.1L/（人·d），2020 年与 2007 年相比增长了 8%；2007 年和 2020 年人均农村居民生活用水量分别为 99.2L/（人·d）和 97.7L/（人·d），2020 年与 2007 年相比下降了 2%（图 8-1~图 8-6）。

（2）在南水北调受水区中处于较高水平

2020 年唐山万元 GDP 用水量、万元工业增加值用水量、人均用水量、亩均灌溉用水量分别为 31.2m³、12.8m³、291.5m³ 和 159.6m³（图 8-7~图 8-10）。由于唐山工业结构偏于"重型化"，高新技术产业产值占工业总产值比重仅为 7.5%，除了亩均灌溉用水量（天津为 230.0m³，唐山为 159.6m³），用水效率和效益与全国领先的天津相比略低。但整体来看，唐山用水效率和效益远高于全国平均值（57.2m³、32.9m³、412m³、356m³）；与南水北调东、中线受水区城市相比，用水效率和效益也处于相对较高水平。

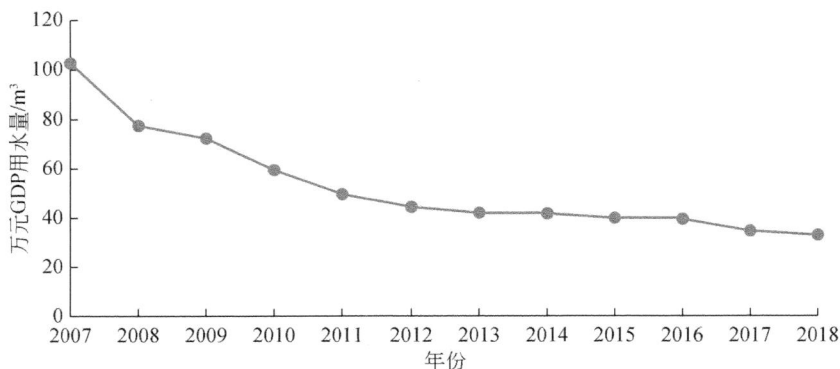

图 8-1　唐山万元 GDP 用水量变化

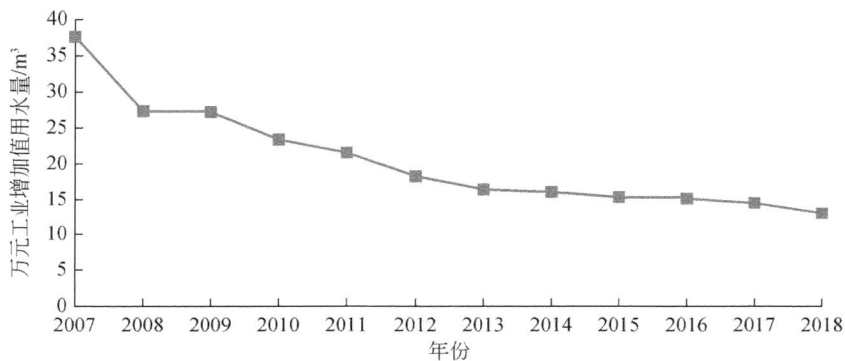

图 8-2　唐山万元工业增加值用水量变化

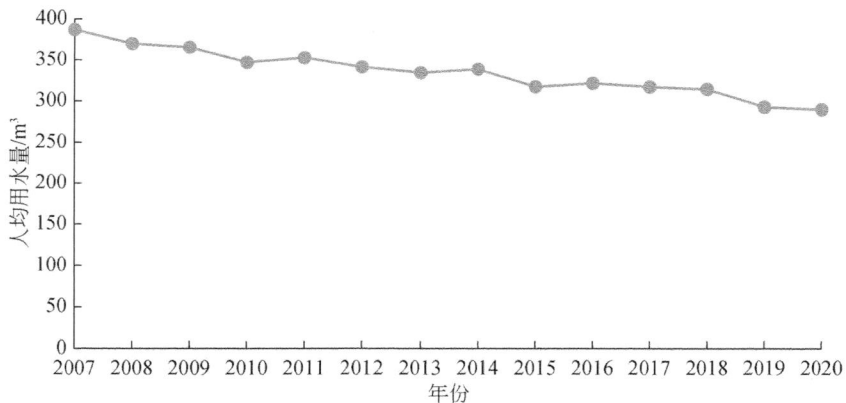

图 8-3　唐山人均用水量变化

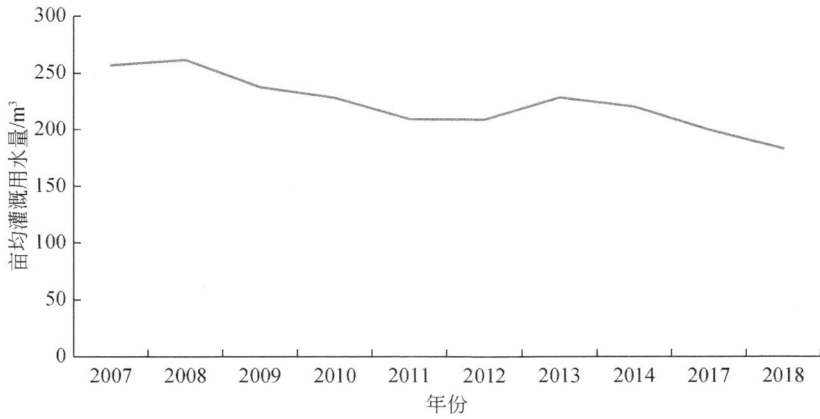

图 8-4　唐山亩均灌溉用水量变化

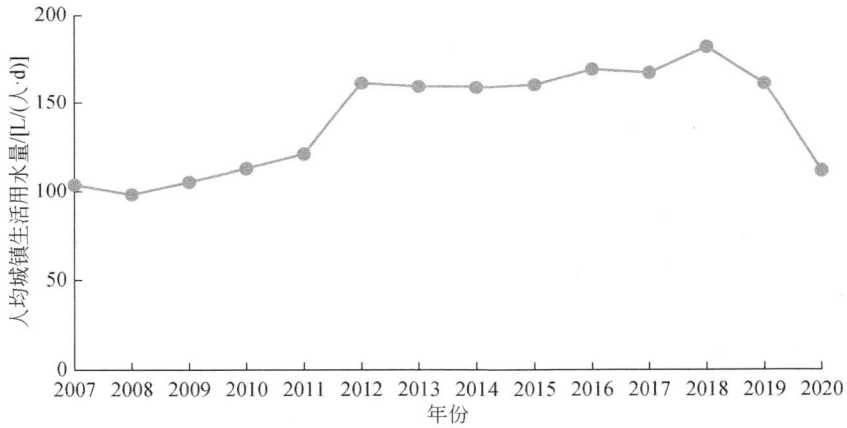

图 8-5　唐山人均城镇生活用水量变化

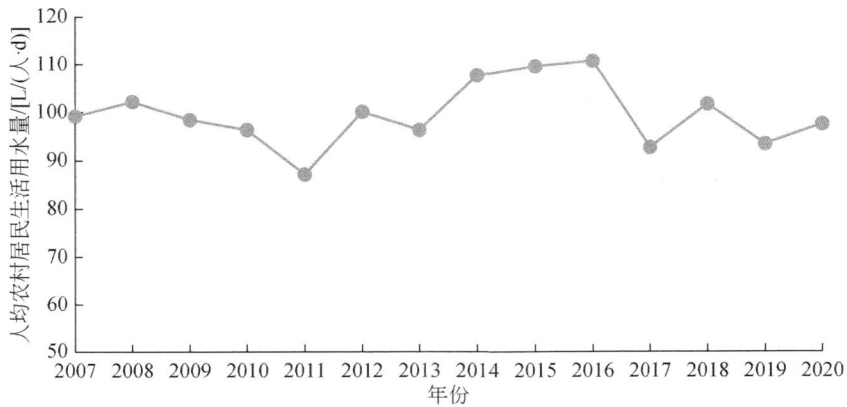

图 8-6　唐山人均农村居民生活用水量变化

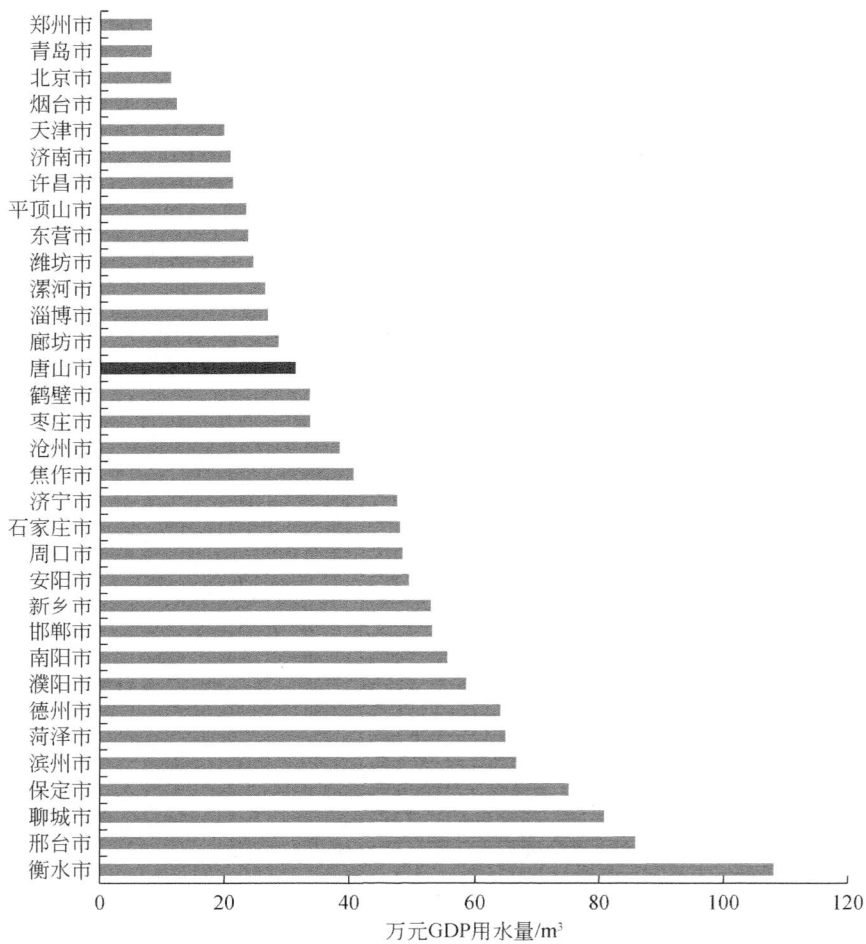

图 8-7　唐山与南水北调受水区万元 GDP 用水量对比

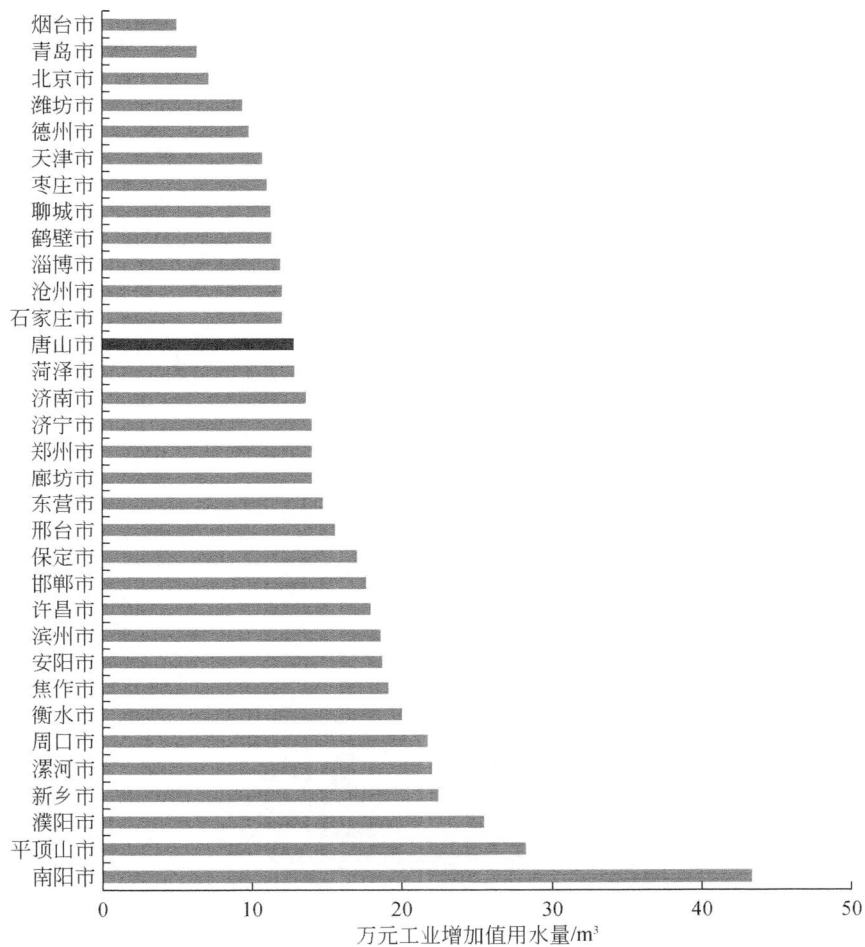

图 8-8 唐山与南水北调受水区万元工业增加值用水量对比

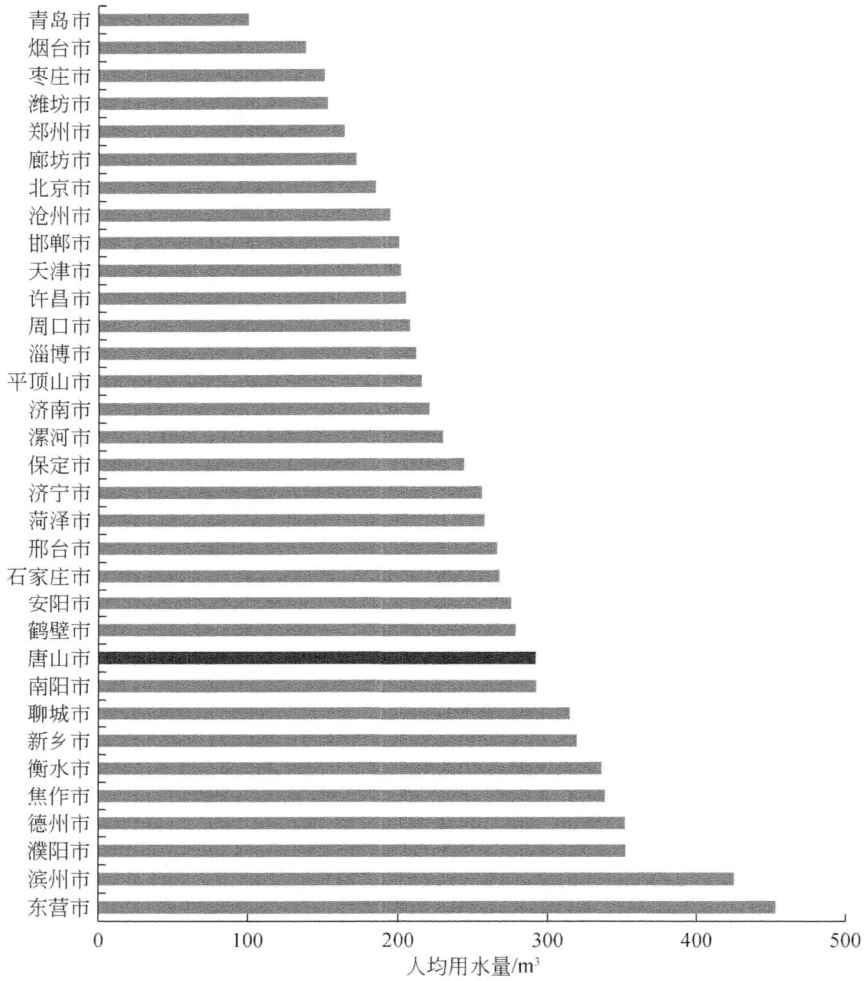

图 8-9　唐山与南水北调受水区人均用水量对比

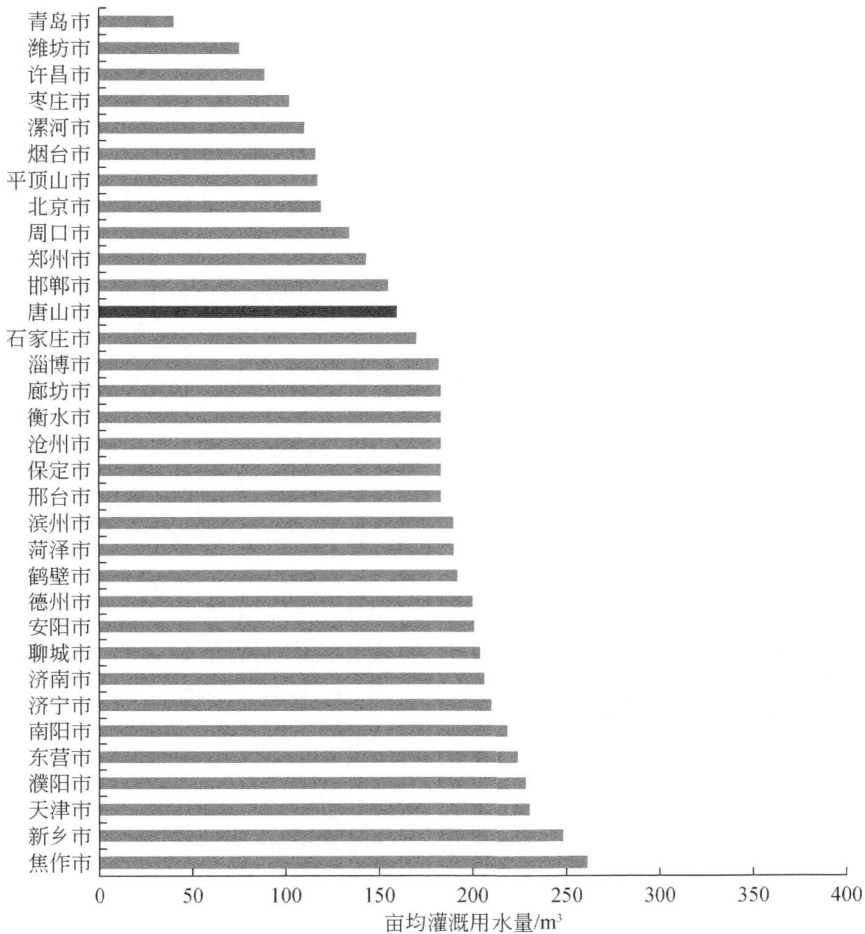

图 8-10 唐山与南水北调受水区亩均灌溉用水量对比

8.3 节水潜力分析

8.3.1 生活节水潜力

影响生活节水潜力的主要因素包括城镇化率变化、工程节水措施以及管理节水措施。对于城镇供水系统而言，降低管网漏损率是城市节水的重要部分，相应生活取用节水潜力计算方法如下：

$$\Delta W_{生} = W_{生} \cdot (l_1 - l_0) \tag{8-1}$$

式中，$\Delta W_{生}$ 为城镇生活取用节水量（亿 m^3）；$W_{生}$ 为现状城镇生活用水量（包括建筑业和第三产业）（亿 m^3）；l_0、l_1 分别为现状、未来城镇供水管网漏失率（%）。

城镇供水管网漏损率与管网年限、材质、管理水平有关。根据《城镇供水管网漏损控制及评定标准》，城镇供水管网基本漏损率分为两级，一级为 10%，二级为 12%。目前有研究认为，对于城市在考虑投资经济性条件下，合理的漏损率水平为 12%，若进一步降低漏损率，则投入将显著增加。

综合考虑唐山现状供水管网漏损状况、城镇化水平状况，在经济合理的情况下，唐山各县区供水管网漏损率极限值约为 12%。当前唐山供水管网的漏损率约为 13.09%，若加强城市节水管理，降低管网漏损率，计算得出唐山生活节水潜力为 408 万 m^3。

8.3.2　工业节水潜力

（1）计算方法

工业主要节水指标为工业用水重复利用率和供水管网漏失率。通过提高工业用水重复利用率、降低供水管网漏失率实现工业节水，工业节水潜力为提高工业用水重复利用率的节水潜力和降低工业供水管网漏失率的节水潜力之和，相应工业取用节水潜力计算如下：

$$\Delta W_{工} = \Delta W_{工1} + \Delta W_{工2} \tag{8-2}$$

$$\Delta W_{工1} = W_{工0} \cdot (r_1 - r_0) \tag{8-3}$$

$$\Delta W_{工2} = W_{工0} \cdot \delta \cdot (l_1 - l_0) \tag{8-4}$$

式中，$\Delta W_{工}$ 为工业取用节水量（万 m^3）；$\Delta W_{工1}$ 为提高工业用水重复利用率节水量（万 m^3）；$\Delta W_{工2}$ 为降低管网漏失率节水量（万 m^3）；$W_{工0}$ 为现状年工业用水量；r_0、r_1 为现状、未来工业用水重复利用率（%）；δ 为工业用水量中公共供水管网供水量比重；l_0、l_1 分别为现状、未来工业供水管网漏失率（%）。

（2）计算工业节水潜力

目前我国钢铁、石化、化工等行业工业用水重复利用率先进值已经达到 93% 以上，达到国际先进水平，纺织、皮革、造纸等行业由于生产工艺及水质要求，重复利用率相对较低，纺织染整仅为 30% 左右。根据《2020 年城市建设统计年鉴》可得，2020 年唐山的重复利用率为 94.75%。再综合考虑唐山的产业结构，未来唐山的重复利用率可达到 98%。

城镇供水管网漏损率与管网年限、材质、管理水平有关。根据《城镇供水管网漏损控制及评定标准》（CJJ92-2016）规定，城镇供水管网基本漏损率分为两级，一级为 10%，二级为 12%。目前我国绝大多数地区城镇供水管网漏损率均高于标准规定值。综合考虑唐山现状供水管网漏损状况、城镇化水平状况，在经济合理的情况下，拟定唐山未来的工业供水管网漏损率为 12%。

根据唐山 2021 年的统计年鉴以及唐山水资源公报，工业用水量中公共供水管网供水量比重为 0.17。

在预期的工业用水重复利用率和工业供水管网漏损率条件下，估算唐山工业毛节水潜力为 1767 万 m^3，其中，由于提高工业用水重复利用率而产生的节水潜力为 1673 万 m^3，因管网漏失率降低而产生的节水潜力为 94 万 m^3。

8.3.3　农业节水潜力

影响农业节水潜力的主要因素包括种植结构调整、技术措施以及工程措施。种植结构调整主要体现在降低高耗水作物比重，降低亩均灌溉定额；技术措施主要体现在依靠农业技术进步，通过采用生物、农艺等手段，以及研发痕量灌溉、微润灌溉等先进灌水技术，推广科学灌溉制度，提高灌溉水利用效率；工程措施主要体现在通过渠系衬砌提高渠系水利用系数，通过喷灌、微灌、低压管灌等高效节水灌溉措施提高田间水利用系数。农业节水潜力最终体现在通过种植结构调整和技术措施整合促进综合用水定额降低；通过工程措施提高渠系和田间水利用系数。

在实际生产和管理中，种植结构调整涉及影响因素较多，尤其与市场导向及农民意愿关系密切，规划种植结构调整一般限于政策引导，可控性不强，本次研究暂不考虑种植结构调整对极限节水潜力的影响；技术措施主要是降低作物净需水量，根据现状年统计数据，唐山农业净灌溉定额为 153m^3/亩，同时期北京和河北平均农业净灌溉定额为 164m^3/亩和 170m^3/亩，低于满足作物正常生长需求的净灌溉定额需求，属于亏缺灌溉，实际净灌溉水量小于作物需水量，定额降低潜力较小，因此不再考虑技术措施对农业节水潜力的影响。本次研究的重点是分析工程措施的综合节水潜力。

2020 年唐山农业灌溉水利用系数约为 0.67，通过渠系衬砌、发展高效节水灌溉等措施，灌溉水利用系数在达到国内先进水平 0.75 的情况下，初步测算农业节水潜力约 7200 万 m^3。

8.4　非常规水利用情况及其潜力分析

8.4.1　唐山非常规水利用现状

非常规水资源是指再生水、海水、雨水、微咸水、矿井水等，其特点是经过处理后可以再生利用，可一定程度上替代常规水资源。2020 年唐山非常规淡水利用量 9737.7 万 m^3，其中，再生水利用量 8983.7 万 m^3，雨水利用量 69 万 m^3，海水淡化量 685 万 m^3，海水直接利用量 186900 万 m³（表 8-1）。

表 8-1　2020 年非常规淡水利用量　　　　　　　（单位：万 m³）

行政分区	再生水利用	雨水利用	海水淡化	其他水源供水量
路南区				
路北区	1557			1557
古冶区	864.1			864.1
开平区	649.4			649.4
丰南区	2320		685	3005
丰润区	444			444
滦州市	800			800
滦南县	128.2			128.2
乐亭县	40			40
迁西县		40		40
玉田县	1640			1640
曹妃甸区				
遵化市	483	29		512
迁安市				
芦台开发区	50			50
汉沽管理区	8			8
海港开发区				
合计	8983.7	69	685	9737.7

（1）再生水利用现状

城市污水的再生利用是开源节流、减轻水体污染、改善生态环境、解决城市缺水的有效途径之一。近年来，唐山污水回用量呈持续增加态势，从 2007 年的 2130 万 m³ 增加至 2020 年的 8983.7 万 m³，增加了 4.2 倍（图 8-11）。

（2）淡化海水利用现状

目前，唐山已建成 6 个海水淡化工程项目，分别为首钢京唐公司一期海水淡化项目、首钢京唐钢铁联合有限责任公司二期（热法产水规模为 3.5 万 t/d）海水淡化工程、首钢京唐钢铁联合有限责任公司二期（膜法产水规模为 1 万 t/d）海水淡化工程、河北大唐国际王滩发电有限责任公司海水淡化项目、唐山曹妃甸北控海水淡化有限公司 5 万 t/d 海水淡化项目、河北丰越能源科技有限公司 10 万 t/d 海水淡化 EPC 工程。图 8-12 为唐山 2007～2020 年海水淡化量变化图，2007～2010 年海水淡化量为 0，2010 年以后唐山海水淡化产业逐步形成，在 2011 年和 2012 年海水淡化量达到 1600 万 m³，2013～2017 年降至

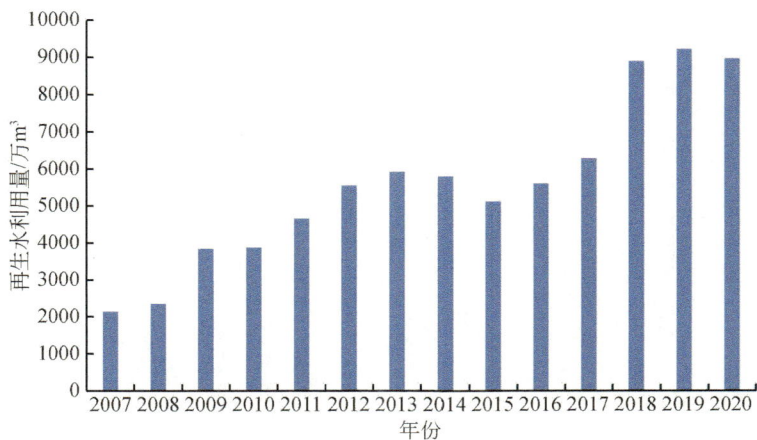

图 8-11　唐山 2007～2020 年再生水利用状况

每年 100 万 m³，2018 年海水淡化量为 0，但海水直接利用量达到 57000 万 m³，2019 年的海水淡化量为 100 万 m³，2020 年现状年的海水淡化量为 685 万 m³。海水淡化产业稳定发展，为唐山在一定程度上缓解了供水压力。

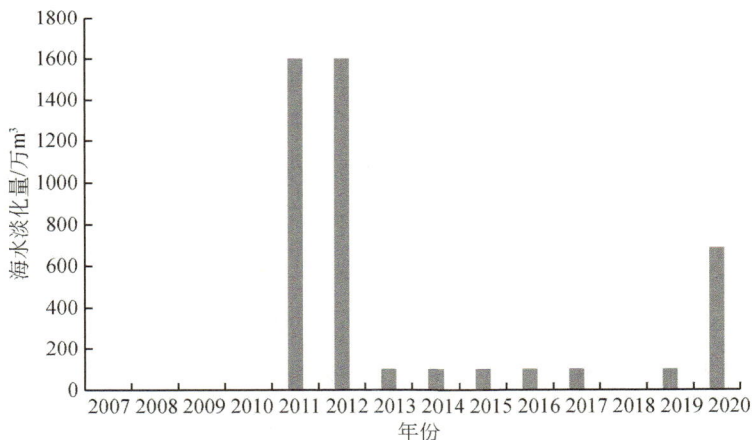

图 8-12　唐山 2007～2020 年海水淡化情况

(3) 雨水资源利用现状

　　合理有效地利用雨水资源是缓解水资源短缺的途径之一，2007 年以来唐山的雨水资源利用量呈不断增加趋势，但利用总量有限。图 8-13 为唐山 2007～2020 年雨水资源利用情况，其中，2007～2010 年雨水资源利用量在 10 万 m³ 左右，2011～2018 年雨水资源利用量在 50 万～100 万 m³，2019 年的雨水资源利用量达到 266.3 万 m³，现状年 2020 年的雨水资源利用量为 69 万 m³。

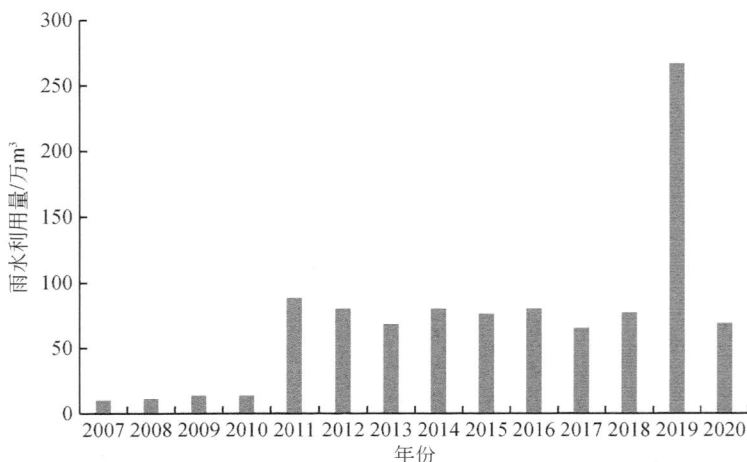

图 8-13　唐山 2007～2020 年雨水利用状况

8.4.2　与国内其他城市非常规水利用水平比较

非常规水资源具有增加供水、减少排污、提高用水效率等重要作用，加强非常规水资源的开发利用是水资源短缺现状下的必然之举，对缓解城市水资源压力有重要意义。

通过对比分析京津冀及周边北方地区典型城市非常规水资源利用量（表 8-2），发现：①北京非常规水资源的利用量最大，2007～2020 年保持稳定增长趋势，2020 年的利用量达到 12.0 亿 m^3。②天津非常规水资源利用量在 2012 年以前小于 1 亿 m^3，但 2012 年以后迅速增长，2020 年达到 5.6 亿 m^3。③河北各地市非常规水利用普遍较小，其中石家庄非常规水资源利用量在 2009～2015 保持在 0.2 亿～0.9 亿 m^3，2016～2020 年突破了 1 亿 m^3，2020 年达到 1.37 亿 m^3；秦皇岛 2009～2020 年均保持在 0.1 亿 m^3 左右；沧州在 2017 年突破 0.1 亿 m^3，2020 年达到 0.89 亿 m^3；保定在 2009～2019 年保持在 0.1 亿～0.2 亿 m^3，2020 年达到 1.59 亿 m^3；唐山 2007 年以来非常规水资源量持续稳定增长，2020 年达到 0.97 亿 m^3，在河北非常规水利用方面走在前列，对非常规水资源的利用水平不断提高，现状利用量较 2007 年增长了 4.6 倍。

表 8-2　典型城市非常规水资源利用量比较　　　　　　　　（单位：亿 m^3）

年份	唐山	秦皇岛	石家庄	保定	沧州	北京	天津	济南	青岛
2007	0.21					4.95	0.10		
2008	0.24					6.30	0.12		

年份	唐山	秦皇岛	石家庄	保定	沧州	北京	天津	济南	青岛
2009	0.39	0.11	0.29	0.20	0.11	6.50	0.15		
2010	0.39	0.10	0.36	0.20	0.00	6.80	0.50		
2011	0.47	0.07	0.61	0.20	0.09	7.00	0.46		0.40
2012	0.56	0.09	0.79	0.18	0.05	7.50	1.62		0.42
2013	0.60	0.08	0.79	0.19	0.07	8.00	1.90	0.70	0.43
2014	0.59	0.18	0.79	0.17	0.08	8.60	2.80	0.76	0.49
2015	0.52	0.14	0.95	0.25	0.06	9.50	2.89	0.79	0.64
2016	0.57	0.27	1.41	0.27	0.09	10.00	3.40	0.81	0.66
2017	0.64	0.29	1.07	0.07	0.11	10.50	3.90	0.87	0.93
2018	0.90	0.04	1.04	0.13	0.16	10.80	4.60	1.00	0.68
2019	0.96	0.05	1.07	0.18	0.17	11.00	5.40	1.52	0.55
2020	0.97	0.14	1.37	1.59	0.89	12.00	5.60	1.82	1.00

8.4.3 唐山非常规水开发利用潜力分析

(1) 再生水利用潜力

唐山积极推进再生水利用。近年来，唐山积极贯彻节水优先战略，再生水利用量从 2015 年的 0.52 亿 m³ 快速增加到 2020 年的 0.90 亿 m³，增幅达到 72.7%。根据唐山清水润城三年行动方案，到 2021 年唐山再生水利用规模将进一步加大，唐山全部 25 个污水处理厂进行提标改造，全力保障生态需求。

仅靠再生水保障不了水资源安全。唐山当前再生水利用量为 0.90 亿 m³，尚有一定潜力。但受用水总量和结构制约，唐山再生水回用率即便达到当前国家有关部委正在起草的污水资源化指导意见要求，即达到 40% 左右的全国高水平，理论上再生水利用规模也仅能达到 1.92 亿 m³（2018 年工业和城镇总用水量为 8.0 亿 m³，耗水率 40%），加之再生水开发利用成本、用户等各方面限制，预计再生水实际利用潜力规模约 1.6 亿 m³。

(2) 海水淡化利用潜力

近年来，为解决城市供水压力，积极促进海水淡化水进入市政供水系统，开展一对一工业企业供应，完善城市供水管网系统，扩大海水淡化利用规模，唐山海水淡化项目工程在不断建设完善，唐山 2020 海水淡化利用量 685 万 m³，海水淡化产业初步形成并且呈稳定发展趋势。但是由于目前海水淡化研究水平及创新能力、装备的开发制造能力、系统设计和集成等方面与国外仍有较大差距，关键设备依赖进口等原因，使海水淡化成本高于常规水源。唐山海水淡化技术未来发展的重点和潜力在海水淡化技术创新的推广和增强海水淡化技术及装备自主研发制造能力方面。

（3）雨水利用潜力

唐山近年来的雨水资源利用量不断增加，在考虑雨水处理总量和雨水来水水质以及雨水回用水质要求的因素下，对雨水资源进行物理、化学处理，应用于城市绿化、工业供水等方面，对水资源开发利用的可持续发展有重大意义。

第9章 唐山经济社会高质量发展用水需求

基于唐山现状供用水格局及未来发展定位，预测未来不同情景下唐山不同行业发展用水需求是分析未来供用水平衡的关键，也是研判滦河水再分配是否必要的重要前提。分国土空间规划和人口趋势预测两种情况对生活进行需水预测，在城镇人口增加和生活水平提升双重驱动下，生活需水仍将持续保持增长态势。唐山当前处于工业化后期前半阶段，发展速度相对稳定，工业需水仍处在上升阶段，考虑高速发展和低速发展两个情景对工业需水进行预测。为保障唐山粮食生产安全，以及水资源约束及城市规划要求，预计耕地面积基本维持稳定，考虑实际灌溉面积不增长和压减高耗水水稻面积、减少实际灌溉面积两种情境发展进行农业需水预测。考虑城镇绿化、城镇河湖补水对河道外生态需水进行预测。至 2035 年，需水总量可达 23.21 亿 ~ 26.42 亿 m³，其中，生活需水量可达到 4.65 亿 ~ 5.89 亿 m³，工业需水量可达 5.65 亿 ~ 5.9 亿 m³，农业需水量可达 11.88 亿 ~ 13.60 亿 m³，生态需水量可达 6.58 亿 m³。

9.1 唐山供用水现状

2007 ~ 2020 年，全市多年平均用水量为 25.54 亿 m³，其中，生活用水 3.65 亿 m³，工业用水 5.28 亿 m³，农业用水 16.12 亿 m³，总用水量中，地下水多年平均用水量 16.37 亿 m³ 左右（表 9-1 和图 9-1）。

表 9-1 唐山历年各行业用水量统计 （单位：亿 m³）

年份	用水总量	地下水	农业用水	工业供水	生活用水	生态用水
2007	28.53	20.85	19.73	5.54	3.26	0
2008	27.58	19.93	19.08	5.34	3.16	0
2009	27.34	19.01	18.84	5.25	3.25	0
2010	26.54	18.98	17.44	5.67	3.43	0
2011	26.92	18.27	16.95	6.58	2.91	0.48
2012	25.97	16.75	15.89	5.93	3.72	0.43
2013	25.64	16.56	15.96	5.51	3.77	0.4
2014	25.91	16.09	16.09	5.38	3.82	0.62

年份	用水总量	地下水	农业用水	工业供水	生活用水	生态用水
2015	24.29	15.27	15.31	4.76	3.89	0.33
2016	24.83	15.46	15.63	4.75	4.09	0.36
2017	24.54	14.35	15.72	4.25	3.89	0.68
2018	24.27	13.41	14.04	4.8	4.29	1.14
2019	22.67	11.84	12.32	5.04	3.87	1.44
2020	22.50	12.37	12.61	5.15	3.75	0.99

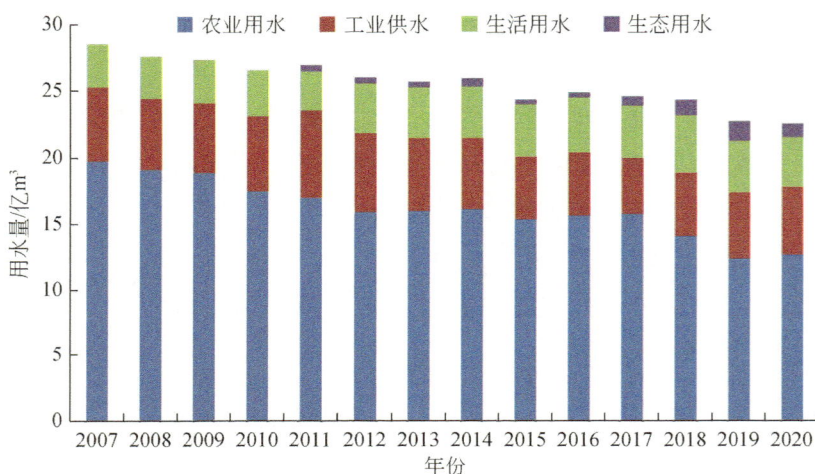

图 9-1　唐山各行业历年用水量变化

（1）2020 年用水量

2010 年～2020 年，唐山总用水量呈逐渐下降趋势，2020 年总用水量为 22.50 亿 m³，各行业用水量总量见图 9-2。其中，农业用水量 12.61 亿 m³，占总用水量的 56.04%；工

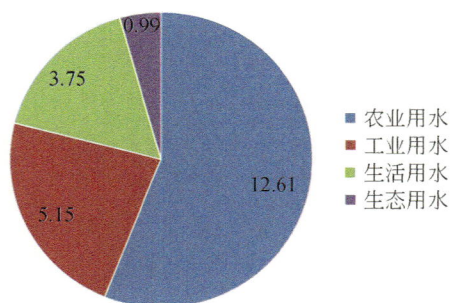

图 9-2　唐山 2020 年分行业用水量（单位：亿 m³）

业用水量 5.15 亿 m³，占总用水量的 22.89%，生活用水量 3.75 亿 m³，占总用水量的 16.67%；生态环境用水量 0.99 亿 m³，占总用水量的 4.40%。

地下水总用水量 12.38 亿 m³，占比达到 55%。生活用水中地下水占比最高，达到了 80% 以上，生态环境用水中地下水占比最低。地下水占比超过 50% 的行业还有工业用水，农业灌溉中约 49% 为地下水，达到 6.15 亿 m³，各行业用水中地下水占比情况见图 9-3 所示。

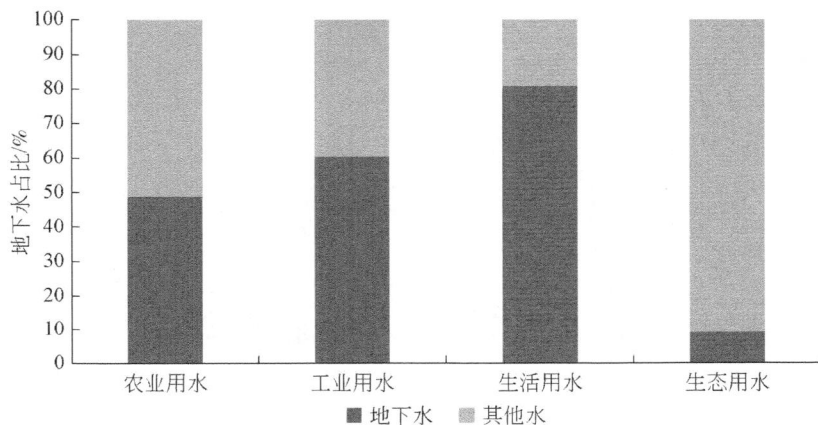

图 9-3　唐山 2020 年分行业用水量中地下水占比

（2）2020 年供水量

2020 年唐山总供水量 22.50 亿 m³，其中，以地下水源供水为主，达到 12.37 亿 m³，占比达到 54.98%；地表水源供水量 9.16 亿 m³，占比为 40.71%；其他水源供水量 0.97 亿 m³，占比为 4.31%（图 9-4）。

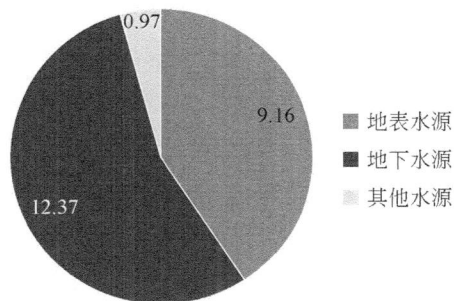

图 9-4　唐山 2020 年不同水源供水量（单位：亿 m³）

地表水源供水中引水占主要地位，占比达到 74.76%；地下水源供水中以浅层地下水为主，但是深层地下水供水量达到 2.56 亿 m³，占地下水总供水量的 20.70%；其他水源在总供水量中占比较少，主要以污水处理回用为主，雨水利用量和海水淡化量分别为0.01亿 m³ 和 0.07 亿 m³。

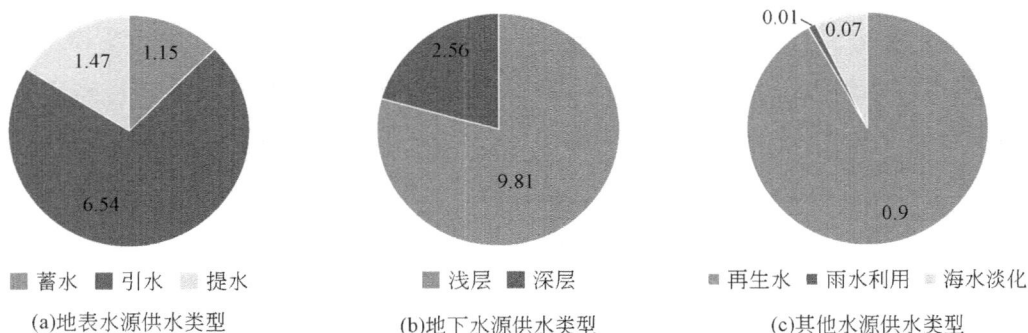

(a)地表水源供水类型　　(b)地下水源供水类型　　(c)其他水源供水类型

图 9-5　唐山 2020 年不同水源供水类型（单位：亿 m³）

9.2　经济社会发展趋势研判

9.2.1　唐山定位和发展要求

1. 唐山近年来经济发展现状

唐山是河北经济社会发展的核心，是京津唐一体化发展的重要支点城市，唐山经济发展对河北和京津地区乃至环渤海地区有着举足轻重的影响。改革开放以来，唐山经济社会发展取得了巨大成就，基本形成了以煤炭、钢铁、建材、装备制造等产业为主导的产业发展结构。

（1）唐山仍以工业经济为主

2019 年，唐山 GDP 为 6890 亿元，人均 GDP 为 8.67 万元，高于全国（7.08 万元）的平均水平，接近河北平均值（4.6 万元）的 2 倍（图 9-6）。唐山作为北方重要工业城市，工业经济仍占主导地位，2000 年以来，唐山第二产业增加值占比持续保持在 50% 以上，2011 年曾达到 60%（图 9-7）。近几年随着第三产业的发展，第二产业占比略有下降，但 2019 年唐山第二产业增加值占比为 52%，仍远高于全国 39% 的平均占比（图 9-8）。

（2）近几年唐山经济社会面临调整与转型

从 20 世纪 90 年代开始，唐山经济社会发展迅速，GDP 在河北省占比持续提升，2008~2014 年，唐山 GDP 在全省总 GDP 中的比重保持在 25% 左右，是河北第一经济大市。唐山

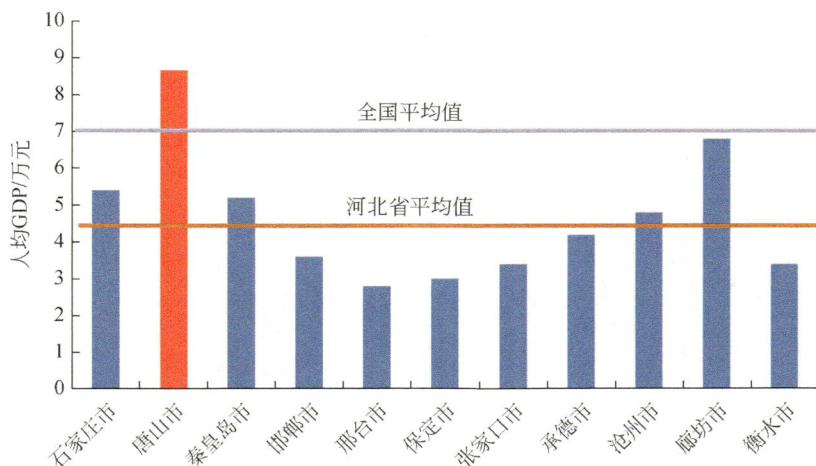

图 9-6　2019 年人均 GDP 河北省内对比

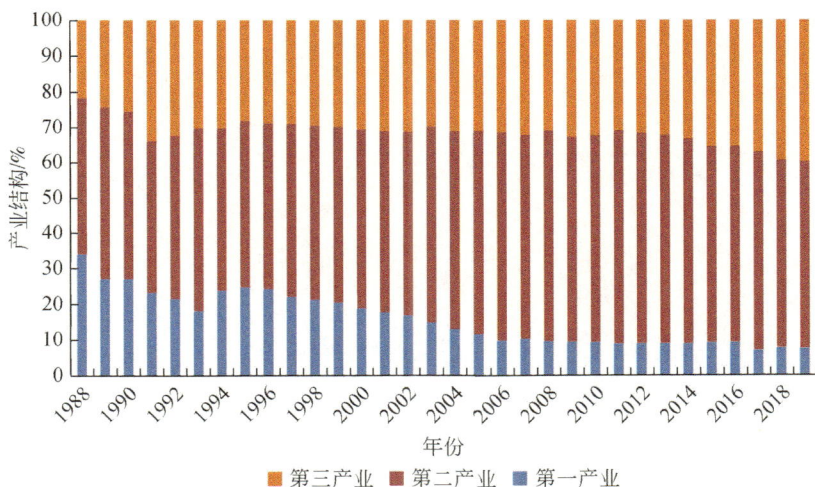

图 9-7　唐山历年产业结构变化

属于传统资源型经济，支柱产业以煤炭、钢铁、火电为主，近几年唐山面临"去产能"和经济转型重任，因此 2013 年后，唐山 GDP 增长速度明显低于全省平均水平，GDP 在全省比重也略有下降。2019 年，唐山 GDP 在全省总 GDP 中的占比为 20%（图 9-9 和图 9-10）。

2. 唐山面临新发展机遇

2014 年国家提出京津冀协同发展战略，为唐山城市功能提出了新的要求也带来了新机遇。截至 2021 年 11 月，唐山已承接京津疏解转移的亿元以上企业项目 764 个，排名河北

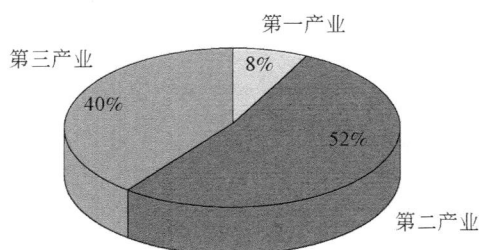

图 9-8　唐山 2019 年产业结构

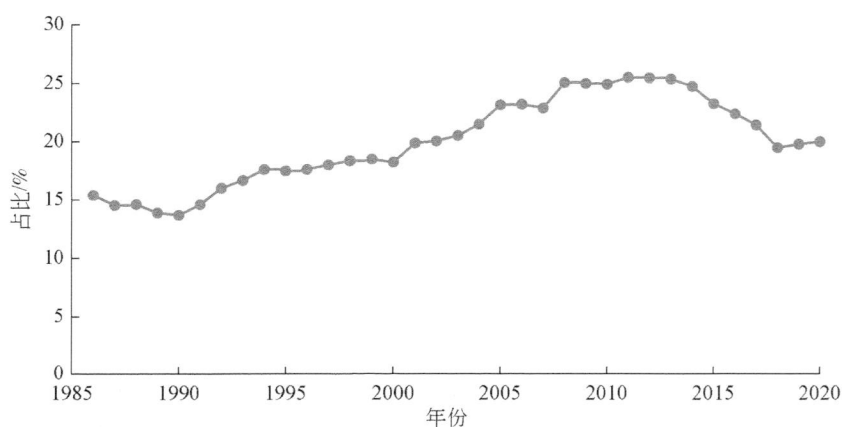

图 9-9　唐山历年 GDP 在河北占比

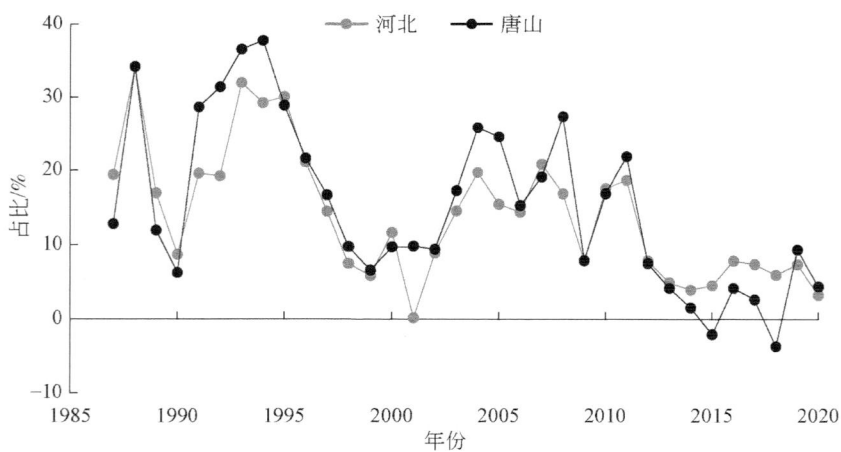

图 9-10　唐山、河北历年 GDP 增长率

第一位，其中承接北京的项目 624 个，总投资高达 4360.67 亿元。

未来唐山将作为东北亚地区经济合作的窗口城市、环渤海地区的新型工业化基地，成为环渤海地区重要的增长极和京津冀都市圈的战略支点。《河北省建设全国产业转型升级试验区"十四五"规划》中指出，唐山要继续引领河北制造业高端高新发展。

唐山提出"十四五"期间要实现"一个龙头""三个领先""五个提升"的目标。"一个龙头"：唐山继续保持全省发展的龙头地位。"三个领先"：综合经济实力保持全省领先，地区生产总值迈进"万亿俱乐部"；转型升级质效全省乃至全国领先，唐山制造跻身中国制造先进行列；生态环境质量改善幅度全省领先，绿色低碳循环发展的经济体系基本建立。"五个提升"：财政收入占地区生产总值比重实现新提升、产业链供应链现代化水平实现新提升、市场化法治化国际化营商环境实现新提升、居民人均可支配收入实现新提升、城乡基本公共服务均等化水平实现新提升。

9.2.2　人口规模

唐山人口从 1988 年的 633.8 万人增长到 2020 年的 771.8 万人，增加 21.77%，年均增长率为 0.66%，同期河北年均增长率为 0.87%，全国年均增长率为 0.82%。从各区县人口发展趋势来看，根据《唐山市统计年鉴》，曹妃甸、路南人口增加最明显，而古冶、遵化、滦州、滦南、乐亭、迁西人口略呈减少趋势，其他区县人口稳定增长（图 9-11 和图 9-12）。

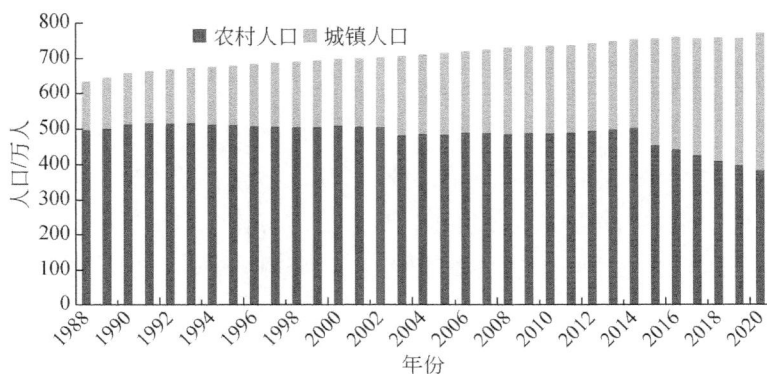

图 9-11　1988~2020 年唐山人口变化情况

《唐山市国土空间总体规划（2021—2035 年）》人口优化布局目标中表示，2035 年常住人口控制在 1055 万人。按照规划中 2021~2035 年唐山人口增长速度，预计唐山人口在 2025 年人口达到 857 万人，2035 年达到 1055 万人。

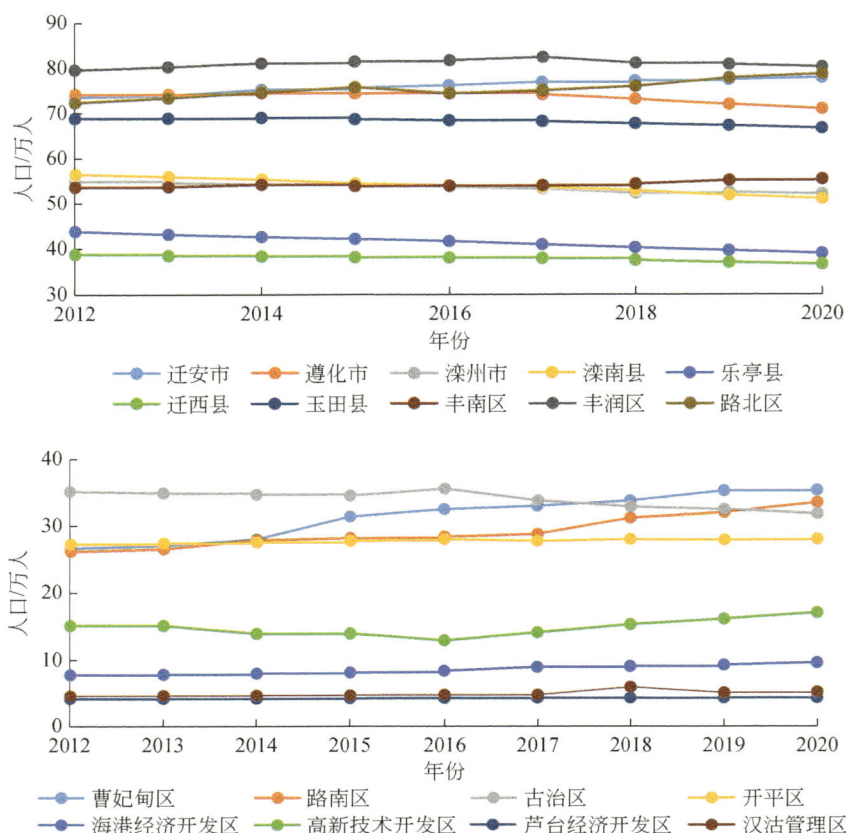

图 9-12　唐山各区县人口变化趋势

如表 9-2 所示，1988～2000 年唐山人口年均增长率为 0.83%。21 世纪以来唐山人口继续增长，但人口增速呈放缓态势，年均增长率为 0.49%，低于同期河北及全国的人口增速。根据《唐山市国土空间总体规划（2021—2035 年）》，唐山未来人口将继续增加。按照 2000～2020 年唐山人口增长速度，预计唐山人口在 2025 年人口达到 791 万人，2035 年达到 831 万人。

表 9-2　唐山人口年均增长率

人口年均增速/%	1988～2000 年	2000～2010 年	2010～2020 年	1988～2020 年	2000～2020 年
唐山	0.83	0.81	0.18	0.62	0.49
河北	1.18	0.75	0.37	0.79	0.56
全国	1.11	0.57	0.52	0.75	0.54

综上，按照两种情景方案预测 2025 年、2035 年唐山人口情况（表 9-3）。

表 9-3 唐山 2025 年、2035 年人口情况

两种方案人口预测/万人	方案 1：唐山国土空间规划方案	方案 2：2000～2020 年人口趋势预测
	总人口	总人口
2025 年	857	791
2035 年	1055	831

9.2.3 城镇化率

改革开放以来，唐山城镇化率从 1988 年的 21.64% 增长到 2020 年的 64.32%，年均增长率 3.46%。同期，中国城镇化率从 1988 年的 25.81% 提高到 2020 年的 63.89%，以每年均增长率为 2.87%。在此过程中，1988～1999 年唐山城镇化率稳步提高（年均增长率 2.12%），总体低于中国城镇化率（年均增长率 2.75%）；2001～2020 年唐山城镇化率增速很快（年均增长率 3.05%），进程总体略高于全国平均水平（年均增长率 2.88%）（图 9-13）。

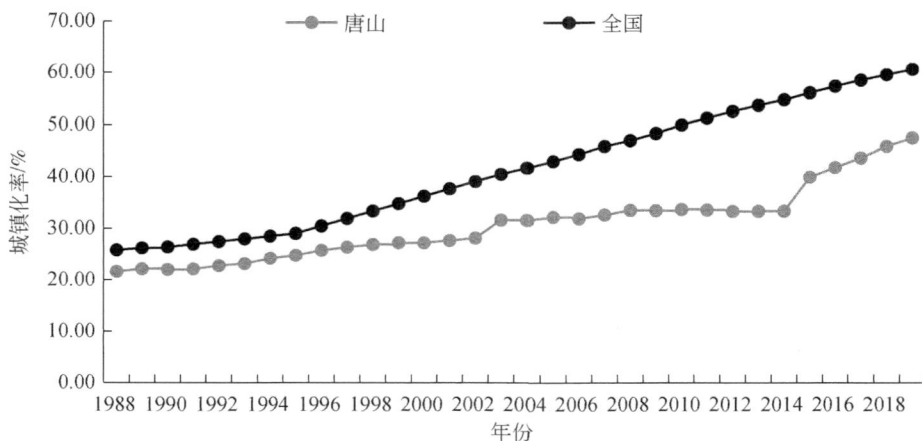

图 9-13 唐山城镇化率发展历程

从各区县城镇化率发展趋势来看，丰南、迁安、丰润、遵化、迁西、滦州、芦台经济开发区、曹妃甸、汉沽管理区的城镇化率增长较为明显，而滦南、玉田、路北、路南、古冶城镇化率增长缓慢（图 9-14）。

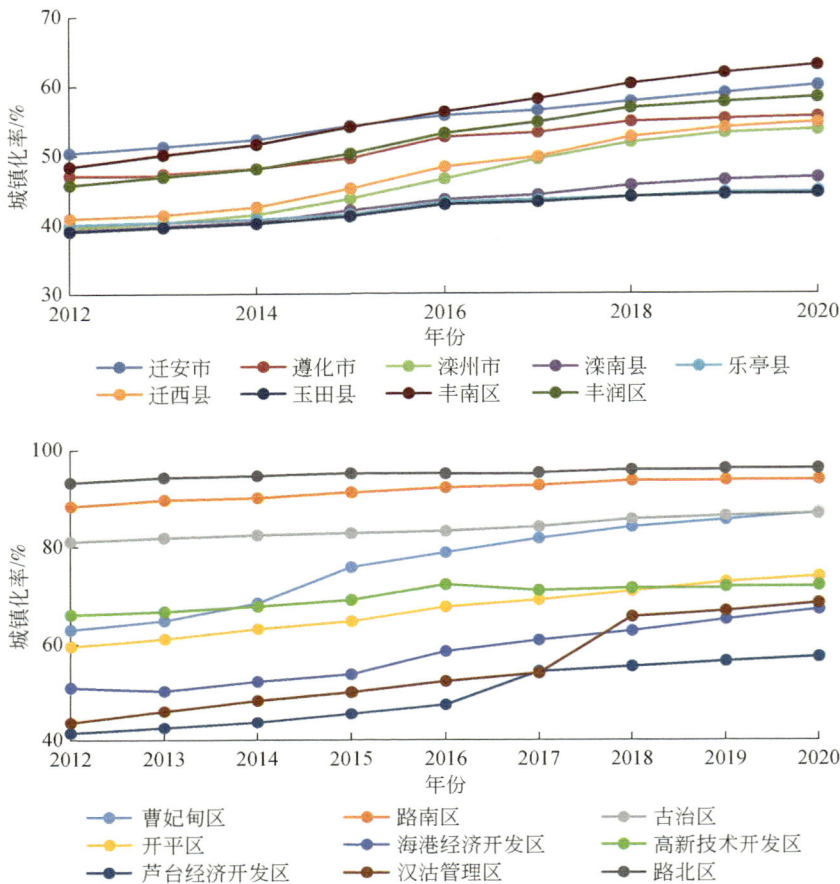

图 9-14　唐山各区县城镇化率

2008~2020 年唐山城镇化率从 51.25% 增长至 64.32%，年均增长率为 1.91%。同期，河北全省城镇化率从 41.90% 增长至 60.07%，年均增长率为 3.05%。在历史发展年中，唐山城镇化率高于河北全省城镇化率。2014 年京津冀协同发展战略提出后，河北、唐山的城镇化率增速均加快，河北、唐山城镇化率的年均增长率分别由 2008~2014 年的 2.76%、1.17% 增长为 2014~2020 年的 3.34% 和 1.97%（图 9-15）。同时，《河北省城镇体系规划（2016—2030 年）》中提出对石家庄和唐山两个省域中心城市的"两翼"规划，指出将石家庄、唐山打造成京津冀世界级城市群两翼具有重要影响力的中心城市，增强与京津的协调联动和功能互补，形成京津冀协同发展的重要支撑。依据唐山在河北全省的城镇化率发展趋势，并且根据《河北省城镇体系规划（2016—2030 年）》对唐山的城市发展定位，预测未来唐山的城市发展处于河北领先水平。

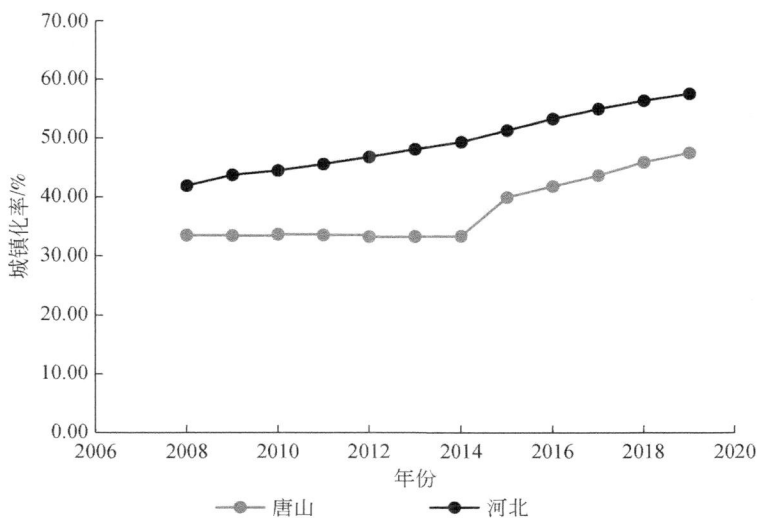

图 9-15　唐山与河北城镇化率

　　根据《河北省人口发展规划（2018—2035 年）》中提出的 2035 年常住人口城镇化率达到 70% 左右及《唐山市国土空间总体规划（2021—2035 年）》中提出的唐山 2035 年城镇化率达到 76%，结合唐山城镇化发展趋势，预测唐山 2035 年城镇化率整体上能够达到76%，推算 2020~2035 年城镇化率的年均增长率为 1.12%，预测唐山 2025 年城镇化率整体上能够达到 68%。

　　依据以上预测的人口和城镇化率，预测 2025 年、2035 年唐山农村人口、城镇人口情况（表 9-4）。

表 9-4　2025 年、2035 年唐山农村人口、城镇人口情况

两种方案人口 预测/万人	方案 1：唐山国土空间规划方案			方案 2：2000~2020 年趋势预测		
	农村人口	城镇人口	总人口	农村人口	城镇人口	总人口
2025 年	275	582	857	253	538	791
2035 年	255	800	1055	199	631	831

9.2.4　经济发展

　　1988 年唐山 GDP 为 102.2 亿元，2020 年增加到 7210.9 亿元，增长 69.5 倍，经济水平河北第一。人均 GDP 保持快速增长，1988 年人均 GDP 为 1627 元，2007 年增加到 37765 元，增加 22.2 倍；2020 年增加到 93470 元，较 2007 年增加 1.5 倍，近 10 年（2010~

2020年）平均增速4.64%（图9-16）。全市人均GDP比全国平均水平高29.02%。随着环渤海地区和京津冀地区快速协同发展，唐山经济将保持平稳发展。

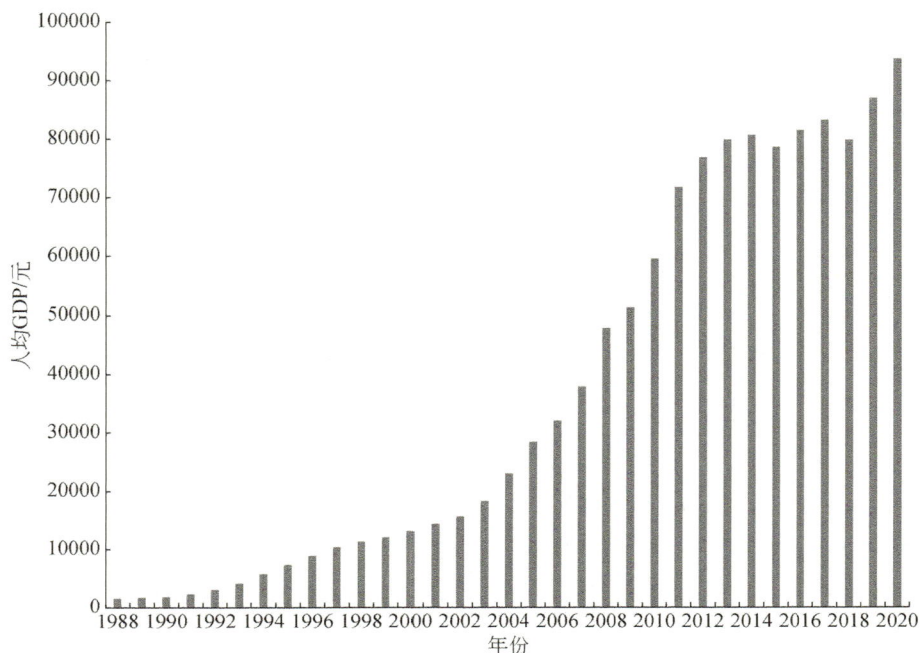

图9-16　1988～2020年唐山人均GDP变化情况

根据图9-17，即2012～2020年唐山各区县的GDP可知，古冶、汉沽管理区、海港经济开发区的经济基本保持平稳发展。开平2012年GDP为162.44亿元，2020年下降到152.24亿元，减少了6.28%，其经济发展呈缓慢下降趋势。丰南、丰润、乐亭、曹妃甸和芦台经济开发区的经济发展趋势基本上是先保持平稳趋势发展，而后开始上升。而滦南、玉田、迁西先是缓慢或波动式上升或是平稳，而后开始下降。迁安保持缓慢上升趋势。

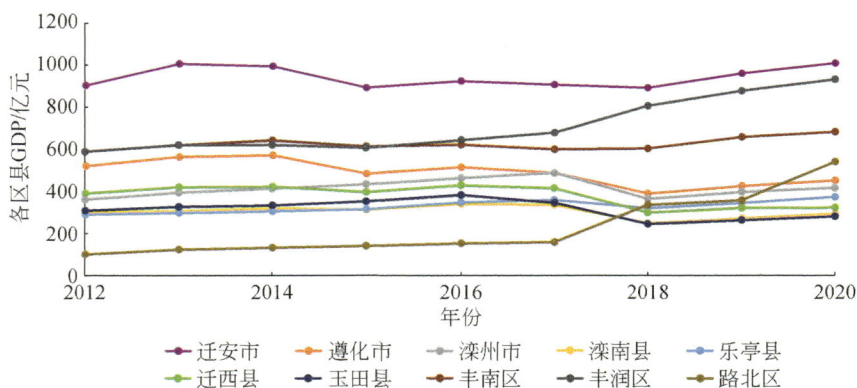

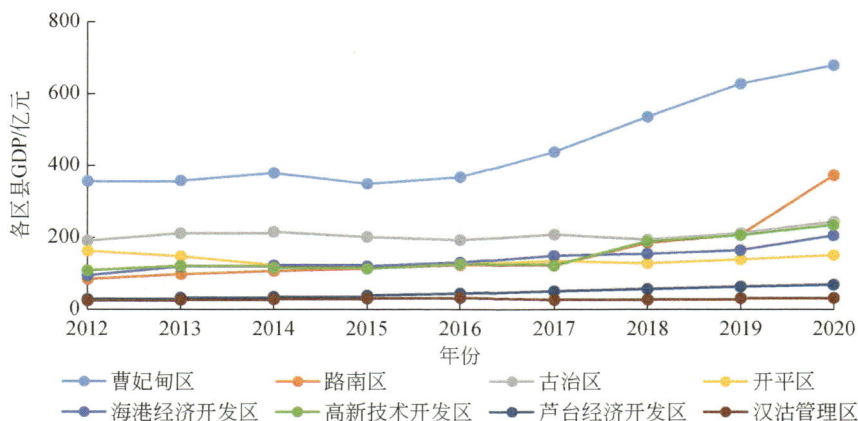

图 9-17　2012～2020 年唐山各区县 GDP

2012 年曹妃甸的 GDP 为 356.12 亿元，2015 年为 349.54 亿元，2020 年增加到 630.43 亿元，近 6 年增加 95.22%。2012 年丰润的 GDP 为 588.47 亿元，2015 年生产总值开始增长，2020 年增加到 929.622 亿元，近 6 年增加 53.19%。2012 年迁安的 GDP 为 900.92 亿元，2020 年增加到 1006.91 亿元，增加 1.40%，增长速度缓慢，但历年来其 GDP 在各区县中居于首位；2020 年，迁安占全市 GDP 的 13.96%；2020 年，迁安人均 GDP 为 129979 元，比全市人均 GDP 高 39.06%。2020 年，迁安、曹妃甸、丰南、丰润、海港经济开发区和芦台经济技术开发区的人均 GDP 大于全市的平均水平，其中海港经济开发区的人均 GDP 居于首位，为 219701 元，比全市人均 GDP 高 1.35 倍。

可见，2015～2020 年，迁西、玉田、遵化、滦南、滦州的经济发展趋势下降；而乐亭、海港经济开发区、迁安和汉沽管理区的 GDP 上升趋势偏缓，经济缓慢增长；丰润和曹妃甸的 GDP 保持快速增长，其经济快速发展。

9.2.5　产业结构

2020 年唐山 GDP 7210.9 亿元，比上年增长 4.4%。其中，第一产业增加值 593.4 亿元，比上年增加 2.9%；第二产业增加值 3836.7 亿元，增长 5.2%；第三产业增加值 2780.7 亿元，增长 3.5%。唐山经济发展稳步提高，三次产业结构持续优化，1988 年三产结构为 34：44：22，2007 年调整为 10：57：33，2015 年调整为 8.7：56.5：34.8，2020 年调整为 8.2：53.2：38.6（图 9-18）。

在唐山的产业发展中，第二产业为 GDP 的提高贡献最大，轻重工业比为 1：16，工业结构偏于"重型化"；然后是第三产业，最后是第一产业。不过从 2015～2020 年的发展趋势中分析出第一产业、第二产业增加值占 GDP 的比重在逐年下降，相反第三产业的比重呈平缓上升态势。

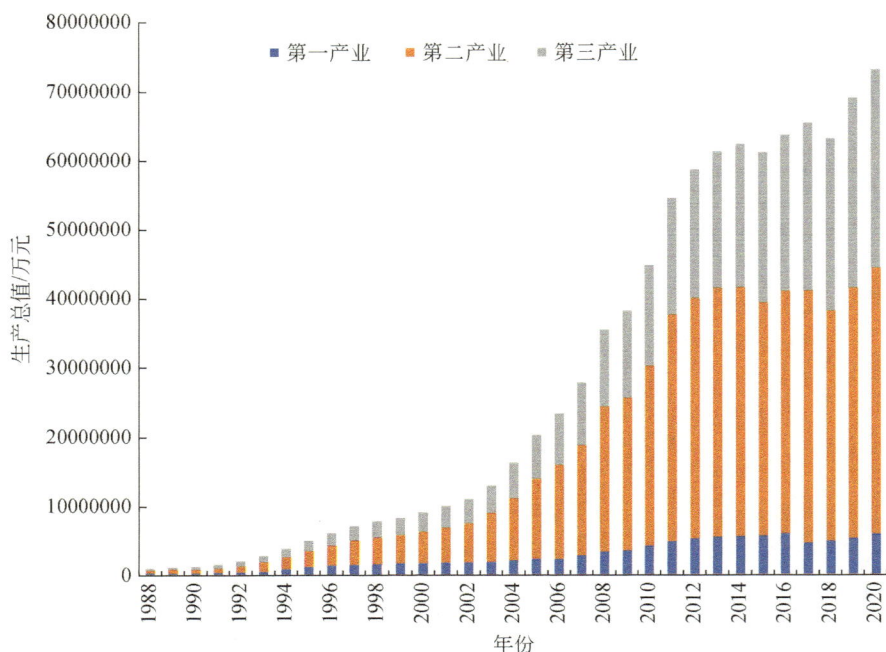

图 9-18　1988～2020 年唐山产业结构变化情况

未来唐山将不断优化产业结构，降低第二产业占比，提高第三产业比重。根据《唐山市国土空间总体规划（2021—2035 年）》，唐山产业发展的重点方向主要是精品钢铁产业、现代化工产业、装备制造产业、新兴建材及装配式住宅产业、健康食品等五大优势产业和海洋现代应急装备、节能环保、新材料新能源、节能环保产业、文体旅游会展、数字产业等新兴产业。

9.3　生活需水预测

生活需水量变化主要受人口总量、人口分布和居民用水水平三方面影响。与现状年相比，唐山人口总量、城镇人口占比、人均生活用水均呈上升态势，需水量亦随之增加。其中，人均生活需水量不仅会受到当地气候、生活习惯、经济条件和节水水平等客观因素影响，同时对适宜的用水水平存在不同的主观认知，具有一定的不确定性和主观性。

9.3.1　城镇生活用水预测

城镇生活需水量包括城镇居民家庭生活需水和公共需水（含第三产业及建筑业等需

水）。2007 年和 2020 年唐山人均城镇生活用水量分别为 104L/（人·d）和 153L/（人·d），用水量年均增长率为 46.87%，虽然整体呈增长趋势，但自 2012 年以后人均城镇生活用水量维持在一个稳定范围内（150～170L/人/d），甚至出现下降趋势，尤其是 2016～2020 年人均城镇生活用水量平均每年降低 1.7%。近几年用水量的降低主要由于唐山全面开展节水工作，如合同节水管理、节水型城市建设、节水型社会建设、制定《唐山市节水行动实施计划》、实行最严格水资源管理制度等。

2011～2020 年，丰南、丰润、迁安、曹妃甸、开平、滦州、滦南、乐亭、迁西、玉田、遵化、芦台经济技术开发区、汉沽管理区和海港经济开发区的城镇生活用水量总体上呈增长趋势，古冶城镇生活用水量在 2700 万～2800 万 m³，建成区（包含市辖区、路南区和路北区）的城镇生活用水先增长后下降。

在已有节水工作基础上，未来一段时期内唐山采取更多节水规划和政策措施，落实《唐山市节水行动实施计划》等。未来唐山人均城镇生活用水量仍呈降低趋势，依据 2011～2020 年人均城镇生活用水量趋势，同时考虑到未来城市经济发展，公共服务水平提高和生活水平提高，使得城镇生活用水需求会有所增加。因此，在人口预测方案 1 中，预测到 2025 年城镇人均生活用水量 160L/（人·d），城镇人口 582 万人，城镇生活需水量 3.40 亿 m³；到 2035 年，城镇人均生活用水量 170L/（人·d），城镇人口 800 万人，城镇生活需水量 4.96 亿 m³。在人口预测方案 2 中，预测到 2025 年城镇人均生活用水量 160L/（人·d），城镇人口 538 万人，城镇生活需水量 3.14 亿 m³；到 2035 年，城镇人均生活用水量 170L/（人·d），城镇人口 632 万人，城镇生活需水量 3.92 亿 m³。

9.3.2 农村生活用水预测

2007 年和 2020 年唐山人均农村居民生活用水量分别为 99L/（人·d）和 98L/（人·d），整体呈稳定先下降后上升趋势，而在 2015 年以后又再次呈下降趋势，平均每年降低 2.46%。2007～2011 年唐山人均农村居民生活用水呈下降趋势，由 99L/（人·d）下降至 87L/（人·d）；2011～2015 年呈上升趋势，由 87L/（人·d）上升至 111L/（人·d）；2015～2020 年再次呈下降趋势，由 111L/（人·d）下降至 98L/（人·d）。

2011～2020 年，迁安、海港经济开发区、建成区、芦台经济技术开发、开平、遵化的农村生活用水量有所上升，其他区县的农村生活用水量均呈下降趋势。

国际研究表示若同时考虑人类健康和经济社会发展，人类生活需水量为 135L/（人·d）。唐山农村居民生活用水量已经是正常人类生活、发展需求的最低水量，考虑到未来经济发展和人民生活水平提高对用水的需求，及未来农村节水工作的进步，预计 2025～2035 年唐山农村人均居民生活用水量保持现状水平并有所增加。在人口预测方案 1 中，预测到

2025 年，农村人均居民生活用水量为 100L/（人·d），农村人口 274 万人，农村生活需水量 1.00 亿 m³；到 2035 年，农村人均居民生活用水量 100L/（人·d），农村人口 255 万人，农村生活用水量 0.93 亿 m³。在人口预测方案 2 中，预测到 2025 年，农村人均居民生活用水量 100L/（人·d），农村人口 253 万人，农村生活需水量 0.92 亿 m³；到 2035 年，农村人均居民生活用水量为 100L/（人·d），农村人口 199 万人，农村生活用水量 0.73 亿 m³。

9.3.3 生活需水小计

在人口预测方案中，方案 1 依据《唐山市国土空间总体规划（2021—2035 年）》人口优化布局目标，2035 年常住人口控制在 1055 万人；方案 2 按照唐山历史人口增长速度，预计 2035 年唐山人口达到 831 万人。同时根据《唐山市国土空间总体规划（2021—2035 年）》提出的唐山 2035 年城镇化率 76%，计算在两种人口预测方案中 2035 年城镇人口和农村人口。在生活需水预测方案中，根据 2011~2020 年人均城镇生活用水量的变化趋势，同时考虑到未来节水工作的发展、城市经济发展、公共服务水平和生活水平提高，预计到 2035 年，城镇人均生活用水量 170L/（人·d），农村人均居民生活用水量 100L/（人·d）。

基于各区县人口发展趋势来看，曹妃甸、路南、迁安、丰南、迁西、汉沽管理区、海港经济开发区人口增加最明显，而古冶人口呈略减少趋势，其他区县人口稳定增长，各区县人均生活用水定额保持一致，预测曹妃甸、路南、迁安、丰南、迁西、汉沽管理区、海港经济开发区生活需水量明显增加；古冶稍增加；其他区县稳定增加，唐山各区县 2025 年和 2030 年生活用水量预测如表 9-5 所示。

表 9-5　唐山各区县生活需水预测

区县	方案 1（空间规划人口方案）				方案 2（人口趋势预测方案）			
	城镇生活用水量/万 m³		农村生活用水量/万 m³		城镇生活用水量/万 m³		农村生活用水量/万 m³	
	2025 年	2035 年	2025 年	2035 年	2025 年	2035 年	2025 年	2035 年
建成区	12246	17871	300	279	11307	14108	277	218
古冶区	3402	4964	250	233	3141	3919	231	182
开平区	680	993	420	391	628	784	388	306
丰南区	1361	1986	1000	931	1256	1568	924	728
丰润区	1361	1986	1000	931	1256	1568	924	728
滦州市	1020	1489	700	652	942	1176	647	510
滦南县	1020	1489	1100	1024	942	1176	1016	801
乐亭县	1020	1489	300	279	942	1176	277	218
迁西县	1531	2234	750	698	1413	1763	693	546

区县	方案 1（空间规划人口方案）				方案 2（人口趋势预测方案）			
	城镇生活用水量/万 m³		农村生活用水量/万 m³		城镇生活用水量/万 m³		农村生活用水量/万 m³	
	2025 年	2035 年	2025 年	2035 年	2025 年	2035 年	2025 年	2035 年
玉田县	1531	2234	1401	1303	1413	1763	1293	1019
曹妃甸区	4082	5957	450	419	3769	4703	416	328
遵化市	1531	2234	1000	931	1413	1763	924	728
迁安市	2041	2978	1000	931	1885	2351	924	728
芦台开发区	170	248	50	47	157	196	46	36
汉沽管理区	170	248	80	74	157	196	74	58
海港经济开发区	850	1241	200	186	785	980	185	146
合计	34016	49641	10001	9309	31406	39190	9239	7280

根据以上预测，包括城镇生活和农村生活在内的唐山生活需水量，2020 年现状年为 3.75 亿 m³，在人口预测方案 1 中，2025 年达到 4.40 亿 m³，2035 年达到 5.89 亿 m³；在人口预测方案 2 中，2025 年达到 4.06 亿 m³，2035 年达到 4.65 亿 m³。生活用水增长的主要因素是总人口增加，受城镇化影响，城镇生活用水增速很快，农村生活用水则相对稳定。

9.4 工业需水预测

9.4.1 世界发达国家工业用水演变分析

世界发达国家的工业用水量大体上都经过了快速增长、缓慢增长和零增长或是负增长阶段。1950 年，美国工业用水量为 1064 亿 m³，到 1980 年，美国工业用水量超过 3500 亿 m³，其增长速度出现了大幅度的提升。从 1981 年开始下降，之后一直处于负增长状态。日本的工业用水量从 1973 年开始就出现明显的下降，之后一直处于零增长状态。

就一个国家而言，工业用水发展历程是与其工业发展阶段、产业结构变化同步，不同的经济发展阶段，工业用水都会体现其时代的特点。经济合作与发展组织（Organization for Economic Co-operation and Development，OECD）的 26 个国家都随着时间和经济的发展出现了工业用水量的转折点。可以总结出，当经济发展到一个较高的阶段时，工业用水量将达到一个峰值并停止增长，而后开始下降，遵循库兹涅茨曲线的倒 "U" 形特征。

通过研究 OECD 26 个成员国工业用水量峰值的拐点时间、当年的人均 GDP 以及当年 GDP 中工业增加值占比的情况发现，OECD 国家工业用水峰值对应的人均 GDP 均在 2 万美元以下，工业增加值在 GDP 总量中所占份额在 22%～37% 变动，大多集中在 30% 左右。世界发达国家进入工业化后期的后半阶段时，工业用水达到峰值。

9.4.2 我国工业用水演变分析

新中国成立后我国工业用水量整体呈快速增长、缓慢增长、负增长的趋势（图 9-19），不难看出，我国工业用水演变与工业发展基本是同步的。因此，按照工业发展的阶段，将工业用水演变历程也相应划分为五个阶段：一是中华人民共和国成立初至改革开放前，工业用水增长快总量少的快速增长阶段；二是改革开放后至 1996 年，增长快总量大的快速增长阶段；三是 1997～2003 年的缓慢增长阶段，增长慢总量大；四是 2003～2011 年的快速增长阶段，随着经济的增长工业用水增长迅速；五是 2011 年至今，工业用水量开始出现缓慢下降的趋势。

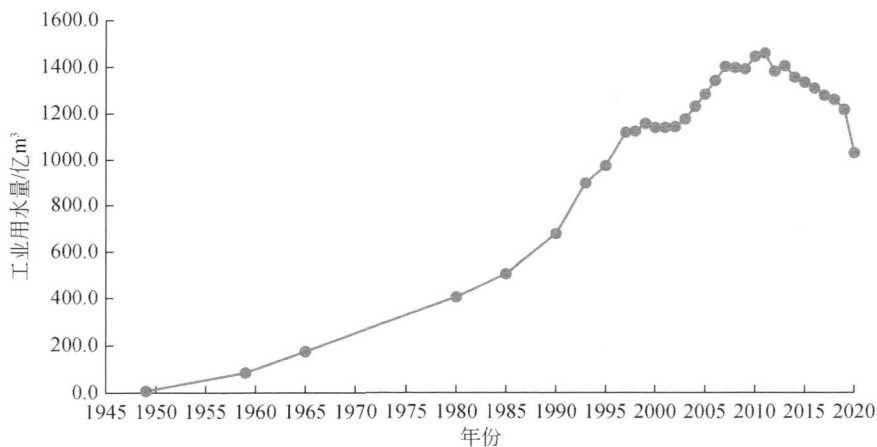

图 9-19　1949～2020 年我国工业用水量变化

对第二产业增加值占 GDP 中的比例进行分析可以得出（图 9-20），第二产业在 GDP 中的比重较为波动，其中，1978～1982 年占比忽高忽低，此时中国刚刚迈开了改革开放的步伐。随后开始逐渐上升，直至 1988 年占比达到 61.3% 时又有所回落，1992～2000 年占比较稳定，保持在 55%～65%。随后的两年间又出现了一个低谷，2003～2010 年第二产业占比较为稳定，此时中国的经济发展速度惊人，2011～2017 年我国进行大幅度产业结构调整，第二产业占比开始逐步下降至 36%，已在工业用水峰值对应的工业增加值占比 22%～37% 区间的边缘。

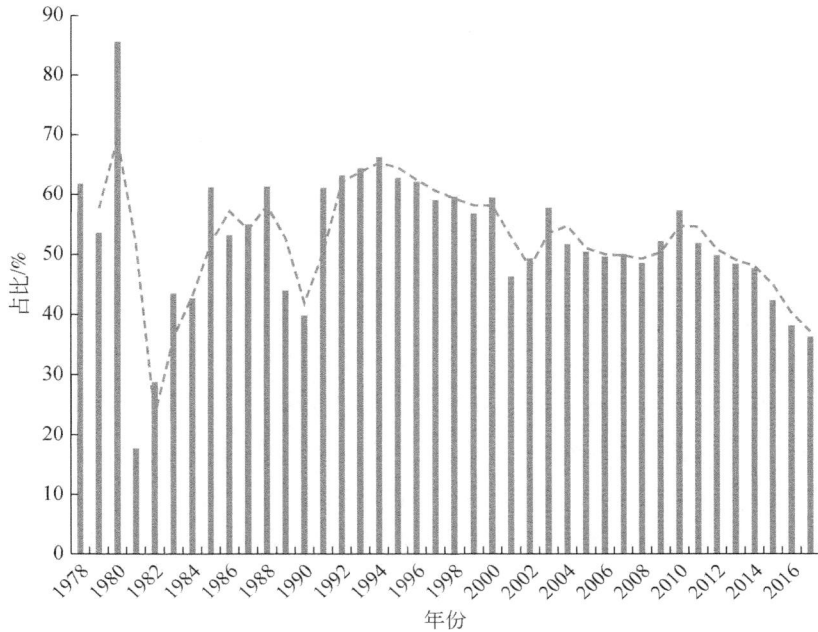

图 9-20　我国第二产业占比变化

9.4.3　唐山工业用水变化

2006～2017 年，唐山的工业用水量呈先上升后波动下降趋势，2017 年后工业用水量又呈上升趋势（图 9-21）。

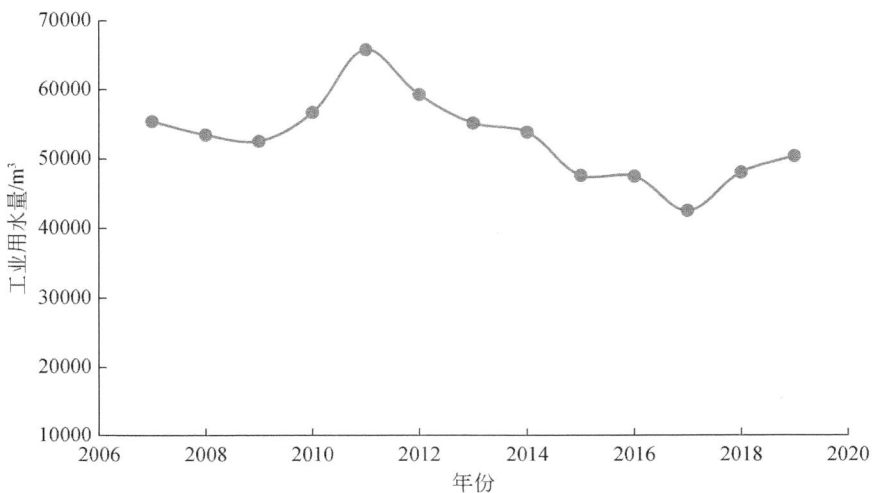

图 9-21　唐山工业用水量变化情况

分析唐山各区县的工业用水量可知，2011~2020年，建成区、古冶、丰南、迁西等区县工业用水趋势呈波动式变化，但总体呈下降趋势；滦州、乐亭等区县工业用水呈上升趋势；芦台经济技术开发区、汉沽管理区、玉田、丰润、遵化等区县工业用水变化趋于平稳。

9.4.4 唐山工业需水趋势研判

根据《中国工业化进程报告（1995~2015）》，选取人均GDP、产业结构和城镇化率作为衡量工业化水平的重要指标，各个指标在不同的工业化阶段表现出不同的取值范围。根据2015年中国工业化水平指数的研究成果，将工业化水平指数分为8个层次，分别为前工业化阶段、工业化前期的前半阶段、工业化前期的后半阶段、工业化中期的前半阶段、工业化中期的后半阶段、工业化后期的前半阶段、工业化后期的后半阶段、后工业化阶段。2020年唐山人均GDP为9.3万元，产业结构为8.2∶53.2∶38.6，城镇化率为64.32%，从而判定唐山处于工业化后期的前半阶段（表9-6），而全国处于工业化后期的后半阶段，唐山稍滞后于全国工业化进程。

表9-6　唐山工业需水趋势研判

水平年	产业结构	唐山工业需水趋势研判	
		按照人均GDP规律研判	按照产业结构规律研判
2020年	工业化后期阶段 （8.2∶53.2∶38.6）	美国：工业用水上升阶段	工业用水上升阶段
		日本：工业用水上升阶段	
		中国：工业用水峰值阶段	
2035年	工业化后期的后半阶段	美国：工业用水下降阶段	工业用水增速趋缓
		日本：工业用水下降阶段	
		中国：工业用水下降阶段	
2050年	后工业化阶段	美国：工业用水下降阶段	工业用水基本保持稳定
		日本：工业用水下降阶段	
		中国：工业用水下降阶段	

发达国家工业用水随经济发展的变化存在着一个由上升转而下降的转折点。世界发达国家进入工业化后期的后半阶段时，工业用水达到峰值。唐山要从工业化后期的前半阶段进入工业化后期的后半阶段，其工业用水量将有上升趋势。

根据唐山现状的产业结构和工业化进程，参照美国和日本工业用水与人均 GDP 规律以及中国工业用水与人均 GDP 规律研判，参考产业结构规律研判，唐山工业用水将处于上升阶段。

9.4.5 工业需水预测

根据《唐山市国土空间总体规划（2021—2035 年）》，精品钢铁产业主要分布在遵化、迁安、丰南、曹妃甸和海港经济开发区；现代化工产业主要分布在遵化、迁西、迁安、古冶、曹妃甸和海港经济开发区；装备制造产业主要分布在玉田、丰润、高新技术产业开发区、滦南、丰南和曹妃甸；新兴建材及装配式住宅产业主要分布在芦台和曹妃甸；健康食品主要分布在乐亭、玉田、海港经济开发区、滦南经济开发区和滦州；海洋现代应急装备主要分布在丰润、高新技术产业开发区和海港经济开发区；节能环保主要分布在芦台经济技术开发区、汉沽管理区、丰润、曹妃甸和迁西；新材料新能源产业主要分布在芦台经济技术开发区、汉沽管理区、丰润、曹妃甸和迁西；节能环保产业主要分布在曹妃甸；文体旅游会展产业主要分布在路南和开平；数字产业主要分布在路南、路北和高新技术产业开发区；现代商贸物流业主要分布在迁安、丰南、曹妃甸和海港经济开发区；现代医药产业主要分布在高新技术产业开发区、乐亭和曹妃甸；研发设计产业主要分布在路南、路北、高新技术产业开发区、丰润和迁安。

根据唐山工业化发展阶段，基于历史工业用水变化规律，并考虑未来产业发展方向和产业布局，进行工业需水预测。工业需水预测设置两种情景：高速发展情景，唐山将进行大规模的产业结构调整，进入高速发展状态，工业用水也随之大幅度增加；低速发展情景，唐山不断优化产业结构，同时大力发展高新技术产业、战略性新兴产业，减少高耗水产业，工业用水量缓慢增加。

2011～2020 年，市辖区、古冶、丰南、迁西等区县工业用水呈波动式下降趋势；滦州、乐亭等区县工业用水呈上升趋势；芦台经济技术开发区、汉沽管理区、玉田、丰润、遵化等区县工业用水变化趋于平稳。考虑到精品钢铁产业主要分布在遵化、迁安、丰南、曹妃甸、海港经济开发区，工业用水需求较大。预计曹妃甸、海港经济开发区、滦州、乐亭、丰南呈上升趋势；建成区、古冶、丰润、迁西、玉田呈下降趋势；开平和滦南、玉田、遵化、芦台经济技术开发区、汉沽管理区的工业用水将趋于平稳。对于高速发展情景，预计 2025 年，唐山工业需水量将达到 5.54 亿 m³；预计 2035 年，工业需水量将达到 5.90 亿 m³。对于低速发展情景，预计 2025 年，工业需水量将达到 5.36 亿 m³；预计 2035 年，工业需水量将达到 5.65 亿 m³（表 9-7）。

表9-7 唐山分区县工业需水预测

地区	现状年工业用水量/万 m³	唐山市工业需水量/万 m³			
		情景1（高速发展）		情景2（低速发展）	
		2025 年	2035 年	2025 年	2035 年
市辖区	3722	2105	1770	2412	2147
古冶区	2043	1551	1534	1876	1695
开平区	795	443	295	536	509
丰南区	4054	4377	4838	4020	4351
丰润区	2355	3324	3245	3645	3390
滦州市	4720	5717	6189	5092	5650
滦南县	1395	1108	1062	1286	1243
乐亭县	2402	2216	2478	1715	1978
迁西县	2454	1939	1888	2546	2260
玉田县	1436	1219	1180	1501	1413
曹妃甸	5055	7147	7788	6432	7232
遵化市	4193	5208	5605	4824	5198
迁安市	13047	14792	16225	13400	14634
芦台开发区	210	188	201	214	226
汉沽管理区	141	78	83	107	113
海港开发区	3466	3989	4620	3993	4464
合计	51488	55400	59000	53600	56500

9.5 农业需水预测

9.5.1 农业用水量变化

根据唐山统计公报，2010～2020 年唐山农业用水量见图 9-22，近 10 年农业用水量平均值为 14.92 亿 m³，近 5 年农业用水量平均值为 14.06 亿 m³，农业用水量占唐山总用水量比重也从 2010 年的 66% 降低到 2020 年的 56%，整体呈逐渐减少趋势。

9.5.2 水稻适宜种植面积

唐山目前水稻种植面积主要分布在滦南、曹妃甸、丰南和乐亭等沿海区县。一方面唐

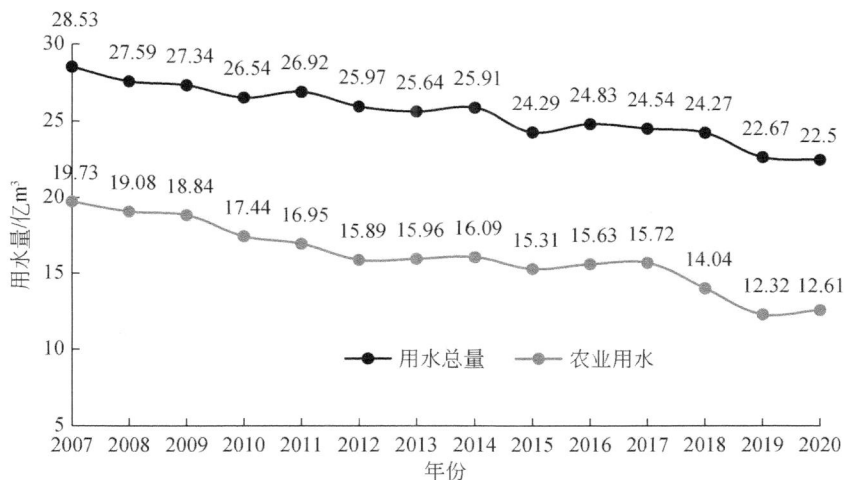

图 9-22　唐山农业用水量变化

山地下水压采任务重，水资源短缺，水稻种植耗水量大且主要分布在沿海深层地下水超采严重的区域，无论是从节水发展还是地下水压采等要求考虑，水稻种植面积的调整都很有必要；但另一方面，水稻种植在唐山有上百年历史，在地下水矿化度高的咸水区种植水稻可以减少因盐分在地表集聚而形成的盐碱地，具有压盐的作用。常规耗水少的作物难以存活，同时沿海区县安置了大部分水库移民，种植水稻也是当地移民的重要的经济来源。因此水田未来发展需要考虑水文地质条件中咸淡水分布等自然约束条件、地下水超采治理、国家粮食安全以及社会经济稳定等多重因素约束。

综合考虑各方面因素，建议对水稻种植面积分区施策，逐步调整。首先，优先考虑自然约束条件，在地下水矿化度小的淡水区，禁止种植高耗水、低收益的水稻，现存的水稻应该完全退出；其次，在地下水矿化度较高的区域，应该积极探索新的种植模式，逐渐退出现存的水稻种植；最后，在地下水矿化度高的区域，由于其他作物难以存活，为了防止盐碱化和海水入侵，可以保留部分水稻种植，但是需要积极探索水稻种植节水工艺，发展其他耐盐碱、低耗水作物，严格控制利用深层优质地下水灌溉水稻，逐步实现地表水灌溉全覆盖。

利用水文地质资料和地下水矿化度监测数据，确定唐山咸淡水分界线及不同矿化度分布等值线，并利用 Landsat 系列卫星，解译水稻分布。将唐山咸淡水分布情况与现存水稻种植情况进行叠加，分析不同地下水矿化度分布区域内的水稻面积，现存水稻分布在淡水区（地下水矿化度小于 1g/L）的主要为滦南和丰南，面积约为 15.74 万亩，分布在地下水矿化度 1~3g/L 的水稻面积约为 25.41 万亩，分布在地下水矿化度大于 3g/L 的水稻面积约为 72.02 万亩（图 9-23 和表 9-8）。

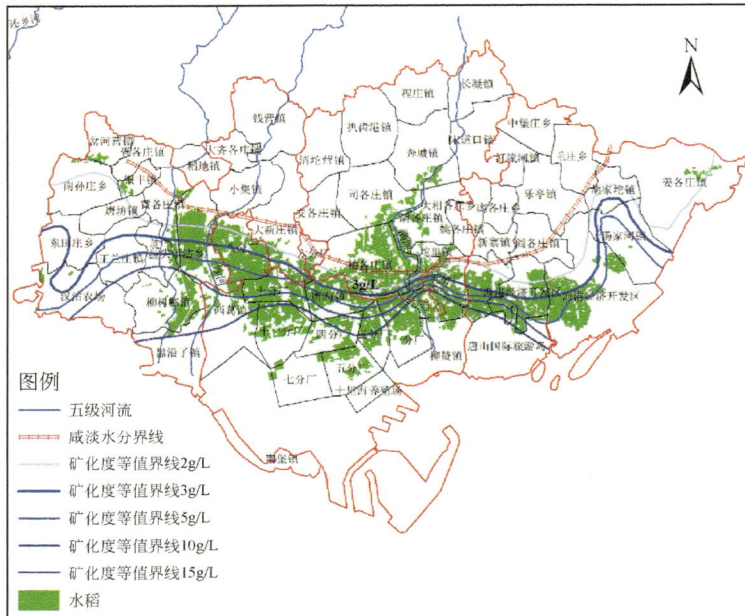

图 9-23　唐山沿海四区县地下水矿化度与现存水稻分布图

表 9-8　唐山沿海四区县不同咸淡水区内现存水稻面积　　（单位：万亩）

区县	<1g/L	1～3g/L	3～5g/L	5～10g/L	10～15g/L	>15g/L	合计
丰南县	1.02	5.34	2.98	2.92	4.44	0.00	16.70
曹妃甸区	0.00	7.26	7.30	8.62	7.21	19.10	49.49
滦南县	14.72	5.37	1.10	0.46	0.31	0.85	22.81
乐亭县（包括海港开发区）	0.00	7.44	6.79	6.49	2.56	0.89	24.17
合计	15.74	25.41	18.17	18.49	14.52	20.84	113.17
占比	13.91%	22.45%	16.06%	16.34%	12.83%	18.41%	100%

　　根据唐山水文地质条件等刚性约束和现存水稻种植面积，将唐山现存水稻分为优先调减区、探索退减区和暂时保留区三个区域，初步确定今后一段时间内水稻种植调整方案（图 9-24）。

　　优先调减区：咸淡水分界线以北的区域，该区域地下水矿化度小于 1g/L，是地下水淡水区分布区域，在水资源紧张和地下水超采严重的局面下，应该坚决禁止种植水稻，特别是井灌水稻，今后调整应该优先退出这部分区域内的水稻。目前现存这个区域内的水稻总面积约为 15.74 万亩，主要分布在滦南奔城、司各庄、柏各庄、胡各庄和坨里 5 个乡镇，面积约为 14.72 万亩；其次是丰南西葛和黄各庄两个乡镇，面积约为 1.02 万亩。

图 9-24　唐山沿海四区县水稻种植调整分区示意

探索退减区：咸淡水分界线与地下水矿化度 3g/L 等值线之间的区域，该区域地下水矿化度为 1~3g/L，根据河北地方标准《主要粮棉作物微咸水灌溉矿化度阈值》(DB13/T2363-2016) 中规定，主要粮棉作物咸水矿化度阈值平均为 3g/L。因此为了缓解用水紧张局势，该区域内应该积极探索其他粮棉作物替代高耗水的水稻种植，发展其他附加产值较高的行业，逐渐退出该区域内的水稻种植。

暂时保留区：地下水矿化度 3g/L 等值线以南的近海区域，地下水矿化度高，其余作物难以存活，利用地表水灌溉种植水稻有压盐、维持地下水位稳定、调节微气候等生态作用，可以暂时保留水稻种植。但应该总量控制，禁止新增水稻种植面积，严格限制水稻灌溉定额，禁止利用优质深层地下水灌溉，逐步争取地表水灌溉全覆盖；积极探索水稻农艺节水措施，推广耐盐、旱作水稻种植，培训其他适应盐碱地生长的经济作物，如海蓬菜等，利用有限的水资源发展高附加值的其他产业。

在水稻保留区大力推广水稻节水品种、节水技术、节水模式，减少水稻用水。一是推广早熟品种，在水稻种植区域，推广生育期短的早熟水稻品种，扩大生育期比晚熟水稻品种减少 1~2 次灌水，减少农业用水，亩均可减少用水量 100~150m³。二是扩大适应性种植。推广旱育秧和大棚工厂化育秧等节水育秧方法，减少水育秧。推广适当晚播种、晚插秧，旱整地、旱直播、乳芽直播等技术，充分利用自然降雨，使水稻生长需水高峰期与雨季同步，变被动抗旱为主动避旱。三是优化节水灌溉技术。在水稻生育期，结合水稻品种特点，积极稳妥推广湿润灌溉、限水浅灌、排水晒田等技术措施，编制水稻节水灌溉制度进行宣传推广，实现节水保产高产。在非生育期，重点落实好冬季蓄水和稻田冬灌，充分利用河系以及田间沟渠拦蓄滦河冬春径流储水，冬前集中深蓄水，实施高标准泡田。四是改善土壤理化性状。推广土地深耕、晾堡、秸秆还田、增施有机肥措施，改良土壤结构、培肥地力，增加土壤有机质含量，使其更适合水稻生长发育，实现稻田节水、高产、高效。

9.5.3　农业地下水用水量调查

1. 纯井灌区不同作物灌溉定额调查

2021年6月，课题组对唐山丰南东部钱营、大齐各庄、小集、大新庄4个乡镇具有地下水计量设施的机井开展调查，结合典型地块，主要调查了水浇地、大棚和水田三种类型。水浇地主要种植类型为花生、小麦复种玉米、土豆等间种或者单种，共计调查纯井灌水浇地作物26处；大棚种植类型主要为西红柿、黄瓜等蔬菜和葡萄、草莓等水果，共计调查有效地块2处；水田主要种植水稻，共计调查7处。

（1）水浇地种植定额调查

选取丰南大新庄镇薄港村作为水浇地典型种植地块开展调查，该地块种植类型为花生、小麦复种玉米间种模式，面积为1567亩，地块内共有13眼机井，灌溉方式为纯井灌溉，计量设施自2014年开始有监测数据，主要监测每眼机井的抽水量、用电量数据。

对典型地块内13眼机井每度电提水量（水/电系数）进行分析，并对数据进行一致性检查，排出不合理数据，通过分析发现选取的13眼机井单度电取水量均在3m³左右（表9-9），数据具有较好的一致性，因此判断计量数据可信。

表9-9　丰南大新庄镇薄港村具有计量机井水/电系数

[单位：m³/（kW·h）]

井编号	2014年	2015年	2016年	2017年	2018年	2019年	2020年	平均值
#1	3.08	3.00	3.12	3.05	2.97	3.02	3.02	3.03
#2	3.12	3.03	3.09	3.19	3.24	2.91	3.05	3.09
#3	3.03	2.99	3.08	3.00	3.28	3.08	2.94	3.06
#4	2.97	3.01	3.06	3.06	2.96	2.99	3.08	3.02
#5	3.20	3.11	3.13	3.09	3.01	2.96	3.04	3.08
#6	3.16	3.12	3.08	3.03	3.08	3.00	3.06	3.08
#7	2.99	3.01	3.03	3.07	3.02	3.01	3.04	3.03
#8	3.06	3.07	3.18	3.02	3.01	3.15	3.05	3.08

井编号	2014 年	2015 年	2016 年	2017 年	2018 年	2019 年	2020 年	平均值
#9	2.95	2.85	3.10	3.00	3.01	3.00	2.82	2.96
#10	3.22	3.14	3.18	3.04	3.07	3.04	3.04	3.10
#11	3.06	3.01	3.07	2.94	3.04	2.98	2.94	3.00
#12	3.11	3.03	3.08	3.05	3.07	3.03	3.04	3.06
#13	3.16	3.13	3.01	3.12	2.98	3.03	3.03	3.06

对典型地块内 13 眼机井 2014～2020 年每年用水量进行分析，计算地块综合灌溉定额。同时收集丰南气象站点降水数据，分析每年纯井灌溉区域年降水量与灌溉定额关系（表9-10）。

表9-10　丰南大新庄镇薄港村不同年份综合定额与年均降水量　　（单位：m³）

井编号	2014 年	2015 年	2016 年	2017 年	2018 年	2019 年	2020 年
#1	17015.98	22155.83	23673.40	26886.89	33742.58	47820.27	22875.41
#2	12504.21	9950.78	9455.18	17185.44	10814.38	13391.84	8521.89
#3	24216.09	17632.17	23666.57	27919.42	1343.56	6698.86	4132.58
#4	19069.71	16776.12	22747.47	24183.04	22157.50	60319.74	32272.57
#5	15666.69	9344.73	8795.76	19719.33	24648.62	36184.65	18951.60
#6	22617.79	14026.79	21392.06	24421.28	12963.17	9840.50	4053.97
#7	13599.46	14022.38	15267.81	24390.81	27835.49	31145.83	12353.99
#8	12997.67	13327.46	13682.40	18689.66	3800.16	31029.90	14840.23
#9	24317.08	19865.26	23728.04	24175.06	4830.67	8899.47	1991.23
#10	11487.09	10255.05	8326.45	24421.13	22234.42	1211.68	1368.39
#11	18051.29	17591.37	17740.68	19101.20	11930.24	12904.45	4330.55
#12	13752.77	9433.68	14445.10	24592.69	27310.59	45110.59	22575.82
#13	9054.10	7212.84	8032.19	15891.27	31814.82	45598.66	18101.24
合计	214349.93	181594.47	210953.10	291577.21	235426.20	350156.44	166369.46
定额/(m³/亩)	229	194	226	312	252	374	178
年降水量/mm	618	591	626	481	506	396	—

利用表9-10中数据，开展水浇地不同年份灌溉定额与年降水量关系分析，通过线性拟合，得到典型地块水浇地综合灌溉定额与年降水量关系曲线，相关系数为0.8464，具有较好的拟合度（图9-25）。

$$y = 603858x^{-1.237}, R^2 = 0.8464 \tag{9-1}$$

式中，y 为灌溉定额（m³/亩）；x 为降水量（mm）。

（2）大棚种植定额调查

选取丰南大新庄镇西滩沟村作为大棚种植典型地块开展调查，该地块大棚种植类型为

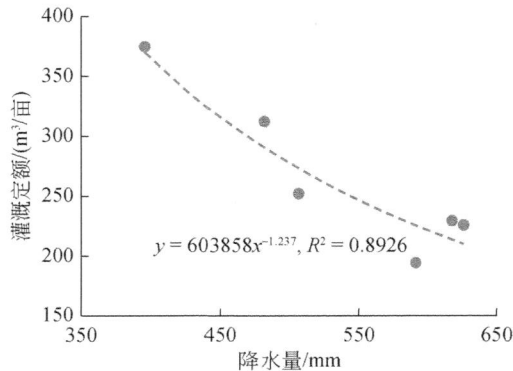

图 9-25 丰南水浇地灌溉定额与降水量关系曲线

西红柿、黄瓜等，面积为 1102 亩，地块内共有 14 眼机井，灌溉方式为纯井灌溉，计量设施自 2016 年开始有监测数据，主要监测每眼机井的抽水量、用电量数据。

对典型地块内 14 眼机井每度电提水量（水/电系数）进行分析（表 9-11），并对数据进行一致性检查，排除不合理数据和无计量数据的点。

表 9-11 不同机井水/电系数 [单位：m³/（kW·h）]

井编号	2016 年	2017 年	2018 年	2019 年
#3	—	2.72	2.78	2.89
#4	8.93	2.16	1.49	1.57
#5	2.27	3.69	2.88	2.93
#6	1.89	3.39	2.68	2.57
#7	3.09	2.78	2.92	2.89
#10	2.76	3.76	2.75	2.65
#11	3.14	2.68	2.59	2.44
#12	6.41	4.33	3.05	2.98
#13	—	2.33	2.68	2.56
#14	5.87	4.32	2.80	2.64
#15	3.24	3.67	2.32	1.96
#16	4.77	4.12	2.90	3.21
#17	3.47	3.51	4.03	3.90
#18	3.25	3.24	3.51	3.38

对典型地块内 14 眼机井 2016～2019 年每年用水量进行分析（表 9-12），计算地块综合灌溉定额。同时收集丰南气象站点降水数据，分析每年纯井灌溉区域降水量与灌溉定额关系。通过分析发现：大棚综合灌溉定额为 286～434m³/亩，和降水量关系不显著。

表 9-12　不同机井 2016～2019 年取水量　　　　　　　　（单位：m³）

井编号	2016 年	2917 年	2018 年	2019 年
#3	61729.71	21687.29	17854.26	19544.72
#4	35094.35	—	—	—
#5	12323.38	21096.27	26948.07	27664.40
#6		15910.47	17265.27	15728.06
#7	21445.51	21326.48	26665.69	25556.89
#10	13573.72	22795.20	19495.55	17878.60
#11	20744.15	19938.59	14151.12	11826.64
#12	36849.74	30538.25	19805.74	18466.50
#13	—	713.26	16727.19	16181.35
#14	45279.30	39359.57	19361.99	14641.97
#15	17519.96	23250.05	10953.75	9533.71
#16	32670.96	37560.26	18976.21	19310.90
#17	—	10615.99	19360.03	18798.13
#18	18427.29	21014.84	23624.76	21358.91
合计	315658.06	285806.50	251189.64	236490.78
综合定额/(m³/亩)	434	346	304	286
年降水量/mm	626	481	506	396

（3）水稻种植定额调查

选取丰南大新庄镇水西村和西滩沟村等局部区域的水田作为典型地块开展调查，该地块种植类型为水稻，灌溉方式为纯井灌溉，计量设施自 2017 年逐渐开始有监测数据，主要监测每眼机井的抽水量、用电量数据。

1）水西村水田典型地块调查（表 9-13）。水田种植为水稻，纯井灌溉，实际控制面积为 176 亩，由两眼机井控制灌溉。通过分析 2019 年和 2020 年计量数据，得到该地块水稻灌溉定额为 315m³/亩。

表 9-13　水西村水田典型地块情况

井编号	控制面积/亩	2019 年			2020 年		
		水量/m³	电量/(kW·h)	水/电系数/[m³/(kW·h)]	水量/m³	电量/(kW·h)	水/电系数/[m³/(kW·h)]
#1	102	25216	14752	1.71	23995	12706	1.89
#2	76	30930	16002	1.94	18891	11742	1.61

2）西滩沟村水田典型地块 1 调查（表 9-14）。分析西滩沟村水田典型地块 1 的 2019 年和 2020 年计量数据，通过水/电系数一致性检查，发现 2019 年计量数据存在问题，用 2020 年计量数据进行定额计算，该地块共由 7 眼机井控制灌溉，面积 601 亩，通过计算得到该地块水稻灌溉定额为 479m³/亩。

表 9-14　西滩沟村水田典型地块 1 数据计量情况

井编号	控制面积/亩	2019 年			2020 年		
		水量/m³	电量/(kW·h)	水/电系数/[m³/(kW·h)]	水量/m³	电量/(kW·h)	水/电系数/[m³/(kW·h)]
#27	106	5331	9567	0.56	24879	8093	3.07
#40	86	9429	20522	0.46	53477	17857	3.00
#41	77	8859	20196	0.44	55617	18865	2.95
#42	93	3367	16891	0.20	45539	14973	3.04
#43	98	16903	18519	0.91	45335	15726	2.88
#44	107	8105	16577	0.49	42382	14188	2.99
#45	94	8025	18405	0.44	49201	16917	2.91

3）西滩沟村水田典型地块 2 调查（表 9-15）。分析西滩沟村水田典型地块 2 的 2019 年和 2020 年计量数据，通过水/电系数一致性检查，发现 2019 年计量数据存在问题，用 2020 年计量数据进行定额计算，该地块共由 3 眼机井控制灌溉，面积 311 亩，通过计算得到该地块水稻灌溉定额为 408m³/亩。

表 9-15　西滩沟村水田典型地块 2 数据计量情况

井编号	控制面积/亩	2019 年			2020 年		
		水量/m³	电量/(kW·h)	水/电系数/[m³/(kW·h)]	水量/m³	电量/(kW·h)	水/电系数/[m³/(kW·h)]
#26	87	5986	12111	0.49	28841	9285	3.11
#29	95	13145	12609	1.04	35951	12199	2.95
#30	71	8792	14257	0.62	38480	13091	2.94

4）西滩沟村水田典型地块 3 调查（表 9-16）。分析西滩沟村水田典型地块 3 的 2019 年和 2020 年计量数据，通过水/电系数一致性检查，发现 2019 年计量数据存在问题，用 2020 年计量数据进行定额计算，该地块共由 4 眼机井控制灌溉，面积 433 亩，通过计算得到该地块水稻灌溉定额为 515m³/亩。

表 9-16　西滩沟村水田典型地块 3 数据计量情况

井编号	控制面积/亩	2019 年			2020 年		
		水量/m³	电量/(kW·h)	水/电系数/[m³/(kW·h)]	水量/m³	电量/(kW·h)	水/电系数/[m³/(kW·h)]
#35	79	17783	17101	1.04	49861	16559	3.01
#36	93	11231	13319	0.84	38187	12996	2.94
#37	84	10858	11535	0.94	31815	10301	3.09
#38	95	18086	18160	1.00	49729	17960	2.77
#39	94	10497	16585	0.63	53529	17342	3.09

5）西滩沟村水田典型地块 4 调查（表 9-17）。通过对西滩沟村 18 眼机井计量数据的分析，绘制水田灌溉定额与年降水量的关系曲线。

表 9-17　西滩沟村水田典型地块 4 数据计量情况

井编号	2018 年		2019 年	
	取水量/m³	水/电系数/[m³/(kW·h)]	取水量/m³	水/电系数/[m³/(kW·h)]
30#	37319.7	2.98	43357.75	3.04
31#	43801.8	2.96	40860.55	2.92
32#	34255.1	2.99	32619.09	2.99
35#	45341.78	2.98	52777.6	3.09
36#	38584.85	2.98	40884.21	3.07
37#	37729.7	2.99	34368.64	2.98
38#	52733.66	2.98	55139.85	3.04
39#	41489.83	2.94	50932.09	3.07
40#	61140.12	3.00	61329.51	2.99
41#	52165.35	2.98	60782.4	3.01
42#	46733.4	2.95	50458.46	2.99
43#	48063.78	2.95	58408.55	3.15
44#	43927.16	2.96	48856.18	2.95
45#	46952.56	2.955	54475.12	2.96

井编号	2018 年		2019 年	
	取水量/m³	水/电系数 /[m³/(kW·h)]	取水量/m³	水/电系数 /[m³/(kW·h)]
46#	46785.98	2.98	50579.05	2.97
47#	46914.95	2.99	57899.14	3.02
48#	49008.92	2.97	52483.16	3.01
49#	48267.9	2.96	53090.05	3.08
合计	821216.5	——	899301.4	——
综合定额/(m³/亩)	504	——	552	——
年降水量/mm	506	——	396	——

利用表 9-18 中数据，开展水田不同年份灌溉定额与年降水量关系分析，通过线性拟合，得到典型地块水田综合灌溉定额与年降水量关系曲线，相关系数为 0.9261，具有较好的拟合度（图 9-26）。

$$y = 30796x^{-0.668}, R^2 = 0.9261 \tag{9-2}$$

式中，y 为灌溉定额（m³/亩）；x 为降水量（mm）。

表 9-18　水田不同年份综合定额与年降水量关系

	2016 年	2017 年	2018 年	2019 年	2020 年
综合定额/(m³/亩)	405	—	504	552	566
年降水量/mm	626	481	506	396	——

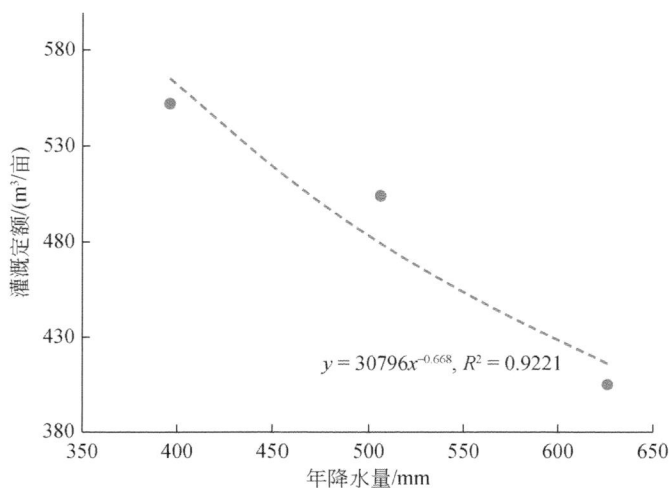

图 9-26　基于计量数据的水田灌溉定额与降水量关系曲线

2. 不同种植结构灌溉定额的确定

唐山分区县水浇地、设施农业（蔬菜瓜果等）、水田、林业、牧业、渔业的规模等数据来源于唐山统计公报。

定额来源于野外调查结果及河北地方农业标准，降水数据来源于唐山11个气象站数据（表9-19）。

表9-19　不同年份种植结构定额

年份		遵化	迁西	滦南	迁安	玉田	滦州	丰润	丰南	唐山	唐海	乐亭
2010	降水量/mm	469	483	637	716	459	693	584	587	549	546	637
	水浇地定额/($m^3/$亩)	300	289	205	178	308	185	229	227	247	248	205
	水田定额/($m^3/$亩)	506	496	412	381	513	390	437	435	455	457	413
	大棚定额/($m^3/$亩)	380	380	380	380	380	380	380	380	380	380	380
2019	降水/mm	489	573	579	506	385	592	489	396	376	543	592
	水浇地定额/($m^3/$亩)	284	100	231	272	382	225	284	369	394	249	225
	水田定额/($m^3/$亩)	492	443	440	481	577	433	492	567	586	459	433
	大棚定额/($m^3/$亩)	380	380	380	380	380	380	380	380	380	380	380

3. 农业灌溉地下水用水量估算

（1）估算步骤

1）确定灌溉定额：根据唐山11个气象站数据，可以获得每个区县的降水量，利用水浇地、水田降水与定额关系曲线，可以求得每个区县的灌溉定额，大棚灌溉定额取调查数据的平均值。

2）实际灌溉面积：根据水资源公报确定。

3）农业总用水量估算：根据每个区县定额和实际灌溉面积推求。

4）农业地表水用水量计算：受地表水供水条件的发展与限制，结合唐山水资源公报，发现2010~2019年农业地表水用水量平均为6.385亿 m^3，每年稳定在5亿~7亿 m^3。

5）农业地下水用水量估算：将估算的农业总用水量减去地表水供水量，即可估算出唐山农业地下水用水量。

（2）2010年初步估算结果分析

利用上述方法，估算2010年唐山农业地下水用水量，得到2010年唐山农业地下水用水量为14.40亿 m^3，统计公报中农业地下水用水量为11.95亿 m^3，详细计算过程见表9-20。

表9-20　2010年唐山农业地下水用水量估算

地区	2010年实际灌溉面积												公报中农林牧渔业用水量/万m³	计算的农林牧渔业实际用水量/万m³	公报中地表水用水量/万m³	估算地下水实际用水量/万m³	公报中地下水用水量/万m³	比例（估算/公报）/%
	水浇地面积/万亩	定额/(m³/亩)	设施农业面积/万亩	定额/(m³/亩)	水田面积/万亩	定额/(m³/亩)	实际灌溉面积小计/万亩	林果/万亩	定额/(m³/亩)	补水鱼塘/万亩	定额/(m³/亩)	牲畜用水量/万m³						
全市	396.73		158.89		66.1		621.72	79.93		7.97			174410.52	198921.81	54900	144021.81	119510.5	120.51
迁安市	40.68	178	2.04	380	0.77	381		12.72	120	0	356	129		9965.01				
遵化市	35.6	300	16	380	0	506		4.1	120	0	356	440		17692				
滦州市	13.65	185	14.94	380	1.87	390		12	120	0.41	356			10517.71				
滦南县	47.28	205	24.02	380	19.92	412		13.32	120	3.1	356	455.92		30184.96				
乐亭县	50.24	205	16.83	380	7.22	413		19.93	120	0.95	356	401.15		22807.41				
迁西县	6.53	289	0	380	0	496		5.04	120	0	356	481.2		2973.17				
玉田县	65.51	308	23.61	380	0.35	513		5.63	120	0.02	356	310.6		30321.75				
曹妃甸区	0.55	248	0.05	380	26.92	457		0	120	2.5	356	9.5		13357.34				
丰南区	32.38	227	31.66	380	7.23	435		1.33	120	0	356	370.54		23056.25				
丰润区	75.22	229	24.09	380	0	437		2.88	120	0	356	346.06		27071.24				
路南区	0.9	247	0.3	380	0	455		0.1	120	0	356	230		578.3				
路北区	0.2	247	1.5	380	0	455		0.7	120	0	356	30		733.4				
古冶区	4.78	247	1.23	380	0.42	455		0.92	120	0.99	356	72		2374				
开平区	6.34	247	1.88	380	0	455		0.72	120	0	356			2366.78				
芦台经济开发区	10.2	227		380	1.38	435		0	120	0	356	67		2982.7				
汉沽管理区	6.67	227	0.74	380	0.02	435		0.54	120	0	356	71		1939.79				

（3）2019 年初步估算结果分析

通过上述方法，计算出 2019 年唐山农业地下水用水量约为 15.66 亿 m³，统计公报中 2019 年唐山农业地下水用水量为 5.61 亿 m³，详细计算过程见表 9-21。分析计量条件较好的丰南可知，具有计量的机井并未完全覆盖丰南所有农业用水，但汇总具有计量的丰南机井数据得到 2019 年地下水开采量为 6408 万 m³，统计公报中丰南 2019 年地下水用水量为 3567 万 m³。2020 年具有计量的机井用水量合计为 8950 万 m³。

9.5.4 农业发展预测

随着人口的增长和居民生活水平的提高，农副产品的需求量将会越来越大，对农副产品的品种结构和质量要求也会发生较大的变化。要实现数量与质量的全面管护，需要在保持耕地面积动态稳定的同时，扩大灌溉面积，提高单位灌溉面积的产量，推动农业结构合理调整和布局优化。

1. 农业灌溉面积预测

2020 年唐山农用地（包括耕地、林地、园地、牧草地和水面面积）为 1405 万亩，占土地总面积的 68.8%，高于全国农用土地平均水平。在农用地中，耕地面积为 850.8 万亩，占土地总面积的 42%，占农用地面积的 61.2%；农田有效灌溉面积为 758 万亩，占耕地面积的 89.1%；实际灌溉面积为 667.5 万亩，占耕地面积的 78%。全市人均耕地仅 0.075hm²，低于河北人均耕地 0.09hm² 和全国的平均 0.095hm² 的水平。

随着人口的增长和非农业建设用地的不断增加，人均耕地面积将继续下降，人地矛盾将日益突出，而且由于农用土地受唐山特殊的地理位置、地貌特征和社会经济发展的制约，耕地、林果、水面面积的分布极不均匀。近 10 年唐山耕地面积下降了约 2%，根据国家灌溉发展规划要求，未来唐山的耕地面积仍会处于下降的趋势，但耕地面积的布置和结构也将发生改变。同时受当地的水资源条件的制约，农业灌溉面积也将受到影响。为此，在主要考虑唐山的地貌特点和水资源的开发利用等情况的基础上，对唐山的耕地面积、种植结构、灌溉面积等做出预测。

《唐山市土地利用总体规划（2006—2020 年）》中提出至 2020 年，唐山农用地总面积为 1398 万亩，耕地面积为 828 万亩。近几年唐山将土地的利用方式转向集约化发展，提高利用效率和效益，在保持耕地总量动态平衡的前提下，耕地总量平稳发展。《中共中央关于制定国民经济和社会发展第十三个五年规划的建议》强调，实行最严格的水资源管理制度，以水定产、以水定城，建设节水型社会，河北出台《关于印发〈河北省粮食生产功能区和重要农产品生产区划定工作方案〉的通知》(冀农业计发〔2018〕4 号)，河北下达

表9-21 2019年唐山农业地下水用水量估算

地区	2019年农业实际灌溉面积							公报中农业用水量（扣除林牧渔等）/万m³	计算的农业实际用水量/万m³	公报中地表水用水量（扣除林牧渔等）/万m³	估算地下水实际用水量/万m³	公报中地下水用水量（扣除林牧渔等）/万m³	比例（估算）/（公报）/%
	水浇地面积/万亩	定额/(m³/亩)	菜田/设施农业面积/万亩	定额/(m³/亩)	水田面积/万亩	定额/(m³/亩)	实际灌溉面积/万亩						
全市	494.8507		65.3655		93.7980		654.0142	106383	216264	59651	156612	56100	279.17
迁安市	55.7259	272	0.8010	380	0.1455	481	56.6724	1718	15532	541	14991	1177	1273.65
遵化市	50.4629	284	0.3810	380	0.1485	492	50.9924	9164	14549	1649	12900	7515	171.66
滦州市	37.4453	225	2.9790	380	0.9885	433	41.4128	3505	9985	1055	8930	2450	364.50
滦南县	64.7811	231	13.6170	380	22.3575	440	100.7556	8377	29976	4940	25036	3437	728.43
乐亭县	43.5460	225	24.9840	380	8.0505	433	76.5805	6968	22778	3000	19778	3968	498.43
迁西县	7.1898	100	0.2280	380	0.0000	443	7.4178	450	806	0	806	450	179.03
玉田县	83.2856	382	6.1755	380	0.7965	577	90.2576	11471	34621	2256	32365	9215	351.22
曹妃甸区	2.9071	249	1.2990	380	31.9365	459	36.1426	18396	15876	17446	0	950	
丰南区	63.4093	369	5.2785	380	13.1205	567	81.8083	20160	32843	16593	16250	3567	455.58
丰润区	51.2943	284	5.5335	380	0.0000	492	56.8278	9372	16670	200	16470	9172	179.56
路南区	4.2747	394	0.1905	380	0.0420	586	4.5072	381	1781	0	1781	381	468.13
路北区	5.1252	394	1.2330	380	0.0000	586	6.3582	800	2488	0	2488	800	310.98
古冶区	5.1851	394	1.5840	380	0.2955	586	7.0646	2670	2818	2560	258	110	234.56
开平区	6.2414	394	0.5070	380	0.0195	586	6.7679	2451	2663	90	2573	2361	109.01
海港经济开发区	3.5993	225	0.5475	380	7.4250	433	11.5718	6286	4233	5200	0	1086	
高新技术产业开发区	0.0000	394	0.0150	380	0.0000	586	0.0141	0	6	6	0	0	
芦台经济开发区	3.6987	369	0.0090	380	7.0305	567	10.7382	2315	5355	2315	3039	424	716.83
汉沽管理区	6.6798	369	0.0045	380	1.4400	567	8.1243	1900	3283	1800	1483	100	1483.04

唐山粮食生产功能区划定任务为 606 万亩，其中，小麦 150 万亩，玉米 381 万亩，水稻 75 万亩（小麦玉米可复种，实际占地面积 458 万亩）。

为保障唐山粮食生产安全，以及水资源约束及城市规划要求，预计 2025 年和 2035 年耕地面积基本维持稳定，考虑实际灌溉面积不增长和压减高耗水水稻面积、减少实际灌溉面积两种情景进行预测。

考虑到最近 5 年农业用水量波动变化较大，因此选取 2016～2020 年 5 年平均值作为基准年，根据唐山统计公报，基准年农业有效灌溉面积为 683 万亩，实际灌溉面积为 654 万亩，其中，水浇地面积 494.84 万亩，设施农业 65.37 万亩，水田 93.80 万亩。林果实际灌溉面积为 67.69 万亩，淡水渔业面积为 21.05 万亩，大牲畜共计 55.91 万头，小牲畜共计 320.77 万头。

2025 年和 2035 年考虑上述两种情境下实际灌溉面积分别为 654 万亩和 635 万亩；根据唐山 1988～2018 年种植结构的发展趋势，并结合河北省《关于印发〈河北省粮食生产功能区和重要农产品生产区划定工作方案〉的通知》的要求，以及当地的实际情况作出如下预测。

（1）水浇地发展预测

基准年水浇地实际灌溉面积为 494.84 万亩，预计灌溉面积不增长和压减水稻面积减少实际灌溉面积两种情景下，2025 年和 2035 年水浇地实际灌溉面积均为 484.84 万亩。

（2）设施农业发展预测

基准年设施农业实际灌溉面积为 65.37 万亩，预计灌溉面积不增长和压减水稻面积减少实际灌溉面积两种情景下，2025 年和 2035 年设施农业实际灌溉面积均为 65.37 万亩。

（3）水田种植发展预测

考虑未来情境压减高耗水水稻面积减少实际灌溉面积，综合考虑唐山水稻适宜种植面积研究、地下水超采治理、国家粮食安全以及社会经济稳定等多重因素约束，2025 年和 2035 年水稻面积从现状的 94 万亩左右压减到 75 万亩。

（4）林牧渔业发展预测

林果业是唐山的主要农业经济产业，特别是在唐山北部山区，林果业种植面积占较大的比例。随着唐山国家森林城市建设总体规划的实施，预计到 2025 年林果补水灌溉面积达到 75 万亩，到 2035 年林牧补水灌溉面积达到 84 万亩。鱼塘面积维持在 21 万亩左右。

唐山大牲畜现状年 55.91 万头，以年均 2% 递减，到 2025 年减少为 49.53 万头，2035 年减少为 40.47 万头。小牲畜现状年 320.77 万头，以 1.3% 递增，预计到 2025 年达到 346.62 万头，到 2035 年发展到 394.41 万头。

2. 农业灌溉定额预测

农业需水量是一个动态的、受农业生产水平限制的量。在农业需水预测中，根据农业发展的不同情况,应该逐项计算出农田灌溉需水量、林牧渔业需水量,最后综合预测出农业需水量。

唐山灌溉土地主要有水浇地、水田、设施农业以及林果地。水田的代表性作物为水稻;水浇地以冬小麦、玉米、谷子、高粱、薯类等 10 类作物为代表;设施农业为蔬菜、瓜果等。唐山以冬小麦、水稻为主要作物,其他作物为辅。水稻为一季单作物;冬小麦、玉米、高粱、豆类、薯类为水浇地作物,其中,冬小麦和夏玉米以复种的方式播种。

根据农业地下水用水情况调查报告、唐山统计公报、河北农业灌溉定额标准、天津农业灌溉定额标准等,可以计算出基准年水浇地毛灌溉定额为 130m³/亩,设施农业毛灌溉定额为 350m³/亩,水田毛灌溉定额为 450m³/亩,灌溉林果地毛灌溉定额为 120m³/亩,大牲畜定额为 40L/(头·d),小牲畜定额为 10L/(头·d),淡水养殖鱼塘补水定额为 310L/(头·d)。

在总结实际耕作制度、未来种植结构的调整趋势和节水灌溉发展的规划,农业种植结构调整、新型节水灌溉方式的实施等基础上可确定出规划年不同降水保证率下的净灌溉定额以及多年平均净定额。同时考虑一般节水和高强度节水两种方案。

2025 年唐山平水年 ($P = 50\%$) 的水浇地高强度节水和一般节水毛灌溉定额分别为 110m³/亩和 120m³/亩,设施农业高强度节水和一般节水毛灌溉定额分别为 320m³/亩和 340m³/亩,水田高强度节水和一般节水毛灌溉定额分别为 410m³/亩和 430m³/亩,林果地高强度节水和一般节水毛灌溉定额分别为 110m³/亩和 115m³/亩,牧业灌溉定额保持不变,渔业高强度节水和一般节水毛灌溉定额分别为 290m³/亩和 300m³/亩。

2035 年唐山平水年 ($P = 50\%$) 的水浇地高强度节水和一般节水毛灌溉定额分别为 100m³/亩和 110m³/亩,设施农业高强度节水和一般节水毛灌溉定额分别为 300m³/亩和 320m³/亩,水田高强度节水和一般节水毛灌溉定额分别为 370m³/亩和 410m³/亩,林果地高强度节水和一般节水毛灌溉定额分别为 90m³/亩和 110m³/亩,牧业灌溉定额保持不变,渔业高强度节水和一般节水毛灌溉定额分别为 260m³/亩和 280m³/亩 (表 9-22)。

表 9-22　2025 年和 2035 年不同种植类型灌溉定额预测

不同种植类型	基准年定额	2025 年高强度/一般节水定额	2035 年高强度/一般节水定额
水浇地/(m³/亩)	130	110/120	100/110
设施农业/(m³/亩)	350	320/340	300/320
水田/(m³/亩)	450	410/430	370/410
林果地/(m³/亩)	120	110/115	90/110
牧业/[L/(头·d)]	40/10	40/10	40/10
渔业/(m³/亩)	310	290/300	260/280

9.5.5 农业需水预测

农业需水预测是在既定的社会经济发展目标基础上，始终坚持遵循社会国民经济可持续发展目标、规模水平和速度相适应，坚持以开发与保护、近期与远期目标相兼顾等为基本原则，对一般节水和高强度节水条件下不同水平年农业需水进行预测。

(1) 农田灌溉需水预测

在考虑实际灌溉面积不增长的情境下，一般节水条件，2025 年农田灌溉需水量为 12.19 亿 m³，其中，水浇地灌溉需水量 5.94 亿 m³，设施农业灌溉需水量 2.22 亿 m³，水田灌溉需水量 4.03 亿 m³；2035 年农田灌溉需水量为 11.38 亿 m³，其中，水浇地灌溉需水量 5.44 亿 m³，设施农业灌溉需水量 2.09 亿 m³，水田灌溉需水量 3.85 亿 m³。高强度节水条件，2025 年农田灌溉需水量为 11.38 亿 m³，其中，水浇地灌溉需水量 5.44 亿 m³，设施农业灌溉需水量 2.09 亿 m³，水田灌溉需水量 3.85 亿 m³；2035 年农田灌溉需水量为 10.38 亿 m³，其中，水浇地灌溉需水量 4.95 亿 m³，设施农业灌溉需水量 1.96 亿 m³，水田灌溉需水量 3.47 亿 m³。

在考虑压减高耗水水稻面积减少实际灌溉面积的情境下，一般节水条件，2025 年农田灌溉需水量为 11.39 亿 m³，其中，水浇地灌溉需水量 5.94 亿 m³，设施农业灌溉需水量 2.22 亿 m³，水田灌溉需水量 3.23 亿 m³；2035 年农田灌溉需水量为 10.61 亿 m³，其中，水浇地灌溉需水量 5.44 亿 m³，设施农业灌溉需水量 2.09 亿 m³，水田灌溉需水量 3.08 亿 m³。高强度节水条件，2025 年农田灌溉需水量为 10.61 亿 m³，其中，水浇地灌溉需水量 5.44 亿 m³，设施农业灌溉需水量 2.09 亿 m³，水田灌溉需水量 3.08 亿 m³；2035 年农田灌溉需水量为 9.68 亿 m³，其中，水浇地灌溉需水量 4.95 亿 m³，设施农业灌溉需水量 1.96 亿 m³，水田灌溉需水量 2.78 亿 m³。

(2) 林果灌溉需水预测

预计到 2025 年和 2035 年林果补水灌溉面积达到 75 万亩和 84 万亩，一般节水和高效节水条件 2025 年林果需水量分别为 8625 万 m³ 和 8250 万 m³，2035 年林果需水量分别为 9240 万 m³ 和 7560 万 m³。

(3) 渔业补水需水预测

预计到 2025 年和 2035 年淡水养殖面积保持不变，但是随着节水技术的发展，2025 年一般节水和高效节水需水量由现状的 6527 万 m³，减少到 6316 万 m³ 和 6106 万 m³。2035 年一般节水和高效节水需水量分别为 5895 万 m³ 和 5474 万 m³。

(4) 畜牧业需水预测

预计到 2025 年畜牧业需水总量为 1988 万 m³，其中，大牲畜需水量 723 万 m³，小牲畜需水量1265万 m³。2035年畜牧业需水总量为2030万 m³，其中，大牲畜需水量591万 m³，小牲畜需水量1440万 m³。

综上所述，预测到2025年在灌溉面不增长的情景下，一般节水和高强度节水农业需水量分别为13.89亿 m³和13.02亿 m³，在压减高耗水水稻前提下减少实际灌溉面积情景下，一般节水和高强度节水农业需水量分别为13.14亿 m³和12.29亿 m³；2035年在灌溉面积不增长的情景下，一般节水和高强度节水农业需水量分别为13.09亿 m³和11.88亿 m³，在压减高耗水水稻减少实际灌溉面积情景下，一般节水和高强度节水农业需水量分别为12.33亿 m³和11.19亿 m³（表9-23和表9-24）。

表9-23　不同年份农业需水预测　　　　　　　　（单位：亿 m³）

不同情境	不同节水	基准年	2025年	2035年
实际灌溉面积不增长	一般节水	14.06	13.88	13.09
	高强度节水		13.01	11.88
实际灌溉面积减少（压减高耗水水稻至75万亩）	一般节水		13.14	12.32
	高强度节水		12.28	11.19

表9-24　唐山分区县农业需水预测分析

地区	2025年				2035年			
	实际灌溉面积不增长		实际灌溉面积减少		实际灌溉面积不增长		实际灌溉面积减少	
	一般节水	高强度节水	一般节水	高强度节水	一般节水	高强度节水	一般节水	高强度节水
市辖区	1828	1696	1824	1693	1716	1559	1711	1556
古冶区	1849	1739	1849	1732	1763	1598	1738	1576
开平区	1294	1207	1298	1209	1238	1105	1236	1104
丰南区	17122	16049	16118	15056	16090	14614	15012	13641
丰润区	9093	8431	9105	8439	8525	7741	8525	7740
滦州市	6898	6409	6817	6331	6492	5865	6411	5791
滦南县	23915	22486	22032	20679	22593	20542	20756	18884
乐亭县	18080	16949	17400	16297	17029	15628	16368	15031
迁西县	1940	1825	1959	1838	1906	1675	1906	1675
玉田县	13598	12590	13546	12535	12661	11527	12596	11468
曹妃甸	18429	17601	16012	15200	17553	15897	14929	13529
遵化市	7524	6967	7520	6961	7082	6384	7070	6373
迁安市	8205	7586	8192	7574	7702	6931	7690	6920
芦台开发区	3519	3340	2913	2762	3345	3021	2767	2499
汉沽管理区	1641	1539	1532	1431	1538	1397	1420	1290

地区	2025 年				2035 年			
	实际灌溉面积不增长		实际灌溉面积减少		实际灌溉面积不增长		实际灌溉面积减少	
	一般节水	高强度节水	一般节水	高强度节水	一般节水	高强度节水	一般节水	高强度节水
海港开发区	3905	3706	3270	3099	3708	3354	3098	2803
合计	138840	130120	131387	122836	130941	118838	123233	111880

9.6 河道外生态需水预测

（1）城镇绿化及环境卫生需水

城镇绿化需水量采用定额法计算，主要是对林草植被进行灌溉所需要的水量。参考《唐山市全域治水清水润城三年（2018—2020）行动方案》成果，2020 年城镇绿化总需水量为 1.03 亿 m^3。

（2）城市景观河道补水量

对于城市景观河道，通常不具备自身产水能力，主要依靠生态补水维持景观功能，其主要目标需求一是不干涸，没有裸露河段；二是有一定的水体流速，避免水华发生。本次计算城市河道等需水时，考虑的是维持河道有水的基本需求或一定的水体流动需求，并统筹考虑唐山的生态补水能力，确定适宜的生态流量。

本节重点计算城市河道和一般需要补水的河道（段）生态需水量，滦河干流生态流量在下一节分析。城市景观河道生态补水量计算采用水量平衡法和水深–流速法。

水量平衡法，即通过计算维持一定水面面积的蓄水量的方法，计算公式如下：

$$W_z = F(E_z - P) + T + G + W_0 + Q_0 - Q_i \tag{9-3}$$

式中，W_z 为生态环境需水量（m^3）；F 为水面面积（km^2）；Q_i 为流入数量（m^3）；E_z 为计算面积水面蒸发量（m^3/km^2）；T 为植物蒸散发需水量（m^3）；G 为土壤渗漏需水量（m^3）；W_0 为维持一定水面面积的蓄水量（m^3）；Q_0 为流出水量（m^3）；P 为多年平均降水量（m^3/km^2）。

水深–流速法，即为维持某一生态功能所需河流流量的水力学方法，本次按照河道仅维持水面（无流速）和增加流速 0.05m/s 分别作为最小和适宜河道生态补水量。计算公式如下：

$$W_z = Vbht + E + W_p \tag{9-4}$$

式中，W_z 为生态环境需水量（m^3）；V 为控制流速（m/s）；b 为水面平均宽度（m）；h 为平均水深（m）；t 为补水时间（s）；E 为水面蒸发总量（m^3）；W_p 为渗透量（m^3）。

考虑河道内水面蒸发损失和增加一定流速，以及水系流入流出关系后，唐山水系的最小河道生态需水量（仅考虑蒸发渗漏量）为 1.03 亿 m³，适宜河道生态需水量（增加 0.05m³/s 的流速）为 3.15 亿 m³（表9-25）。

表9-25　城市景观河道生态补水计算成果表　　　（单位：万 m³）

河道	所属区县	年蒸发损失量	年渗漏量	年换水量	最小河道需水	适宜河道需水
环城水系	城区	1857	5225	12900	7082	17653
北河	滦南县	54	157	786	211	881
牤牛河	滦南县	22	64	425	86	451
三里河	迁安市	35	99	496	134	557
滦州市环城水系	滦州市	112	324	2700	436	2770
老滦河底	乐亭县	89	269	1347	358	1506
双龙河	丰南区、曹妃甸区	25	73	486	98	516
小青河	滦南县、乐亭县	36	107	533	143	597
小青龙河	滦南县、曹妃甸区	21	61	506	82	519
小长河	乐亭县	56	171	853	227	954
老爪河	遵化市	11	6	162	17	158
沙河	遵化市	86	65	1256	151	1243
兰泉河	玉田县	18	138	–	156	138
双城河	玉田县	59	458	–	517	457
玉田环城水系	玉田县	140	435	2982	575	3142
合计		2621	7652	25432	10273	31542

（3）生态环境总需水量预测

根据以上唐山河道内生态环境需水量、河道外生态环境需水量预测成果汇总后，唐山全市适宜的生态环境总需水量为 4.18 亿 m³，若不考虑水体流动，最小生态需水量为 2.05 亿 m³。

专栏9-1　唐山与天津地表水体分布对比

选取 2019 年 8～10 月遥感影像数据，对唐山和天津地表水体进行提取处理，分布见图9-27所示。由表9-26可知，同时期天津地表水体总面积 1141.3km²，唐山地表水体面积 365.4km²，且主要集中在沿海和山区。农业灌溉期唐山平原区地表水基本枯竭，主要河道断流严重，生态需水得不到保障，农业灌溉地表水置换任务艰巨。

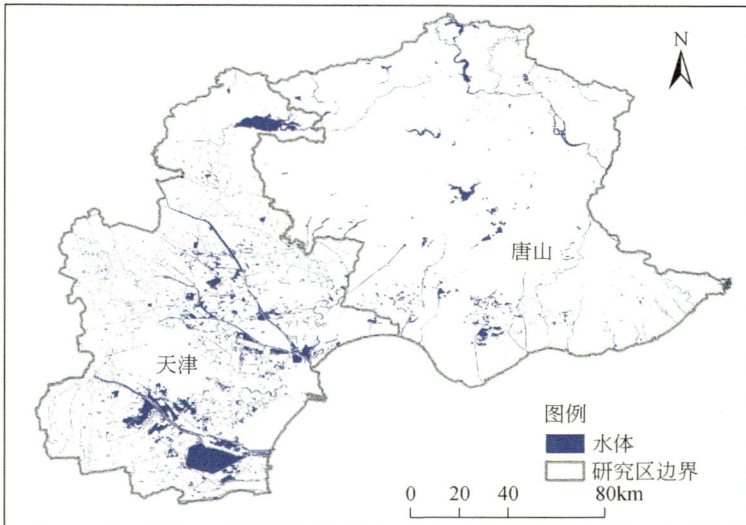

图 9-27　唐山与天津 2019 年地表水体分布

表 9-26　唐山与天津 2019 年地表水体面积统计　　　　　（单位：km²）

行政区	水库湖泊	河流	合计
天津	855.0	286.3	1141.3
唐山	222.6	142.8	365.4

9.7　河道外需水总量分析

根据第 7 章至第 9 章需水预测分析，2025 年唐山需水总量可达到 33.23 亿~35.72 亿 m³，其中，生活需水量可达 4.06 亿~4.40 亿 m³，工业需水量可达 5.36 亿~5.54 亿 m³，农业需水量可达 12.28 亿~14.42 亿 m³，生态需水量可达 6.06 亿 m³；至 2035 年，需水总量可达 23.21 亿~26.42 亿 m³，其中，生活需水量可达到 4.65 亿~5.89 亿 m³，工业需水量可达 5.65 亿~5.9 亿 m³，农业需水量可达 11.88 亿~13.60 亿 m³，生态需水量可达 6.58 亿 m³（表 9-27 和表 9-28）。

表 9-27　2025 年唐山需水预测

（单位：万 m³）

地区	生活需水预测				工业需水预测		农业需水预测						生态需水预测	
	空间规划人口方案		人口趋势预测方案		高速发展方案	低速发展方案	灌溉面积不增长		灌溉面积增长		灌溉面积减少		城镇绿化	河湖补水
	城镇	农村	城镇	农村			一般节水	高强度节水	一般节水	高强度节水	一般节水	高强度节水		
市辖区	12246	300	11307	277	2105	2412	1828	1696	1824	1693			2553	19982
古冶区	3402	250	3141	231	1551	1876	1849	1739	1849	1732			820	
开平区	680	420	628	388	443	536	1294	1207	1298	1209			600	
丰南区	1361	1000	1256	924	4377	4020	17122	16049	16118	15056			1083	3023
丰润区	1361	1000	1256	924	3324	3645	9093	8431	9105	8439			1089	
迁安市	1020	700	942	647	5717	5092	6898	6409	6817	6331			315	
遵化市	1020	1100	942	1016	1108	1286	23915	22486	22032	20679			627	
乐亭县	1020	300	942	277	2216	1715	18080	16949	17400	16297			292	1452
滦南县	1531	750	1413	693	1939	2546	1940	1825	1959	1838			335	
迁西县	1531	1401	1413	1293	1219	1501	13598	12590	13546	12535			472	3557
玉田县	4082	450	3769	416	7147	6432	18429	17601	16012	15200			284	3136
滦州市	1531	1000	1413	924	5208	4824	7524	6967	7520	6961			573	393
曹妃甸区	2041	1000	1885	924	14792	13400	8205	7586	8192	7574			592	
芦台开发区	170	50	157	46	188	214	3519	3340	2913	2762			193	
汉沽管理区	170	80	157	74	78	107	1641	1539	1532	1431			174	
海港开发区	850	200	785	185	3989	3993	3905	3706	3270	3099			290	
合计	34016	10001	31406	9239	55401	53599	138840	130120	131387	122836			10292	31543

表 9-28　2035 年唐山需水预测

（单位：万 m³）

地区	生活需水预测				工业需水预测		农业需水预测				生态需水预测	
	空间规划人口方案		人口趋势预测方案		高速发展方案	低速发展方案	灌溉面积不增长		灌溉面积减少		城镇绿化	河湖补水
	城镇	农村	城镇	农村			一般节水	高强度节水	一般节水	高强度节水		
市辖区	17871	279	14108	218	1770	2147	1716	1559	1716	1559	3830	19982
古冶区	4964	233	3919	182	1534	1695	1763	1598	1763	1598	1230	
开平区	993	391	784	306	295	509	1238	1105	1238	1105	900	
丰南区	1986	931	1568	728	4838	4351	16090	14614	16090	14614	1625	3023
丰润区	1986	931	1568	728	3245	3390	8525	7741	8525	7741	1634	
迁安市	1489	652	1176	510	6189	5650	6492	5865	6492	5865	473	
遵化市	1489	1024	1176	801	1062	1243	22593	20542	22593	20542	941	
乐亭县	1489	279	1176	218	2478	1978	17029	15628	17029	15628	438	1452
滦南县	2234	698	1763	546	1888	2260	1906	1675	1906	1675	503	
迁西县	2234	1303	1763	1019	1180	1413	12661	11527	12661	11527	708	
玉田县	5957	419	4703	328	7788	7232	17553	15897	17553	15897	426	3557
滦州市	2234	931	1763	728	5605	5198	7082	6384	7082	6384	860	3136
曹妃甸区	2978	931	2351	728	16225	14634	7702	6931	7702	6931	888	393
芦台开发区	248	47	196	36	201	226	3345	3021	3345	3021	290	
汉沽管理区	248	74	196	58	83	113	1538	1397	1538	1397	261	
海港开发区	1241	186	980	146	4620	4464	3708	3354	3708	3354	435	
合计	49641	9309	39190	7280	59001	56503	130941	118838	130941	118838	15442	31543

第10章 滦河下游河道内生态需水研究

20世纪80年代以来，滦河干流来水量锐减，加上流域内经济社会发展用水激增，滦河干流水量几乎被经济社会用水"分干吃净"，导致一系列严重的生态环境问题。滦河水是唐山唯一地表水源，是唐山河湖生态用水的生命线，在新形势下，调整引滦河水分配方案，为河湖生态用水提供必要保障，是当前生态文明建设的必然要求。本章分析了滦河干流（大黑汀水库以下）主要水文站1956~2016年的径流衰减过程，说明其河流生态问题的严峻性，并基于Tennant法计算滦河干流（大黑汀水库以下）最小生态需水量，在此基础上，根据河流的生态服务功能，提出适宜河流生态需水量，结果表明，滦河干流（大黑汀水库以下）最小生态需水量为4.8亿~9.7亿 m^3，适宜生态需水量为9.8亿~14.6亿 m^3。

10.1 滦河干流（大黑汀水库以下）生态现状与问题

滦河干流曾长期被认为是海河流域水生态条件最好的河流，也是为数不多常年不断流的河道，在《海河流域水资源综合规划》中采用1956~2000年滦县断面水文序列，按Tennant法取多年平均天然径流的10%作为适宜生态水量，结果为4.21亿 m^3，而2008~2017年滦河干流入海水量为10.4亿 m^3，因此得出滦河干流生态流量能够满足的结论。但事实上按多年平均水量评价生态流量的满足情况并不科学，少数丰水年入海水量急剧增加，掩盖了多数年份生态流量不达标的事实。

（1）滦河入海水量年际分布极为不均

2000年以来滦河入海水量平均为6.46亿 m^3，2008~2017年（近10年）入海水量为10亿 m^3，但年际分布极为不均，2000~2017年，入海水量低于平均值的年份有13年，占全部年份的72%，这13年的平均入海水量仅为1.27亿 m^3，远远低于多年平均值。由于2012年和2013年滦河流域降水丰沛，潘大水库大规模弃水，滦河入海水量达到33.83亿 m^3，大幅拉高了入海水量平均值，容易造成对实际情况认知的偏差。

（2）滦河生态水量较历史相比剧烈衰减

根据滦河滦县断面水文监测数据，潘家口水库建设前滦河滦州断面年径流量为45亿 m^3，水库建设到竣工的十年径流量衰减到33亿 m^3，水库竣工后年径流量衰减到17亿 m^3，21

世纪初以来，滦河径流量减少到 5 亿 m³ 左右，相较于水库建设前衰减了 90%。引滦河水量分配之初仅考虑天津和唐山两地生产和生活用水，并未考虑滦河河流的生态用水需求，在 20 世纪八九十年代潘大水库来水丰沛时段，滦河生态水量矛盾并不突出，但 21 世纪以来潘大水库入库流量锐减，滦河生态需水问题凸显。

（3）滦河干流水生态问题已经凸显

尽管从滦河径流年过程上看，还未发生断流，但是从径流月过程（天然径流量）上看，2000 年以来共有 21 个月份发生断流，占全部月份的 10%。除了汛期弃水外，枯水季节潘家口水库至滦河入海口 200 余千米生态用水匮乏，造成滦河下游河床淤积抬高、湿地退化、海水倒灌和水环境污染等一系列生态问题。

10.2 滦河干流（大黑汀水库以下）径流过程演变

滦河干流（大黑汀水库以下）有两个水文监测断面，分别是底发溢断面和滦县断面。其中底发溢断面为大黑汀水库出库流量监测断面，主要监测水库下泄流量以保障滦河河道生态需水和入海水量，滦县断面为滦河干流最下游水文监测点，也是评估滦河入海水量的关键断面，通常根据滦县水文站年径流量扣除下游滦下灌区引水量（岩山渠取水口）后，即为滦河干流入海水量。由于 20 世纪 50 年代以来滦河干流径流过程发生了极为显著变异，选择不同的水文序列对生态需水的评估会有明显的差异，因此，首先选择了三个水文序列对滦河干流的水文过程进行分析：一是"二调"时间序列即 1956～2000 年，该系列是目前最权威的数据，但只能代表滦河干流历史水文过程，已经不能反映当前的水文规律；二是 1980～2016 年序列，该序列扣除了 20 世纪五六十年代的丰水期，并且基本为潘家口水库建设后的水文序列，能够反映流域较为长期的水文规律，是本研究的首选时间序列；三是 2000～2016 年序列，该序列代表最近一段时期滦河水量变化，但时间序列较短，且来水偏枯，未必能代表一个水文周期，故本研究中仅作为生态需水合理性的对比分析。

底发溢断面在 1956～2000 年序列中，多年平均径流量为 27.5 亿 m³，在 1980～2016 年序列中多年平均径流量为 14.5 亿 m³，在 2000～2016 年序列中多年平均径流量进一步衰减为 8.2 亿 m³，相比 1956～2000 年序列，衰减幅度高达 70%（图 10-1）。

滦县水文断面在 1956～2000 年序列中，多年平均径流量为 36.1 亿 m³，在 1980～2016 年序列中多年平均径流量为 16.5 亿 m³，在 2000～2016 年序列中多年平均径流量衰减为 8 亿 m³，较 1956～2000 年序列衰减了 78%（图 10-2）。

滦河干流在 1956～2000 年序列中，多年平均入海水量为 33.5 亿 m³，在 1980～2016 年序列中多年平均入海水量为 11.7 亿 m³，在 2000～2016 年序列中多年平均入海水量衰减为 6.2 亿 m³，较 1956～2000 年序列衰减了 81%（图 10-3）。

从底发溢断面和滦县断面以及评估的入海水量（虚拟断面）可以看出，三个水文断面径流变化规律较为一致，相关性系数超过 0.9，且三个序列径流量平均值相差不大，因此大黑汀水库的下泄流量决定滦河干流的生态水量，入海水量可以作为评价滦河生态水量是否适宜的水文序列值。

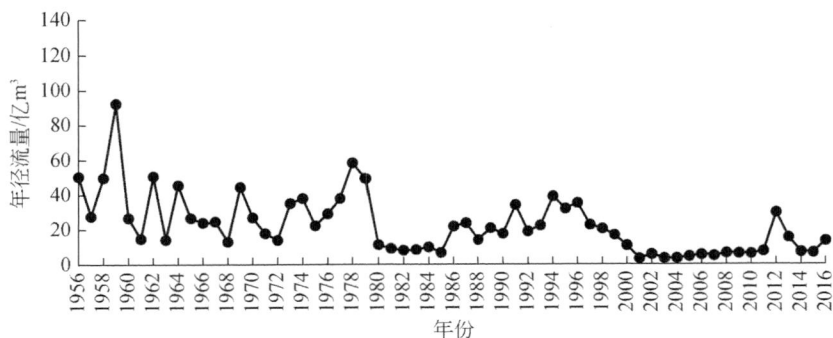

图 10-1 底发溢断面径流演变过程

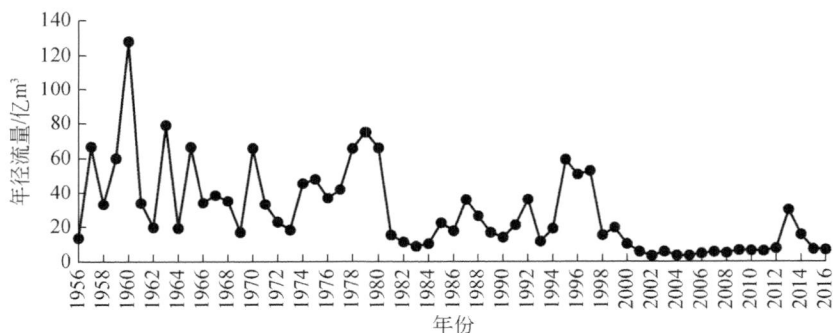

图 10-2 滦县断面径流演变过程

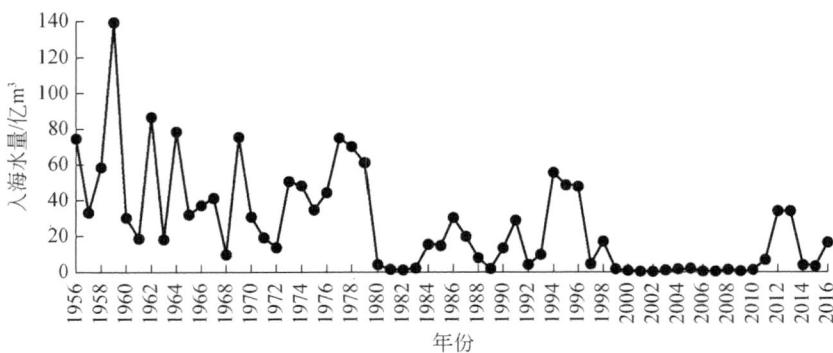

图 10-3 滦河干流入海水量演变过程

10.3 滦河干流（大黑汀水库以下）生态需水分析

目前国内外关于河道生态需水的计算方法有很多，大致可分4类：水文学法、水力学法、栖息地法和整体分析法。其中水力学法、栖息地法和整体分析法适用于需要满足特定水生生物或生态功能的河道，如鱼类产卵需要的适宜流速、输沙需要的适宜流量等，滦河干流对此并没有特殊的要求，因此选用水文学法分析滦河的最小或适宜生态流量。水文学法需要选择长序列的径流数据，本研究选用1980~2016年径流序列分析。

（1）Tennant法计算最小生态需水量

Tennant法是依据观测资料建立的流量和河流生态环境状况之间的经验关系，确定年内不同时段的生态环境需水量。该方法作为经验公式，适用于北温带、常年性河流，不同河道内生态环境状况对流的流量百分比见表10-1。

表10-1　不同河道内生态环境状况对流的流量百分比 （单位:%）

不同流量百分比对应河道内生态环境状况	占年均天然流量百分比（10月~次年3月）	占年均天然流量百分比（4~9月）
最大	200	200
最佳	60~100	60~100
极好	40	60
非常好	30	50
好	20	40
中	10	30
差	10	10
极差	0~10	0~10

根据《河湖生态环境需水计算规范》，"水资源短缺、用水紧张地区河流，一般选择'好'的分级之下，根据节点最小生态环境流量及径流特征，选择合适的生态环境流量百分比值"，滦河流域符合该条标准，因此，选择"好"分级和"中"分级作为滦河干流的最小生态需水量评价标准，近期用水极度紧张的条件下可选"中"分级标准，远期滦河水量应进一步恢复，宜选择"好"分级标准。Tennant法计算滦河干流生态需水量结果如表10-2所示。

表10-2　Tennant法计算滦河干流最小生态需水量

分级	10月~次年3月生态需水量/亿 m³	4~9月生态需水量/亿 m³	全年生态需水量/亿 m³
"好"分级生态需水量	1.4	8.3	9.7
"中"分级最小生态需水量	0.7	4.2	4.9

（2）适宜生态需水量探讨

关于河流适宜生态需水量目前并没有严格的定义和通用的计算方法，夏星辉等[1]认为对于任一生态系统，其生态环境需水都存在一个上下限，生态系统健康与最小生态环境需水之间具有一个临界对应关系，这个临界点就是最小生态环境需水量，对河流来说就是最小生态需水量，也称生态基流。当水量超过生态系统优等范围时，生态系统健康受到过多水分的影响而下降，造成系统的不可逆转，此时是生态系统的最大生态环境需水量。在最小和最大生态需水量之间，处在一个生态系统健康的最佳水平，健康保持稳定的水量供给点，即适宜生态需水量（优等需水量），对河流来说也就是适宜生态流量。适宜生态流量需满足河流生态系统中各个因素健康发展要求，是各个要素优等需水量的内包线。按照此思路，对于滦河干流来说需水的因素主要包括河道基流需求、输沙、入海需求和鱼类繁殖需求。参考相关文献，河道基流需求的适宜范围取多年平均径流量的60%~100%，输沙、入海需求取50%~30%保证率下的来水量，鱼类繁殖需水则满足4~6月流速和水位要求（流速0.3~0.7m/s，水位2.5~3m），按此标准计算，滦河干流的适宜生态水量为9.8亿~14.6亿m³。计算的适宜生态需水量高于Tennant法计算的"好"等级最小生态需水量，且适宜生态需水量范围下限与"好"等级的最小生态需水量上限相当，从结果上看相对合理。

表 10-3　滦河干流适宜生态需水量推算

类型	最优河道基流	最优输沙、入海水量	最优鱼类繁殖需求	合计
生态需水量/亿 m³	9.8~16.5	4.5~14.6	9.6~16.1	9.8~14.6

（3）与其他滦河干流生态需水预测比较

本次滦河干流生态需水预测与其他成果对比如表10-4，最小生态需水量为4.8亿~9.7亿m³，适宜生态需水量为9.8亿~14.6亿m³。本研究建立了入海水量和滦县水文断面径流量的关系（图10-4），折算后满足最小生态需水量情况下，入海水量为3.4亿~6.9亿m³，在满足适宜生态需水量情况下，入海水量为7.0亿~10.4亿m³。

表 10-4　滦河干流生态需水成果分析对比

来源	生态需水量/亿 m³		水文序列	方法
	最小	适宜		
《海河流域水资源综合规划》	4.21		1956~2000 年	Tennant 法 10%（滦县水文站）

① 夏星辉，杨志峰，吴宇翔. 2007. 结合生态需水的黄河水资源水质水量联合评价. 环境科学学报，(1)：151-156.

来源	生态需水量/亿 m³		水文序列	方法
	最小	适宜		
《滦河生态流量保障实施方案》	1.22~2.45		1980~2016 年	Tennant 法 5%~10% （入海水量）
本研究	4.8~9.7 （入海水量：3.4~6.9）	9.8~14.6 （入海水量：7.0~10.4）	1980~2016 年	最小：Tennant 法 10%~40% （滦县水文站）

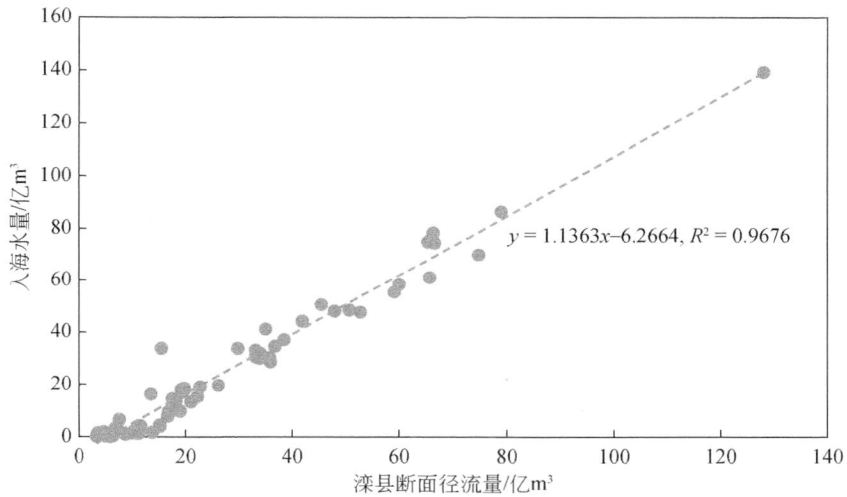

图 10-4 入海水量和滦县断面径流量关系

第11章 唐山水资源供需平衡分析

本章在保障滦河基本生态需水、退还超采的地下水基础上，充分利用各种非常规水源，结合经济社会和生态环境需水预测，进行唐山水资源供需平衡分析。结果表明，在现状水平年，仅考虑供水端水量影响，多年平均状态下唐山将缺水0.68亿 m³，75%、85% 和95%供水保障率下分别缺水3.2亿 m³、4.6亿 m³ 和6.5亿 m³；进一步考虑滦河来水衰减、地下水压采持续推进和未来需求扩大的影响，按照不同的情景方案，在多年平均来水条件下，2025 年和2035 年唐山将缺水2.8亿 ~ 4.2亿 m³，而在特枯水年，缺水量会显著扩大至5.6亿 ~ 10.2亿 m³，主要缺水对象是农业和城市生态环境。

11.1 水资源配置思路、原则与目标

11.1.1 配置思路

1）符合国家要求，满足最严格水资源管理和地下水压采目标；
2）落实节水优先，坚持以水定城、以水定地、以水定人、以水定产；
3）保障发展需要，适应经济社会发展和唐山"三个努力建成"目标；
4）统筹水源用户，优化用水结构、提高用水效益、兼顾近期远期；
5）考虑水量衰减，保障特枯年份情境下的水资源配置安全。

11.1.2 配置原则

（1）节水优先，科学开源

全面建设节水型社会，大力推进各行业节水工程和技术建设，不断提高水资源利用效率和效益，在此基础上，逐步加大海水淡化、再生水等非常规水资源利用，充分发挥引滦河水效益，积极推进深层水压采，实现多种水源的科学开发利用，提升水资源保障能力。

（2）空间均衡，统筹兼顾

遵循区域水资源和水系的自然分布及其演化规律，牢固树立人与自然和谐相处理念，科学协调水资源开发与保护的关系，提出兼顾生态环境需水条件下的水资源配置方案，坚持以水定城、以水定地、以水定人、以水定产，实现城乡统筹、区域统筹和行业统筹，推动经济社会发展与水资源、水环境承载力相协调。

（3）优水优用、高效利用

以改善人民群众的生活、生产用水为出发点，优先高效利用引滦河水，通过再生水深度处理和海水淡化逐步替代部分行业用水，依托全域治水清水润城工程提升水系连通程度，提高水资源利用的效率和效益。

（4）生态保护、持续发展

以实现"三个努力建成"和生态文明思想为契机，全力建设生态唐山，推进绿色发展。严格实施深层地下水压采规划，逐步调整水源地供水规模和供水对象，充分保障河湖基本生态用水，逐步改善河湖的生态环境状态，适时进行河道循环补水，提高水体环境质量。

11.1.3 水资源配置目标

本次水资源配置以"代际均衡、空间均衡、单元内均衡"为配置目标，以单元内部均衡、不同单元的空间均衡、不同时段的时间均衡为约束构建优化配置模型。荷载均衡目标、空间均衡目标、时间均衡目标三大函数如下所示。

（1）荷载均衡目标——缺水率最小

$$\text{Min}L(x_t) = \sum_{h=1}^{\text{mh}} q_h \cdot \text{SW}(X_{ht}) \tag{11-1}$$

$$\text{SW}(X_{ht}) = \frac{1}{\text{mu}} \cdot \sum_{u=1}^{\text{mu}} \left| (x_{ht}^u - \text{Sob}_{ht}) \right| \tag{11-2}$$

$$\text{其中} \ 0 \leqslant x_{ht}^u \leqslant 1, 0 \leqslant \text{Sob}_{ht} \leqslant 1-B_h$$

式中，$L(x_t)$ 为 t 时段荷载均衡目标；$\text{SW}(X_{ht})$ 为 t 时段供水胁迫函数；q_h 为行业用户 h 的惩罚系数；x_{ht}^u 为时段区域单元 u 中行业用户 h 的缺水率；Sob_{ht} 为 t 时段区域行业用户 h 的供水胁迫目标理想值；B_h 为区域行业用户 h 的最低用水保证率；h 为区域行业用水户类型；mh 为区域行业用水户类型的最大数目；u 为区域单元；mu 为区域单元最大数目；t 为计算时段。

（2）空间均衡目标——公平性最优

$$\text{Min}S(x_t) = \sum_{h=1}^{\text{mh}} q_{ht} \cdot \text{GP}(X_{ht}) \tag{11-3}$$

$$\text{GP}(X_{ht}) = \sqrt{\frac{1}{\text{mu} - 1} \cdot \sum_{u=1}^{\text{mu}} \left(x_{ht}^u - \overline{x_{ht}} \right)^2} \tag{11-4}$$

$$\text{其中} \ 0 \leqslant x_{ht}^u \leqslant 1, 0 \leqslant \overline{x_{ht}} \leqslant 1$$

式中，$S(x_t)$ 为 t 时段空间均衡目标；$\text{GP}(X_{ht})$ 为 t 时段公平性函数；q_h 为行业用户 h 的惩罚系数；x_{ht}^u 为区域单元 u 中行业用户 h 的缺水率；$\overline{x_{ht}}$ 为区域单元 u 中行业用户 h 的缺水率均值；h 为区域行业用水户类型；mh 为区域行业用水户类型的最大数目；u 为区域单元；mu 为区域单元最大数目；t 为计算时段。

（3）时间均衡目标——行业全时段保障率高

$$\text{Max} T(x) = \sum_{h=1}^{\text{mh}} q_h \cdot \text{PW}(X_h) \tag{11-5}$$

$$\text{PW}(X_h) = 1 - \sqrt{\frac{1}{\text{mt} - 1} \cdot \sum_{t=1}^{\text{mt}} \left(x_{ht}^u - \overline{x_{hm}} \right)^2} \tag{11-6}$$

$$\text{其中} \ 0 \leqslant x_{ht}^u \leqslant 1, 0 \leqslant \overline{x_{hm}} \leqslant 1$$

式中，$T(x)$ 为时间均衡目标；$\text{PW}(X_h)$ 为行业供水保障率函数；q_h 为行业用户惩罚系数；x_{ht}^u 为区域单元 u 中行业用户 h 时段 t 的缺水率；$\overline{x_{hm}}$ 为区域单元 u 中行业用户 h 在全部时段 mt 的缺水率均值（其中 $\overline{x_{hm}}$ 应满足符合不同行业供水最低保证率要求）；h 为区域行业用水户类型；mh 为区域行业用水户类型的最大数目；t 为计算时段；mt 为计算时段最大值。

11.2 水资源配置网络构建

11.2.1 水资源系统概化

水资源系统一般由水源、供水系统、输配水系统、用水系统等单元组成。水源一般包括地表水、地下水、雨水、海水、再生水等不同水源，供水系统一般包括蓄水工程、引水工程、提水工程、调水工程以及再生水利用等非常规水利用工程等，输配水系统一般包括地表水输配系统、废污水传输系统、地下水的侧渗补给与排泄管理等，多用户指城市生活、农村生活、工业、农业、城市生态、农村生态、航运、发电等行业用水户（图 11-1）。

11.2.2 水资源系统概化

水资源配置模型是在概化后的水资源系统基础上进行计算，因为真实的水资源系统非

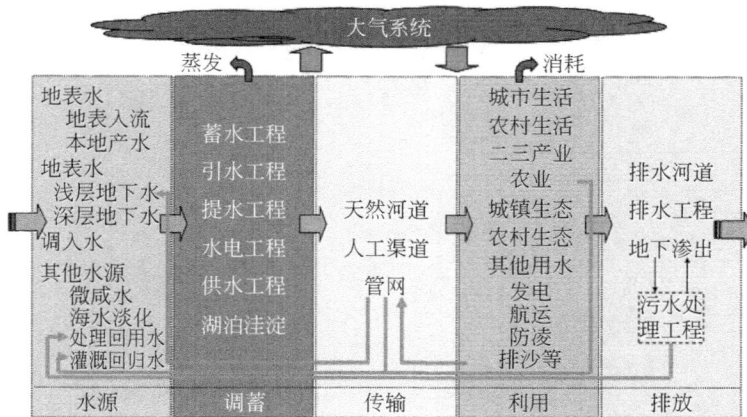

图 11-1　水资源系统概化图

常复杂，模型不可能完全模拟真实水资源系统中的所有过程。所以首先要从研究的目标出发，提炼出真实水资源系统中的主要特征和过程，实现水资源系统的概化。然后再将水资源系统转化为计算机所能识别的网络系统，具体来讲，它是根据相似性原理，用数学计算公式及程序来描述水资源循环中的主要过程，并将这些程序按照系统的空间和时间顺序组合成一个既符合系统间复杂的相互关系又能为计算机所识别的网络系统。模型主要以点、线的方式概化区域水资源系统各要素。

本次规划经过对唐山水资源系统的分析后，概化得到唐山水资源系统网络（图 11-2）。

11.2.3　计算单元划分

一个较大的系统其内部会有各种各样的差异。衡量系统的总体情况应当建立在分析其内部差异性的基础上。水资源供需平衡不仅重视分析系统的总体，更要着重分析系统内具体地区的情况。这就要求将研究区域划分为若干计算单元，在对每个计算单元逐个进行供需平衡计算后，再综合概括得到所要分析的特定地区及整个系统的计算成果。

本次规划在唐山水资源分区及行政分区的基础上，考虑到水资源条件及水资源利用方式的差异，将唐山划分为 24 个计算单元，计算单元详细信息见表 11-1。

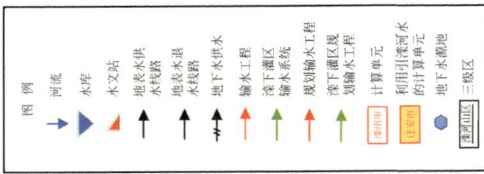

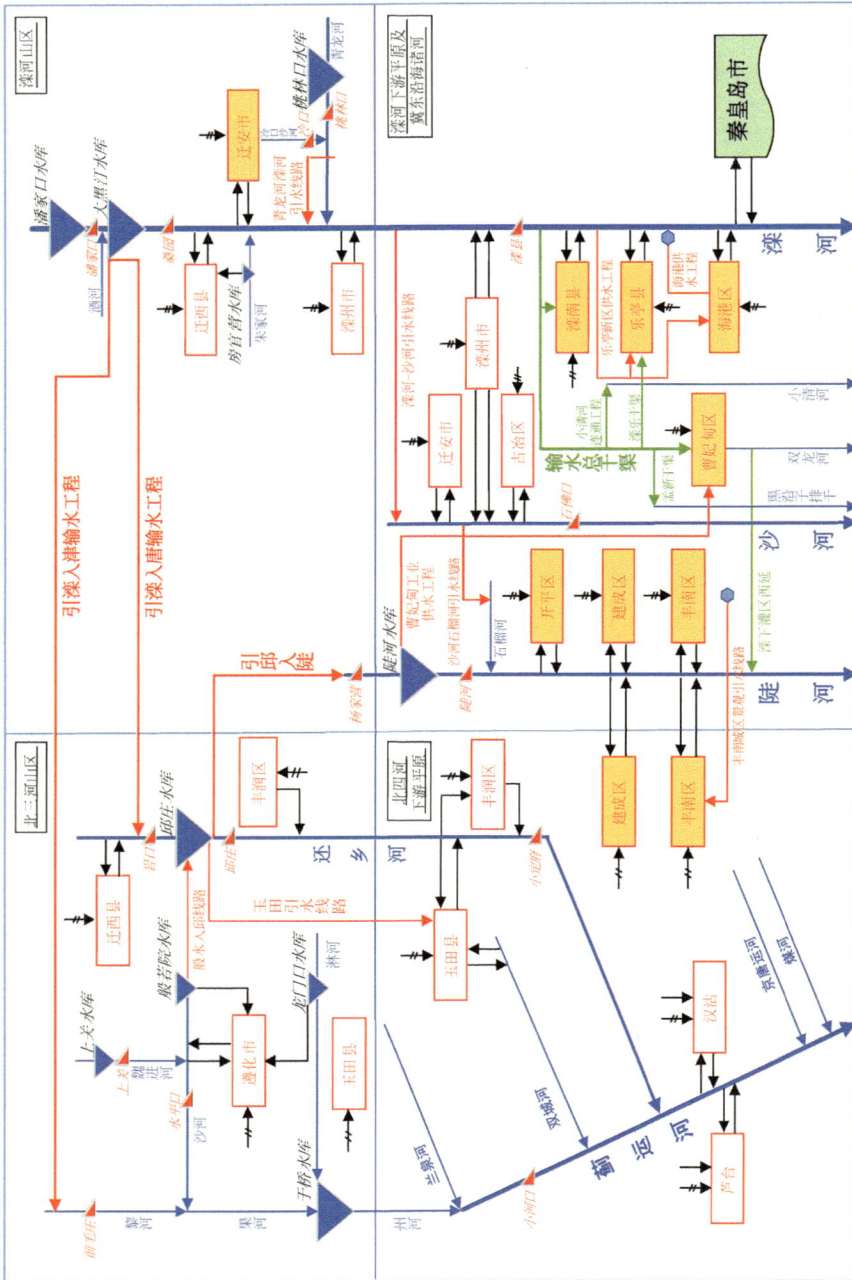

图11-2　唐山水资源系统网络图

表 11-1　计算单元信息

序号	单元名称	所在区县	所在三级区	面积/km²	人口/万人
1	1-迁安（1）	迁安市		894	59.03
2	1-迁西（1）	迁西县	滦河山区	1227	34.30
3	1-滦州（1）	滦州市		212	10.89
4	2-市区（1）	路北区		112	74.85
5	2-开平	开平区		252	33.10
6	2-古冶	古冶区		253	35.34
7	2-丰南（1）	丰南区		984	30.38
8	2-丰润（1）	丰润区		269	22.21
9	2-迁安（2）	迁安市	滦河平原及冀东沿海诸河	314	19.37
10	2-乐亭	乐亭县		1276	45.43
11	2-滦南	滦南县		1270	58.52
12	2-滦州（2）	滦州市		787	45.37
13	2-曹妃甸	曹妃甸区		700	30.63
14	2-海港	海港经济开发区		32	8.65
15	3-丰润（2）	丰润区		200	10.23
16	3-遵化	遵化市	北三河山区	1508	77.18
17	3-迁西（2）	迁西县		212	7.51
18	3-玉田（1）	玉田县		157	8.64
19	4-市区（2）	路南区		67	28.60
20	4-丰南（2）	丰南区		584	25.38
21	4-丰润（3）	丰润区		865	54.53
22	4-玉田（2）	玉田县	北四河下游平原区	1008	62.92
23	4-汉沽	汉沽管理区		149	6.09
24	4-芦台	芦台经济开发区		139	4.43

11.3　水资源配置模型构建

11.3.1　模型框架

本次项目采用中国水科院水资源所自主研发的水资源动态配置与模拟模型（GWAS 模型）进行唐山水资源配置分析。GWAS 模型由水循环与水资源调配两大部分组成，其中，水循环部分包括产流模拟模块、河道汇流模块和再生水模拟模块，能够对区域/流域地表水和地下水资源量进行计算；水资源调配部分能够对区域/流域进行水量供需平衡计算，并将供水、退水等实时反馈给水循环部分。

11.3.2　模型计算流程

GWAS 模型由前处理模块、模拟计算模块和后处理模块三大部分组成。

模型的输入数据：①需水，城镇生活、农村生活、农业、工业的需水；②工程参数，各个地区的供水工程特征参数（库容、供水能力）和调水工程参数（调水量、分水比）；③供用水拓扑关系，供水工程–用水户供水关系、供水工程–供水工程的弃水关系、用水户–用水户的弃水关系、行业节水或退水的转移对象关系；④其他，污水处理率、污水回用率等。

模型的中间成果：各种水源向各用水部门的供水量、各用水部门缺水量、各种水源的盈余情况等。

可以统计出所需要的各种供水量、供水过程、缺水量、缺水率等指标，为详细的供需平衡分析提供基础。

本模型将水资源优化配置问题模拟为生物进化问题，采用基于精英策略的非支配遗传改进算法求解，以各水源分给各用户的水量作为决策变量，对决策变量进行编码并组成可行解集，通过判断每一个个体的满意程度来进行优胜劣汰，从而产生新一代可行解集，如此反复迭代来完成水资源优化配置。GWAS 模型程序设计框图如图 11-3 所示。

11.4　水资源配置方案设置

在设置方案时，应考虑以下三个方面的基本内容：首先，以现状为基础，包括现状用水结构和用水水平、供水结构和工程布局、现状生态格局等；其次，参照各类规划，包括区域经济社会发展、生态环境保护、产业结构调整、水利工程及节水治污等；最后，要充分考虑外调水因子、地下水因子、非常规供水因子等。根据唐山水资源现状，结合不同水平年的相关规划，本次综合规划与管理的方案从供水、用水两方面进行设置。

未来水平年在供水侧考虑到滦河水量衰减和地下采补平衡。在农业需水侧考虑实际灌溉面积不增长和灌溉面积减少两种情景，每种情景下再分别考虑一般节水和高效节水两种情况。在工业需水侧考虑高速发展和低速发展两种情景。在生活需水侧考虑空间规划人口方案和人口趋势预测方案两种情景。

```
                          ┌─────────┐
                          │  开始   │
                          └────┬────┘
                 ┌─────────────────────────┐
                 │  计算初始时浅层水可利用量  │
                 └────────────┬────────────┘
                       ┌──────────────┐
                       │  年份 y = 1  │
                       └──────┬───────┘
                 ┌─────────────────────────┐
                 │   计算各单元降水入渗系数   │
                 └────────────┬────────────┘
                       ┌──────────────┐
                       │  月份 m = 1  │
                       └──────┬───────┘
                 ┌─────────────────────────┐
                 │   各大中型水库水量平衡计算  │
                 └────────────┬────────────┘
                 ┌─────────────────────────┐
                 │     水库往其他地区分水     │
                 └────────────┬────────────┘
            ┌───────────────────────────────────┐
            │ 矿井疏干水、水库、浅层水、深层水供城镇生活 │
            └─────────────────┬─────────────────┘
                 ┌─────────────────────────┐
                 │     计算生活污水排放量     │
                 └────────────┬────────────┘
                 ┌─────────────────────────┐
                 │    浅层水、深层水供农村生活  │
                 └────────────┬────────────┘
            ┌───────────────────────────────────┐
            │ 淡化海水、雨水、再生水、矿井疏干水、      │
            │ 水库、浅层水、深层水供二三产业           │
            └─────────────────┬─────────────────┘
                 ┌─────────────────────────┐
                 │     计算工业废水排放量     │
                 └────────────┬────────────┘
            ┌───────────────────────────────────┐
            │    再生水、水库、浅层水供城镇生态环境    │
            └─────────────────┬─────────────────┘
            ┌───────────────────────────────────┐
            │ 雨水、微咸水、再生水、平原水库、当       │
            │ 地可利用径流、水库、浅层水供农业         │
            └─────────────────┬─────────────────┘
                 ┌─────────────────────────┐
                 │  计算下一时段的再生水可利用量│
                 └────────────┬────────────┘
                 ┌─────────────────────────┐
                 │      往平原水库蓄水       │
                 └────────────┬────────────┘
            ┌───────────────────────────────────┐
            │ 计算河渠入渗、降水入渗、灌溉入          │
            │ 渗对浅层水的补给量及潜水蒸发量          │
            └─────────────────┬─────────────────┘
                 ┌─────────────────────────┐
                 │       计算浅层水埋深       │
                 └────────────┬────────────┘
                 ┌─────────────────────────┐
                 │  计算下一时段浅层水可利用量  │
                 └────────────┬────────────┘
                 ┌─────────────────────────┐
                 │  下游水库存蓄上游水库的弃水  │
                 └────────────┬────────────┘
            ┌───────────────────────────────────┐
            │ 水库放水满足重要河道的生态环境需水要求   │
            └─────────────────┬─────────────────┘
     ┌─────────┐      否   ◇──────────◇
     │ m=m+1   │◄────────  │  m=12   │
     └─────────┘           ◇────┬─────◇
                               │ 是
     ┌─────────┐      否   ◇──────────◇
     │ y=y+1   │◄────────  │    y    │
     └─────────┘           ◇────┬─────◇
                               │ 是
                          ┌─────────┐
                          │  结束   │
                          └─────────┘
```

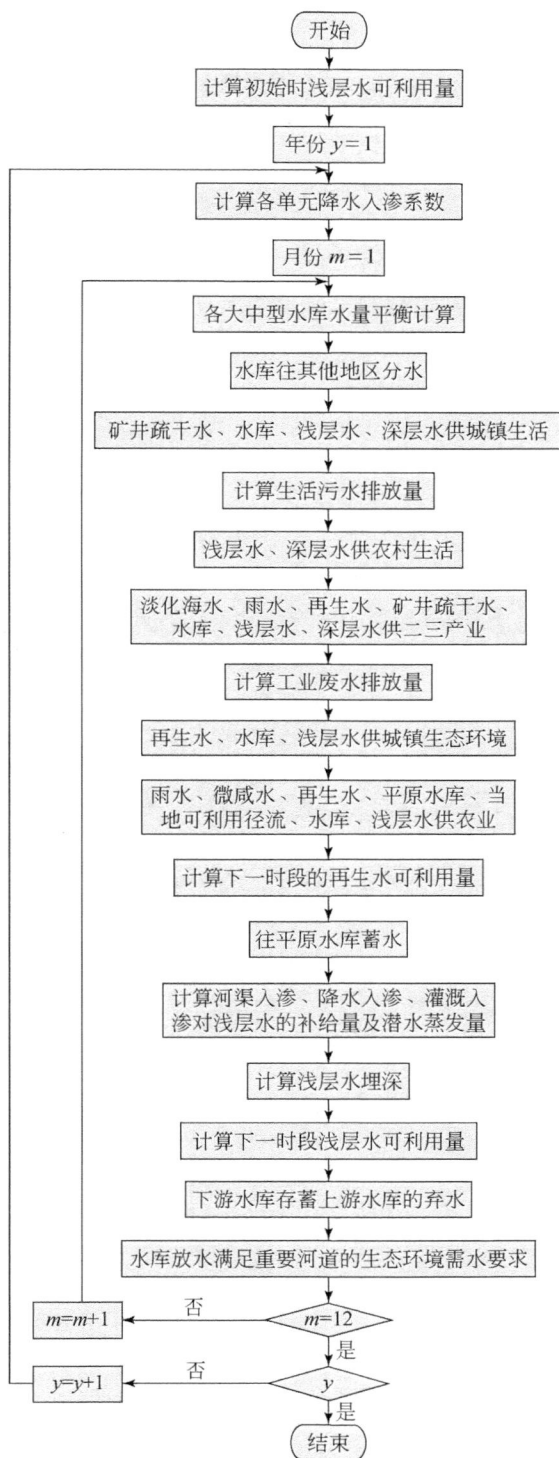

图 11-3 模型程序设计框图

11.5 可供水量分析

本次规划参考了《唐山市水资源综合规划》《唐山市国土空间总体规划（2021—2035年)》《唐山市全域治水清水润城三年（2018—2020）行动方案》《唐山市地下水超采综合治理中期评估报告》等资料，在了解唐山现状水资源开发利用格局、供水工程布局、供水能力以及运行状况的基础上，分析得到了不同水平年水资源可利用量。

11.5.1 地表水资源可利用量

结合《唐山市水资源综合规划》、第三次水资源调查评价成果和本研究相关分析结果。唐山 1956~2016 年多年平均本地水资源可利用量为 4.75 亿 m³，供水保障率为 50% 年份的地表水可利用量为 3.83 亿 m³，供水保障率为 75% 年份的地表水可利用量为 2.72 亿 m³，供水保障率为 85% 年份的地表水可利用量为 2.13 亿 m³，供水保障率为 95% 年份的地表水可利用量为 1.40 亿 m³，不同地区不同来水频率下地表水可利用量见表 11-2。

表 11-2　本地地表水可利用量　　　　　　　（单位：亿 m³）

地区	多年平均	供水保障率			
		50%	75%	85%	95%
市辖区	0.12	0.09	0.08	0.06	0.03
古冶区	0.15	0.13	0.09	0.06	0.01
开平区	0.16	0.11	0.07	0.03	0.01
丰南区	0.35	0.27	0.17	0.13	0.08
丰润区	0.41	0.47	0.30	0.24	0.09
迁安市	0.65	0.50	0.29	0.21	0.08
遵化市	1.08	0.95	0.78	0.68	0.62
乐亭县	0.17	0.11	0.04	0.02	0.00
滦南县	0.27	0.16	0.08	0.06	0.03
迁西县	0.56	0.43	0.38	0.32	0.24
玉田县	0.16	0.12	0.09	0.06	0.03
滦州市	0.46	0.34	0.26	0.19	0.13
曹妃甸区	0.15	0.11	0.07	0.05	0.03
芦台开发区	0.03	0.02	0.01	0.01	0.01

续表

地区	多年平均	供水保障率			
		50%	75%	85%	95%
汉沽管理区	0.03	0.02	0.01	0.01	0.01
海港开发区	0.00	0.00	0.00	0.00	0.00
合计	4.75	3.83	2.72	2.13	1.40

11.5.2 地下水资源可开采量

根据河北地下水压采治理任务，唐山地下水开采量需要压减至 9.0 亿 m³ 才能实现采补平衡，故本次以 9.0 亿 m³ 作为全市地下水供水上限，各地区地下水开采量详见表 11-3。

表 11-3　唐山地下水可开采量　　　（单位：亿 m³）

地区	可开采量
市辖区	0.36
古冶区	0.28
开平区	0.29
丰南区	0.45
丰润区	1.07
迁安市	1.40
遵化市	1.33
乐亭县	0.22
滦南县	0.51
迁西县	0.44
玉田县	1.31
滦州市	0.57
曹妃甸区	0.24
芦台开发区	0.04
汉沽管理区	0.06
海港开发区	0.43
合计	9.00

11.5.3　引滦河水可利用量

1983 年水利电力部《关于引滦工程管理问题的报告》中指出：潘家口可分配水量为 19.5 亿 m³（相当于供水保障率 75%）时，建议分配给天津城市的全年毛水量增为 10 亿 m³，给唐山城市的全年毛水量增为 3 亿 m³，其余部分供唐山地区的农业用水；遇枯水年份，适当提高津、唐两城市工业和城市生活用水比例，即当供水保障率为 95% 时，潘家口水库给天津市水量 6.6 亿 m³，给河北省水量 4.4 亿 m³，其中供唐山市水量 3.0 亿 m³。桃林口水库建成后，引滦河水量分配方案见表 11-4。同时说明：遇较丰年份，在不影响多年调节的条件下，在水量调度上还可以照顾唐山地区农业用水。此外，潘家口至大黑汀水库区间的自产水量全部归河北省使用。根据以上意见，制订出供水和分水曲线，到每年 9 月下旬估算可能的供水量，按供水和分水曲线具体确定分水数量。如遇天津市水源较丰，不需要调入所分配的全部水量时，可指定存蓄在潘家口水库内；若由此可能造成翌年水库弃水，则海河水利委员会可根据实际情况与省、市会商后进行必要的调剂，也可按存水单位存水多少冲减。

表 11-4　引滦河水量分配方案

供水保障率/%	可分配水量 /亿 m³	天津		河北	
		分配水量/亿 m³	分配比例/%	分配水量/亿 m³	分配比例/%
75	19.50	10.0	51.3	9.50	48.70
85	15.00	8.0	53.3	7.01	46.70
95	11.00	6.6	60.0	4.40	40.00

根据此分配方案，供水保障率 75% 年份，潘家口水库可分配水量为 19.5 亿 m³ 条件下，给唐山 9.5 亿 m³，唐山分水比例为 48.7%；在供水保障率 85% 年份，潘家口水库可分配水量为 15 亿 m³ 条件下，分配给唐山 7 亿 m³，唐山分水比例为 46.7%；供水保障率 95% 年份，潘家口水库可分配水量为 11 亿 m³ 条件下，分配给唐山 4.4 亿 m³，唐山分水比例为 40%。

受气候和下垫面变化等多个因素的综合影响，潘家口水库入库水量逐年衰减，1956～1979 年潘家口水库年均径流量为 26.9 亿 m³，到 1990～2019 年则衰减为 14.1 亿 m³。径流量衰减直接导致供水量的下降，1983～2000 年引滦工程总供水量为 13.1 亿 m³，2000～2020 年则下降到 9.8 亿 m³，减少了 25.2%（图 11-4）。

考虑到近年来潘家口入库水量远低于《国务院办公厅转发水利电力部关于引滦工程管理问题的报告的通知》文件规定的可分配水量，本次以新的来水条件下的引滦河水量分配方案作为引滦河水可利用量。参考《滦河流域水量分配方案编制说明》，依据 1956～2014 年潘家口实际来水规模，同样选取 75%、85% 和 95% 共 3 个供水保障率，确定唐山引滦河水量，其他保证率条件下按照以上保证率条件进行直线内插处理（表 11-5）。

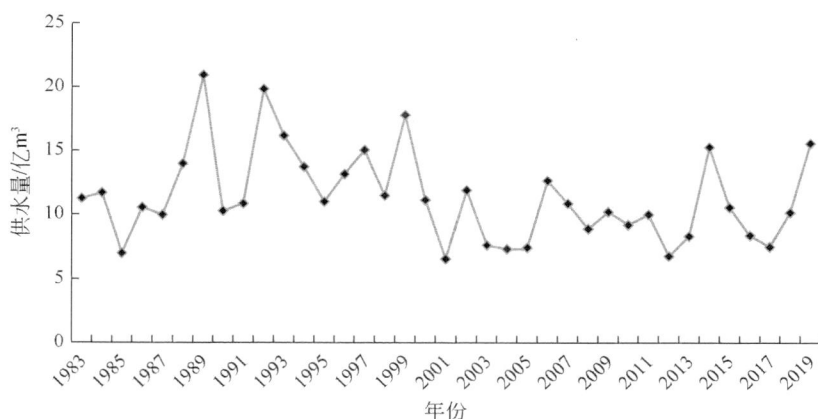

图 11-4　1983～2019 年引滦工程供水量

表 11-5　考虑水量衰减的引滦河水量分配方案

供水保障率/%	可分配水量 /万 m³	天津		河北	
		分配水量/万 m³	分配比例/%	分配水量/万 m³	分配比例/%
75	11. 145	5. 72	51. 3	5. 43	48. 70
85	10. 185	5. 43	53. 3	4. 76	46. 70
95	8. 585	5. 15	60	3. 43	40. 00

11. 5. 4　桃林口水库可分配水量

根据《桃林口水库移民搬迁安置办法》（冀政办函〔1995〕55 号），桃林口水库唐山、秦皇岛分水比例为 56：44，本次桃林口水库分配水量仍按照此比例分配。根据 1956～2020 年水库天然径流数据，桃林口水库多年平均天然径流量为 6. 79 亿 m³，多年平均条件下唐山可分配水量为 3. 04 亿 m³。与引滦河水量分配方案相对应，本规划核算了 75%、85% 和 95% 供水保障率下，桃林口水库可分配水量（表 11-6）。

表 11-6　桃林口水库水量分配方案

供水保障率	可分配水量 /亿 m³	唐山市		秦皇岛市	
		分配水量/亿 m³	分配比例/%	分配水量/亿 m³	分配比例/%
多年平均	5. 43	3. 04	56	2. 39	44
50%	3. 77	2. 11	56	1. 66	44
75%	2. 59	1. 45	56	1. 14	44
85%	1. 84	1. 03	56	0. 81	44
95%	1. 27	0. 71	56	0. 56	44

11.5.5 非常规水可利用量

（1）再生水利用量

现状年唐山非常规水利用量为 0.97 亿 m³，非常规水利用率为 4%，其中，生活、农业、工业和城乡环境的用水比例分别为 7%、44%、14% 和 35%。相比于北京、天津等京津冀缺水城市，唐山再生水利用量和利用率都显著偏低。根据唐山再生水利用现状，认为 2025 年全市非常规水利用率需要达到 27%，2035 年进一步提升到 50%。

根据本次需水预测成果，共设置了四类情景，分别是空间规划人口-产业低速发展方案、空间规划人口-产业高速发展方案、趋势预测人口-产业低速发展方案和趋势预测人口-产业高速发展方案，分别对应不同的需水结果（表 11-7）。结合唐山生态环境保护需求，生活和工业排水需全部纳入污水处理设施进行处理，到 2025 年生活耗水率按 20%、工业耗水率按 40%、再生水利用率按 27% 考虑，同时考虑供水管网漏损和污水收集管网漏损问题，在最大情景下，再生水利用量可达到 1.63 亿 m³；到 2035 年生活耗水率按 20%、工业耗水率按 50%、再生水利用率按 50% 考虑，则在最大情景下，再生水利用量可达到 3.46 亿 m³。

表 11-7 再生水利用量 （单位：亿 m³）

区域	2025 年				2035 年			
	空间规划人口-产业低速发展	空间规划人口-产业高速发展	趋势预测人口-产业低速发展	趋势预测人口-产业高速发展	空间规划人口-产业低速发展	空间规划人口-产业高速发展	趋势预测人口-产业低速发展	趋势预测人口-产业高速发展
市辖区	0.30	0.30	0.28	0.28	0.76	0.77	0.50	0.51
古冶区	0.10	0.10	0.09	0.10	0.24	0.24	0.16	0.17
开平区	0.02	0.02	0.02	0.02	0.05	0.05	0.03	0.04
丰南区	0.10	0.09	0.10	0.09	0.20	0.19	0.17	0.16
丰润区	0.08	0.09	0.08	0.09	0.16	0.16	0.13	0.13
滦州市	0.12	0.11	0.11	0.10	0.21	0.20	0.19	0.18
滦南县	0.04	0.04	0.04	0.04	0.09	0.09	0.06	0.07
乐亭县	0.06	0.05	0.06	0.05	0.12	0.11	0.10	0.09
迁西县	0.06	0.07	0.06	0.07	0.14	0.15	0.11	0.11
玉田县	0.05	0.06	0.05	0.05	0.12	0.12	0.09	0.09
曹妃甸区	0.21	0.20	0.21	0.19	0.43	0.43	0.35	0.33
遵化市	0.12	0.11	0.11	0.11	0.23	0.22	0.20	0.19

续表

区域	2025 年				2035 年			
	空间规划人口-产业低速发展	空间规划人口-产业高速发展	趋势预测人口-产业低速发展	趋势预测人口-产业高速发展	空间规划人口-产业低速发展	空间规划人口-产业高速发展	趋势预测人口-产业低速发展	趋势预测人口-产业高速发展
迁安市	0.28	0.26	0.28	0.26	0.52	0.48	0.48	0.44
芦台开发区	0.01	0.01	0.01	0.01	0.01	0.02	0.01	0.01
汉沽管理区	0.00	0.01	0.00	0.01	0.01	0.01	0.01	0.01
海港开发区	0.08	0.08	0.08	0.08	0.17	0.16	0.15	0.14
合计	1.63	1.60	1.58	1.55	3.46	3.40	2.73	2.67

（2）雨水蓄积可利用量

雨水蓄积利用是解决城市生态环境用水及回补地下水的重要水源之一。雨水集蓄利用量估算主要考虑城市集雨工程（海绵城市）供水量和农村集雨工程供水量两部分。根据《唐山市水资源综合规划》，农村集雨工程供水量包括农村集雨灌溉和部分山区居民生活用水的集雨量；城市集雨工程供水量主要参考唐山海绵城市建设要求。唐山雨水集蓄工程可供水量由 2020 年的 226 万 m^3 增加到 2025 年的 800 万 m^3，到 2035 年进一步增加到 2000 万 m^3。

（3）矿井疏干水可利用量

根据规划，以高涌水矿区为重点，在古冶、开平、玉田等地区加快开滦集团煤矿排水向周边企业供水等矿井水再利用工程建设。根据《唐山市全域治水清水润城三年（2018—2020）行动方案》，现状年全市矿井年疏干水量为 9961.8 万 m^3（表 11-8），实际利用率不到 10%。认为 2025 年全市矿井疏干水量与现状年相同，矿井水利用率提升至 20%。此外，考虑到矿井水可利用范围有限，且供水不稳定，有可能随着产业调整逐步降低，故 2035 年不再将矿井水作为配置水源纳入可利用量中。

表 11-8 现状年唐山各矿井疏干水量利用情况

序号	矿名	所在区县	年疏干水量/万 m^3
1	赵各庄	古冶	1534
2	林西	古冶	1174
3	唐家庄	古冶	322.2
4	唐山矿	市辖区	1180
5	马家沟	开平	331.1
6	范各庄	古冶	895
7	吕家坨	古冶	494
8	荆各庄	开平	512

序号	矿名	所在区县	年疏干水量/万 m³
9	林南仓	玉田	498
10	钱家营	丰南	480
11	东欢坨	丰润	1314
12	大贾庄矿	滦南	28.5
13	马城矿	滦南	14.3
14	司家营铁矿	滦州	400
15	研山铁矿	滦州	750
16	田兴铁矿	滦州	34.7
合计			9961.8

（4）海水利用量

国外海水利用已有近百年历史，海水已成为沿海城市和地区水资源的重要组成部分，向海洋要淡水是沿海国家共同的发展趋势。日本在这方面处于世界领先地位，早在 1995 年日本电力工业直接用海水量就超过 1200 亿 m³，现在日本工业冷却水用水总量的 60% 是海水，每年用量高达 3000 亿 m³。美国大约 25% 的工业冷却水是直接使用海水，每年用量约 1000 亿 m³。香港利用海水作为居民冲厕用水已有 40 多年的历史，目前香港已有 76% 的人口采用海水冲厕，每年用量达 2 亿 m³。

唐山毗邻渤海，海水资源相当丰富，具备利用海水来弥补淡水资源不足的有利条件。充分利用丰富的海水资源，是解决该地区淡水不足的有效途径。海水直接利用和海水淡化是海水利用的两种主要方式，本规划中主要考虑海水淡化用水规模。曹妃甸工业区和海港工业区是利用海水的主要规划区域，预测 2025 年和 2035 年海水淡化量分别为 0.2 亿 m³ 和 1 亿 m³。

11.5.6　供水总量分析

2025 年唐山供水总量在多年平均情景下可达 25.6 亿～25.7 亿 m³，在 75% 来水频率下可达 20.5 亿～20.6 亿 m³，在 85% 来水频率下可达 18.9 亿～19.0 亿 m³，在 95% 来水频率下可达 16.5 亿～16.6 亿 m³。

2035 年唐山供水总量在多年平均情景下可达 27.3 亿～28.1 亿 m³，在 75% 来水频率下可达 22.2 亿～23.0 亿 m³，在 85% 来水频率下可达 20.6 亿～21.4 亿 m³，在 95% 来水频率下可达 18.2 亿～19.0 亿 m³（表 11-9 和表 11-10）。

表 11-9　2025 年唐山供水总量

（单位：万 m³）

区域	本地地表水				地下水	引滦河水（潘家口水库）				引滦河水（桃林口水库）				非常规水			
	多年平均	供水保障率				多年平均	供水保障率			多年平均	供水保障率			规划人口产业高速	规划人口产业低速	预测人口产业高速	预测人口产业低速
		75%	85%	95%			75%	85%	95%		75%	85%	95%				
市辖区	1151	921	759	559	3593	12301	9723	8521	6152	0	0	0	0	3222	3272	3019	3069
古冶区	1496	1281	928	559	2817	0	0	0	0	0	0	0	0	1870	1923	1814	1866
开平区	1587	1106	674	337	2896	120	95	83	60	0	0	0	0	387	402	376	391
丰南区	3514	2661	1705	1256	4484	15509	12259	10743	7756	0	0	0	0	1099	1041	1076	1019
丰润区	4122	4655	2986	2422	10729	0	0	0	0	0	0	0	0	1095	1147	1073	1125
迁安市	6542	4970	2926	2069	14025	3883	3069	2690	1942	0	0	0	0	1146	1045	1130	1028
遵化市	10772	9671	7858	7081	13288	0	0	0	0	0	0	0	0	400	429	383	412
乐亭县	1707	1050	360	150	2245	3142	2484	2176	1571	3821	1823	1300	895	579	498	562	481
滦南县	2748	1560	824	560	5111	4223	3338	2925	2112	5270	2515	1793	1234	653	752	628	726
迁西县	5562	4326	3762	3153	4400	3122	2468	2163	1561	0	0	0	0	528	574	503	548
玉田县	1616	1224	856	572	13066	0	0	0	0	0	0	0	0	2139	2023	2072	1956
滦州市	4626	3378	2568	1944	5692	0	0	0	0	0	0	0	0	1411	1349	1386	1324
曹妃甸区	1481	1092	688	480	2381	23708	18739	16422	11856	17940	8560	6103	4201	4337	4112	4303	4078
芦台开发区	288	216	144	92	424	0	0	0	0	0	0	0	0	67	71	64	69
汉沽管理区	281	206	132	84	550	0	0	0	0	0	0	0	0	49	54	47	51
海港开发区	0	0	0	0	4319	2659	2101	1842	1330	3388	1617	1153	793	1330	1330	1316	1316
合计	47493	38317	27170	21318	90020	68667	54276	47565	34340	30419	14515	10349	7123	20312	20022	19752	19459

（单位：万 m³）

表 11-10 2035 年唐山供水总量

区域	本地地表水				地下水	引滦河水（潘家口水库）				引滦河水（桃林口水库）				非常规水			
	多年平均	75%	85%	95%		多年平均	75%	85%	95%	多年平均	75%	85%	95%	规划人口产业高速	规划人口产业低速	预测人口产业高速	预测人口产业低速
市辖区	1151	921	759	559	3593	12301	9723	8521	6152	0	0	0	0	7591	7685	4965	5060
古冶区	1496	1281	928	559	2817	0	0	0	0	0	0	0	0	2369	2409	1640	1680
开平区	1587	1106	674	337	2896	120	95	83	60	0	0	0	0	471	524	325	378
丰南区	3514	2661	1705	1256	4484	15509	12259	10743	7756	0	0	0	0	2004	1882	1712	1590
丰润区	4122	4655	2986	2422	10729	0	0	0	0	0	0	0	0	1606	1642	1314	1350
迁安市	6542	4970	2926	2069	14025	3883	3069	2690	1942	0	0	0	0	2143	2008	1924	1789
遵化市	10772	9671	7858	7081	13288	0	0	0	0	0	0	0	0	861	906	642	688
乐亭县	1707	1050	360	150	2245	3142	2484	2176	1571	3821	1823	1300	895	1215	1090	996	871
滦南县	2748	1560	824	560	5111	4223	3338	2925	2112	5270	2515	1793	1234	1366	1459	1037	1130
迁西县	5562	4326	3762	3153	4400	3122	2468	2163	1561	0	0	0	0	1189	1247	860	918
玉田县	1616	1224	856	572	13066	0	0	0	0	0	0	0	0	4330	4191	3455	3316
滦州市	4626	3378	2568	1944	5692	0	0	0	0	0	0	0	0	2295	2193	1966	1865
曹妃甸区	1481	1092	688	480	2381	23708	18739	16422	11856	17940	8560	6103	4201	13247	12850	12810	12413
芦台开发区	288	216	144	92	424	0	0	0	0	0	0	0	0	149	156	113	119
汉沽管理区	281	206	132	84	550	0	0	0	0	0	0	0	0	120	127	84	91
海港开发区	0	0	0	0	4319	2659	2101	1842	1330	3388	1617	1153	793	3651	3612	3469	3430
合计	47493	38317	27170	21318	90020	68667	54276	47565	34340	30419	14515	10349	7123	44607	43981	37312	36688

11.6 水资源供需平衡分析

11.6.1 现状水平年供需平衡分析

通过实施水资源的高效管理，近年来唐山未再出现类似于 2000 年和 2010 年数百万人饮水困难、数十万亩农田绝收的重大缺水事件，但缺水现象仍然普遍存在，其中，农业缺水主要表现在有效灌溉面积无水可灌和灌溉定额无法满足作物正常需求导致受旱减产；工业缺水主要表现在正常的规划发展由于缺乏水源而无法顺利开展，以及现有工业生产过量利用地下水；生态缺水主要表现在地下水过量开采、湖泊湿地缺水萎缩、河道生态水量不足等方面。

考虑到现状年唐山需水量测算数据难以有效获取，故以现状年的用水量作为需水量，现状年供需缺口主要考虑地下水压采和引滦河水量衰减两方面影响，其中，地下水可供水量按照唐山地下水压采治理任务分析测算，引滦河水可供水量考虑滦河水量衰减影响，结合水量衰减情景下引滦河水分配成果确定。

根据现状年供需平衡分析结果，不考虑增加需求，在潘家口水库多年平均供水 6.87 亿 m^3，地下水不超采的前提下，唐山将缺水 0.68 亿 m^3；在潘家口水库 75% 供水保障率（供水量 5.43 亿 m^3），地下水不超采的前提下，唐山将缺水 3.2 亿 m^3；在潘家口水库 85% 供水保障率（供水量 4.76 亿 m^3），地下水不超采的前提下，唐山将缺水 4.6 亿 m^3；在潘家口水库 95% 供水保障率（供水量 3.43 亿 m^3），地下水不超采的前提下，唐山将缺水 6.5 亿 m^3。需要说明的是，由于近年来滦河水严重衰减，潘家口水库过去 20 年给唐山的平均供水量仅 3.63 亿 m^3，供水情况与 95% 供水保障率情景基本相当。各区县供需平衡详细数据见表 11-11。

11.6.2 未来水平年供需平衡分析

根据 2025 年和 2035 年唐山供需平衡分析结果，选择 3 种典型情景进行详细分析。

2025 年供需平衡分析如下：

在适宜生态+趋势人口+产业低速发展+灌溉面积减少（高强度节水）的情景下，当潘家口水库多年平均供水 6.87 亿 m^3，地下水不超采，非常规水供水量达到 1.95 亿 m^3，唐山缺水量为 3.1 亿 m^3；当潘家口水库供水保障率为 75%（供水量 5.43 亿 m^3），地下水不超采，非常规水供水量达到 1.95 亿 m^3，唐山缺水量为 7.2 亿 m^3；当潘家口水库供水保障率为85%（供水量4.76亿 m³），地下水不超采，非常规水供水量达到1.95亿 m³，唐山缺水量为8.4亿 m³；当潘家口水库供水保障率为95%（供水量3.43亿 m³），地下水不超采，非常规水供水量达到1.95亿 m³，唐山缺水量为9.7亿 m³（表11-12）。

在适宜生态+规划人口+产业高速发展+灌溉面积不增长（高强度节水）的情景下，当潘家口水库多年平均供水6.87亿 m³，地下水不超采，非常规水供水量达到2.03亿 m³，唐山缺水量为4.2亿 m³；当潘家口水库供水保障率为75%（供水量5.43亿 m³），地下水不超采，非常规水供水量达到2.03亿 m³，唐山缺水量为6.9亿 m³；当潘家口水库供水保障率为85%（供水量4.76亿 m³），地下水不超采，非常规水供水量达到2.03亿 m³，唐山缺水量为8.0亿 m³；当潘家口水库供水保障率为95%（供水量3.43亿 m³），地下水不超采，非常规水供水量达到2.03亿 m³，唐山缺水量为10.2亿 m³（表11-13）。

在适宜生态+趋势人口+产业高速发展+灌溉面积减少（高强度节水）的情景下，当潘家口水库多年平均供水6.87亿 m³，地下水不超采，非常规水供水量达到1.98亿 m³，唐山缺水量为3.3亿 m³；当潘家口水库供水保障率为75%（供水量5.43亿 m³），地下水不超采，非常规水供水量达到1.98亿 m³，唐山缺水量为6.0亿 m³；当潘家口水库供水保障率为85%（供水量4.76亿 m³），地下水不超采，非常规水供水量达到1.98亿 m³，唐山缺水量为7.1亿 m³；当潘家口水库供水保障率为95%（供水量3.43亿 m³），地下水不超采，非常规水供水量达到1.98亿 m³，唐山缺水量为9.2亿 m³（表11-14）。

2035年供需平衡分析如下：

在适宜生态+趋势人口+产业低速发展+灌溉面积减少（高强度节水）的情景下，当潘家口水库多年平均供水6.87亿 m³，地下水不超采，非常规水供水量达到3.67亿 m³，唐山缺水量为2.8亿 m³；当潘家口水库供水保障率为75%（供水量5.43亿 m³），地下水不超采，非常规水供水量达到3.67亿 m³，唐山缺水量为6.9亿 m³；当潘家口水库供水保障率为85%（供水量4.76亿 m³），地下水不超采，非常规水供水量达到3.67亿 m³，唐山缺水量为7.9亿 m³；当潘家口水库供水保障率为95%（供水量3.43亿 m³），地下水不超采，非常规水供水量达到3.67亿 m³，唐山缺水量为9.1亿 m³（表11-15）。

在适宜生态+规划人口+产业高速发展+灌溉面积不增长（高强度节水）的情景下，当潘家口水库多年平均供水6.87亿 m³，地下水不超采，非常规水供水量达到4.46亿 m³，唐山缺水量为3.7亿 m³；当潘家口水库供水保障率为75%（供水量5.43亿 m³），地下水不超采，非常规水供水量达到4.46亿 m³，唐山缺水量为6.8亿

m³；当潘家口水库供水保障率为 85%（供水量 4.76 亿 m³），地下水不超采，非常规水供水量达到 4.46 亿 m³，唐山缺水量为 7.9 亿 m³；当潘家口水库供水保障率为 95%（供水量 3.43 亿 m³），地下水不超采，非常规水供水量达到 4.46 亿 m³，唐山缺水量为 9.1 亿 m³（表 11-16）。

在适宜生态+趋势人口+产业高速发展+灌溉面积减少（高强度节水）的情景下，当潘家口水库多年平均供水 6.87 亿 m³，地下水不超采，非常规水供水量达到 3.73 亿 m³，唐山缺水量为 3.1 亿 m³；当潘家口水库供水保障率为 75%（供水量 5.43 亿 m³），地下水不超采，非常规水供水量达到 3.73 亿 m³，唐山缺水量为 5.6 亿 m³；当潘家口水库供水保障率为 85%（供水量 4.76 亿 m³），地下水不超采，非常规水供水量达到 3.73 亿 m³，唐山缺水量为 6.6 亿 m³；当潘家口水库供水保障率为 95%（供水量 3.43 亿 m³），地下水不超采，非常规水供水量达到 3.73 亿 m³，唐山缺水量为 8.6 亿 m³（表 11-17）。

由于近年来滦河水严重衰减，潘家口水库 2000～2020 年给唐山的平均供水量仅 3.63 亿 m³，供水情况与 95% 供水保障率情景基本相当，若不调整引滦河水量分配比例，唐山将面临较为严重的缺水问题，特别是枯水年份的水安全保障压力较大。

表 11-11　现状年唐山供需平衡分析

（单位：万 m³）

区域	供水量						需水量						缺水量			
	地表水				地下水	非常规水	生活需水		工业需水	农业需水	生态需水	总需水	多年平均	75%	85%	95%
	多年平均	75%	85%	95%			城镇	农村								
市辖区	13452	10482	9079	6479	3593	1423.39	8815	269	3722	2025	576	15408	0	0	1178.8	3778.8
古冶区	1496	928	559	76	2817	1832	2582	220	2043	1470	0	6315	1137.6	1705.6	2074.6	2557.6
开平区	1708	769	420	166	2896	424.8	183	410	795	2754	3790	7931	0	1616.6	1965.7	2219.6
丰南区	19023	13964	11999	8519	4484	2500	1420	750	4054	23560	1264	31048	0	9595	11560	15040
丰润区	4122	2986	2422	921	10729	505	1358	1152	2355	9634	0	14500	0	341.2	905.2	2406.2
迁安市	10425	5995	4758	2750	14025	0	1884	1066	13047	1416	578	17991	0	0	0	416
遵化市	10772	7858	7081	6164	13288	177	1461	1110	4193	10504	451	17719	0	0	0	0
乐亭县	8670	4667	3626	2496	2245	0	828	253	2402	6970	60	10513	0	3561	4602	5732
滦南县	12241	6677	5278	3642	5111	37	866	1783	1395	16987	1219	22251	0	4442.6	5182.6	7752.8
迁西县	8685	6230	5316	3981	4400	40	1318	420	2454	3872	472	8536	0	0	0	0
玉田县	1616	856	572	310	13066	1650	1450	900	1436	12300	240	16326	1244.3	2404.3	2688.3	2950.3
滦州市	4626	2568	1944	1284	5692	800	669	880	4720	4459	690	11418	588.2	2646.2	3270.2	3930.2
曹妃甸区	43129	27988	23005	16393	2381	0	3908	480	5055	16709	526	26677	0	0	1291.3	7903.3
芦台开发区	288	144	92	60	424	50	82	60	210	3384	50	3786	2024	2168	3220	3252
汉沽管理区	281	132	84	52	550	60	92	75	141	2473	8	2789	1050	1599	2147	2179
海港开发区	6047	3718	2994	2123	4319	100	736	0	3466	7598	0	11799	733.5	1762	4486.5	5357.5
合计	146581	95962	79229	55416	90020	9599.19	27652	9828	51488	126115	9924	225007	6777.6	31841.5	44572.2	65475.3

表 11-12 2025 年滦河适宜生态+趋势人口+产业低速发展+灌溉面积减少（高强度节水）情景下供需平衡分析

（单位：万 m³）

区域	供水量						需水量								缺水量				
	地表水			地下水	非常规水		生活需水		工业需水	农业需水	生态需水	总需水	多年平均		75%	85%	95%		
	多年平均	75%	85%	95%			城镇	农村											
市辖区	13452	10482	9079	6479	3593	3069	11307	277	2412	1693	22535	38224	2715	19080	22482	25083		
古冶区	1496	928	559	76	2817	1866	3141	231	1876	1732	820	7800	1620	2189	2558	3041		
开平区	1708	769	420	166	2896	391	628	388	536	1209	600	3361	0	0	0	0		
丰南区	19023	13964	11999	8519	4484	1019	1256	924	4020	15056	4106	25362	148	5096	7861	11340		
丰润区	4122	2986	2422	921	10729	1125	1256	924	3645	8439	1089	15353	0	514	1077	2579		
迁安市	10425	5995	4758	2750	14025	1028	942	647	5092	6331	3451	16463	0	0	0	-1341		
遵化市	10772	7858	7081	6164	13288	412	942	1016	1286	20679	2079	26002	1530	4445	5222	6139		
乐亭县	8670	4667	3626	2496	2245	481	942	277	1715	16297	292	19523	1234	11330	13170	14300		
滦南县	12241	6677	5278	3642	5111	726	1413	693	2546	1838	335	6825	0	0	0	0		
迁西县	8685	6230	5316	3981	4400	548	1413	1293	1501	12535	4029	20771	7138	9593	10506	11841		
玉田县	1616	856	572	310	13066	1956	3769	416	6432	15200	677	26494	9856	10616	10900	11162		
滦州市	4626	2568	1944	1284	5692	1324	1413	924	4824	6961	573	14695	3053	5111	5735	6395		
曹妃甸区	43129	27988	23005	16393	2381	4078	1885	924	13400	7574	592	24375	0	0	0	1523		
芦台开发区	288	144	92	60	424	69	157	46	214	2762	193	3372	2591	2735	2787	2819		
汉沽管理区	281	132	84	52	550	51	157	74	107	1431	174	1943	1061	1210	1258	1290		
海港开发区	6047	3718	2994	2123	4319	1316	785	185	3993	3099	290	8352	0	0	0	593		
合计	146581	95962	79229	55416	90020	19459	31406	9239	53599	122836	41835	258915	30946	71919	83556	96764		

表11-13　2025年滦河适宜生态+规划人口+产业高速发展+灌溉面积不增长（高强度节水）情景下供需平衡分析

（单位：万 m³）

区域	供水量						需水量						缺水量			
	地表水				地下水	非常规水	生活需水		工业需水	农业需水	生态需水	总需水	多年平均	75%	85%	95%
	多年平均	75%	85%	95%			城镇	农村								
市辖区	13452	10482	9079	6479	3593	3222	12246	300	2105	1696	22535	38882	5454	13667	16697	22080
古冶区	1496	928	559	76	2817	1870	3402	250	1551	1739	820	7762	1579	2147	2516	2999
开平区	1708	769	420	166	2896	387	680	420	443	1207	600	3350	0	0	0	0
丰南区	19023	13964	11999	8519	4484	1099	1361	1000	4377	16049	4106	26893	670	4651	6763	11038
丰润区	4122	2986	2422	921	10729	1095	1361	1000	3324	8431	1089	15205	0	395	959	2460
迁安市	10425	5995	4758	2750	14025	1146	1020	700	5717	6409	3451	17297	0	0	0	0
遵化市	10772	7858	7081	6164	13288	400	1020	1100	1108	22486	2079	27793	3333	6248	7025	7942
乐亭县	8670	4667	3626	2496	2245	579	1020	300	2216	16949	292	20777	2720	8412	10406	13338
滦南县	12241	6677	5278	3642	5111	653	1531	750	1939	1825	335	6380	0	0	0	0
迁西县	8685	6230	5316	3981	4400	528	1531	1401	1219	12590	4029	20770	7157	9612	10526	11860
玉田县	1616	856	572	310	13066	2139	4082	450	7147	17601	677	29957	13136	13896	14180	14442
滦州市	4626	2568	1944	1284	5692	1411	1531	1000	5208	6967	573	15279	3550	5608	6232	6892
曹妃甸区	43129	27988	23005	16393	2381	4337	2041	1000	14792	7586	592	26011	0	0	0	2900
芦台开发区	288	144	92	60	424	67	170	50	188	3340	193	3941	3161	3306	3358	3390
汉沽管理区	281	132	84	52	550	49	170	80	78	1539	174	2041	1161	1310	1358	1390
海港开发区	6047	3718	2994	2123	4319	1330	850	200	3989	3706	290	9035	0	0	392	1263
合计	146581	95962	79229	55416	90020	20312	34016	10001	55401	130120	41835	271373	41921	69252	80412	101994

表 11-14　2025 年滦河适宜生态+趋势人口+产业高速发展+灌溉面积减少（高强度节水）情景下供需平衡分析

（单位：万 m³）

区域	供水量						需水量						缺水量			
	地表水				地下水	非常规水	生活需水		工业需水	农业需水	生态需水	总需水	多年平均	75%	85%	95%
	多年平均	75%	85%	95%			城镇	农村								
市辖区	13452	10482	9079	6479	3593	3019	11307	277	2105	1693	22535	37917	3858	12544	15654	21129
古冶区	1496	928	559	76	2817	1814	3141	231	1551	1732	820	7475	1348	1917	2286	2769
开平区	1708	769	420	166	2896	376	628	388	443	1209	600	3268	0	0	0	0
丰南区	19023	13964	11999	8519	4484	1076	1256	924	4377	15056	4106	25719	246	3732	5748	9906
丰润区	4122	2986	2422	921	10729	1073	1256	924	3324	8439	1089	15032	0	245	808	2310
迁安市	10425	5995	4758	2750	14025	1130	942	647	5717	6331	3451	17088	0	0	0	0
遵化市	10772	7858	7081	6164	13288	383	942	1016	1108	20679	2079	25824	1381	4296	5073	5990
乐亭县	8670	4667	3626	2496	2245	562	942	277	2216	16297	292	20024	1847	7560	9572	12528
滦南县	12241	6677	5278	3642	5111	628	1413	693	1939	1838	335	6218	0	0	0	0
迁西县	8685	6230	5316	3981	4400	2072	1413	1293	1219	12535	4029	20489	6902	9356	10270	11605
玉田县	1616	856	572	310	13066	1386	3769	416	7147	15200	677	27209	10455	11215	11499	11761
滦州市	4626	2568	1944	1284	5692	4303	1413	924	5208	6961	573	15079	3375	5433	6057	6717
曹妃甸区	43129	27988	23005	16393	2381	4303	1885	924	14792	7574	592	25767	0	0	0	0
芦台开发区	288	144	92	60	424	64	157	46	188	2762	193	3346	2569	2714	2766	2690
汉沽管理区	281	132	84	52	550	47	157	74	78	1431	174	1914	1036	1185	1233	1265
海港开发区	6047	3718	2994	2123	4319	1316	785	185	3989	3099	290	8348	0	0	0	590
合计	146581	95962	79229	55416	90020	19752	31406	9239	55401	122836	41835	260717	33017	60197	70966	92058

（单位：万m³）

表11-15　2035年滦河适宜生态+趋势人口+产业低速发展+灌溉面积减少（高强度节水）情景下供需平衡分析

区域	供水量						需水量						缺水量			
	地表水				地下水	非常规水	生活需水		工业需水	农业需水	生态需水	总需水	多年平均	75%	85%	95%
	多年平均	75%	85%	95%			城镇	农村								
市辖区	13452	10482	9079	6479	3593	5060	14108	218	2147	1556	23811.5	41840.5	3294	21407	24108	26709
古冶区	1496	928	559	76	2817	1680	3919	182	1695	1576	1230	8602	2609	3177	3546	4029
开平区	1708	769	420	166	2896	378	784	306	509	1104	900	3603	0	0	0	163
丰南区	19023	13964	11999	8519	4484	1590	1568	728	4351	13641	4647.5	24935.5	0	4898	6863	10342
丰润区	4122	2986	2422	921	10729	1350	1568	728	3390	7740	1633.5	15059.5	0	0	559	2060
迁安市	10425	5995	4758	2750	14025	1789	1176	510	5650	5791	3608.5	16735.5	0	0	0	0
遵化市	10772	7858	7081	6164	13288	688	1176	801	1243	18884	2392.5	24496.5	0	2663	3440	4357
乐亭县	8670	4667	3626	2496	2245	871	1176	218	1978	15031	438	18841	1306	10250	12098	13228
滦南县	12241	6677	5278	3642	5111	1130	1763	546	2260	1675	502.5	6746.5	0	0	0	0
迁西县	8685	6230	5316	3981	4400	918	1763	1019	1413	11468	4265	19928	5925	8380	9293	10628
玉田县	1616	856	572	310	13066	3316	4703	328	7232	13529	819	26611	8613	9373	9657	9919
滦州市	4626	2568	1944	1284	5692	1865	1763	728	5198	6373	859.5	14921.5	2739	4797	5421	6081
曹妃甸区	43129	27988	23005	16393	2381	12413	2351	728	14634	6920	888	25521	0	0	0	0
芦台开发区	288	144	92	60	424	119	196	36	226	2499	289.5	3246.5	2415	2559	2611	2643
汉沽管理区	281	132	84	52	550	91	196	58	113	1290	261	1918	996	1145	1193	1225
海港开发区	6047	3718	2994	2123	4319	3430	980	146	4464	2803	435	8828	0	0	0	0
合计	146581	95962	79229	55416	90020	36688	39190	7280	56503	111880	46981	261834	27897	68649	78789	91384

表 11-16 2035 年滦河河道适宜生态+规划人口+产业高速发展+灌溉面积不增长（高强度节水）情景下供需平衡分析

（单位：万 m³）

区域	供水量						需水量						缺水量			
	地表水				地下水	非常规水	生活需水		工业需水	农业需水	生态需水	总需水	多年平均	75%	85%	95%
	多年平均	75%	85%	95%			城镇	农村								
市辖区	13452	10482	9079	6479	3593	7591	17871	279	1770	1559	23811.5	45290.5	5655	18765	20674	22627
古冶区	1496	928	559	76	2817	2369	4964	233	1534	1598	1230	9559	2877	3445	3814	4297
开平区	1708	769	420	166	2896	471	993	391	295	1105	900	3684	0	0	0	152
丰南区	19023	13964	11999	8519	4484	2004	1986	931	4838	14614	4647.5	27016.5	506	4762	7530	9005
丰润区	4122	2986	2422	921	10729	1606	1986	931	3245	7741	1633.5	15536.5	0	216	780	2281
迁安市	10425	5995	4758	2750	14025	2143	1489	652	6189	5865	3608.5	17803.5	0	0	0	0
遵化市	10772	7858	7081	6164	13288	861	1489	1024	1062	20542	2392.5	26509.5	1588	4503	5280	6197
乐亭县	8670	4667	3626	2496	2245	1215	1489	279	2478	15628	438	20312	5182	7866	9235	11326
滦南县	12241	6677	5278	3642	5111	1366	2234	698	1888	1675	502.5	6997.5	0	0	0	0
迁西县	8685	6230	5316	3981	4400	1189	2234	1303	1180	11527	4265	20509	6236	7450	9604	10939
玉田县	1616	856	572	310	13066	4330	5957	419	7788	15897	819	30880	11868	12628	12912	13174
滦州市	4626	2568	1944	1284	5692	2295	2234	931	5605	6384	859.5	16013.5	3401	5459	6083	6743
曹妃甸区	43129	27988	23005	16393	2381	13247	2978	931	16225	6931	888	27953	0	0	0	0
芦台开发区	288	144	92	60	424	149	248	47	201	3021	289.5	3806.5	2945	3089	3141	3173
汉沽管理区	281	132	84	52	550	120	248	74	83	1397	261	2063	1112	1261	1309	1341
海港开发区	6047	3718	2994	2123	4319	3651	1241	186	4620	3354	435	9836	-4182	-1853	-1129	-258
合计	146581	95962	79229	55416	90020	44607	49641	9309	59001	118838	46981	283770	37188	67591	79233	90997

表 11-17 2035 年滦河适宜生态+趋势人口+产业高速发展+灌溉面积减少（高强度节水）情景下供需平衡分析

（单位：万 m³）

区域	供水量						需水量						缺水量			
	地表水				地下水	非常规水	生活需水		工业需水	农业需水	生态需水	总需水	多年平均	75%	85%	95%
	多年平均	75%	85%	95%			城镇	农村								
市辖区	13452	10482	9079	6479	3593	4965	14108	218	1770	1556	23811.5	41463.5	4919	12589	14826	20426
古冶区	1496	928	559	76	2817	1640	3919	182	1534	1576	1230	8441	2488	3056	3425	3909
开平区	1708	769	420	166	2896	325	784	306	295	1104	900	3389	0	0	0	3
丰南区	19023	13964	11999	8519	4484	1712	1568	728	4838	13641	4647.5	25422.5	52	5085	7228	10707
丰润区	4122	2986	2422	921	10729	1314	1568	728	3245	7740	1633.5	14914.5	0	0	450	1951
迁安市	10425	5995	4758	2750	14025	1924	1176	510	6189	5791	3608.5	17274.5	0	0	0	0
遵化市	10772	7858	7081	6164	13288	642	1176	801	1062	18884	2392.5	24315.5	0	2528	3305	4222
乐亭县	8670	4667	3626	2496	2245	996	1176	218	2478	15031	438	19341	1878	5772	7883	13603
滦南县	12241	6677	5278	3642	5111	1037	1763	546	1888	1675	502.5	6374.5	0	0	0	0
迁西县	8685	6230	5316	3981	4400	860	1763	1019	1180	11468	4265	19695	5750	8205	9119	10453
玉田县	1616	856	572	310	13066	3455	4703	328	7788	13529	819	27167	9030	9790	10074	10336
滦州市	4626	2568	1944	1284	5692	1966	1763	728	5605	6373	859.5	15328.5	3044	5102	5726	6386
曹妃甸区	43129	27988	23005	16393	2381	12810	2351	728	16225	6920	888	27112	0	0	0	0
芦台开发区	288	144	92	60	424	113	196	36	201	2499	289.5	3221.5	2396	2540	2592	2624
汉沽管理区	281	132	84	52	550	84	196	58	83	1290	261	1888	973	1122	1170	1202
海港开发区	6047	3718	2994	2123	4319	3469	980	146	4620	2803	435	8984	0	0	0	0
合计	146581	95962	79229	55416	90020	37312	39190	7280	59001	111880	46981	264332	30530	55789	65798	85822

第三篇
滦河水再分配方案设计

第12章 滦河水再分配方案情景设计

基于唐山需水预测、可供水量及供需平衡分析结果，本章开展了不同来水条件下滦河水再分配方案设计。研究结果表明，在南水北调东线后续工程天津通水后，在多年平均以及75%、85%、95%来水条件下，要满足唐山刚性用水缺口（包括生活用水、工业用水、城镇环卫及部分农业生产用水），滦河水再分配水量应分别为1.5亿m^3、1.84亿m^3、2.38亿m^3和3.3亿m^3，此时分配给天津和唐山的滦河水量比例大致为35：65、30：70、25：75，以及20：80。

12.1 滦河水再分配方案调整原则

结合南水北调工程和引滦工程的运营情况，以及唐山的水资源供需保障情况，提出滦河水再分配方案调整原则。

（1）有利于协同保障津唐水安全

天津和唐山两市是京津冀协同发展的重要节点城市。目前，唐山区域内城市、农业、生态、工业用水量持续增长，加之南部沿海地区地下水严重超采，急需调引地表水解决城市发展问题。增加南水北调后续工程给天津调水规模，调整引滦河水量分配方案，适度增加唐山可供水量，对保障天津和唐山两市水资源安全、促进区域经济社会可持续发展具有重要意义。

（2）以解决唐山刚性缺水为主

考虑到唐山目前的用水效率、缺水特征以及滦河水量不断衰减的实际情况，引滦河水量分配方案调整应立足解决刚性缺水，通过水资源合理配置统筹经济社会和生态环境用水需求，使得回头的水量能够发挥最大的综合效益。

（3）有利于南水北调工程效益最大化

坚持系统观念，做到工程效益最大化是习近平总书记对南水北调后续工程高质量发展作出的重要指示。将滦河流域纳入南水北调后续工程规划，优化调整引滦河水量分配方案，不需要新增工程措施，就可以将南水北调工程战略效益向北延伸到滦河流域，惠及承德、唐山和秦皇岛等地市，受益人口超过1000万，最大程度地解决滦河流域缺水问题。

（4）尊重历史，逐步修正

引滦工程是在特定时期的产物，在进行南水北调运行后引滦工程配水方案的设定过程中，要从滦河水资源及其开发利用，以及天津与唐山两市水资源供需平衡及开发利用的发展过程的角度来分析。要从引滦工程运行前、引滦工程运行后以及南水北调运营后等3个时段分析上述议题，采用逐步修正方法，最终达到理想的配水方案。

12.2　滦河水再分配方案情景设置

本研究从区域水资源合理配置的角度出发，基于滦河实际可分配水量和生态环境保护需求，以南水北调东线后续工程天津通水为节点，提出滦河水再分配方案情景。

（1）南水北调东线后续工程通水前，优化调度为主

在供水端，根据测算，考虑到近年来滦河水量衰减实际情况，在保障滦河合理生态下泄水量的前提下，潘大水库①多年平均、75%、85%和95%供水保障率可分配水量分别为14.10亿 m^3、11.15亿 m^3、10.19亿 m^3 和8.59亿 m^3。在用水端，考虑唐山人口稳定增长、产业持续发展、灌溉面积减少且实施高强度节水下的用水特征。2025年多年平均状态下唐山缺水总量为3.3亿 m^3，其中，引滦工程受水区刚性用水（包括生活用水、工业用水、城镇环卫及部分农业生产用水）缺口为0.8亿 m^3；75%来水条件下唐山缺水总量为6.0亿 m^3，其中，引滦工程受水区刚性用水缺口为1.24亿 m^3；85%来水条件下唐山缺水总量为7.1亿 m^3，其中，引滦工程受水区刚性用水缺口为1.78亿 m^3；95%来水条件下唐山缺水总量将达到9.2亿 m^3，其中，引滦工程受水区刚性用水缺口为3.28亿 m^3。

综合考虑滦河可分配水量和唐山缺水特征，以及引滦河水量分配方案调整原则，本研究认为在南水北调东线后续工程天津通水前，唐山需要通过增加滦河供水解决的缺水量为0.8亿~3.28亿 m^3。由于南水北调东线后续工程天津通水前，引滦河水量分配方案的调整手段有限，在此阶段应主要考虑调整潘大水库调度方式，在保障天津供水安全的前提下适度增加唐山分配水量，特别是在枯水年增加唐山应急供水规模，满足唐山刚性用水需求，保障城市生产生活稳定。

（2）南水北调东线后续工程通水后，调整分水比例

在供水端，南水北调东线后续工程天津通水后，滦河可供水量与工程通水前相同。在用水端，同样考虑唐山人口稳定增长、产业持续发展、灌溉面积减少且实施高强度节水下的用水特征。2035年多年平均状态下唐山缺水总量为3.1亿 m^3，其中，引滦工程受水区

---

① 潘大水库指潘家口、大黑汀水库。

刚性用水缺口为 1.5 亿 m³。75% 来水条件下唐山缺水总量为 5.6 亿 m³，其中，引滦工程受水区刚性用水缺口为 1.84 亿 m³；85% 来水条件下唐山缺水总量为 6.6 亿 m³，其中，引滦工程受水区刚性用水缺口为 2.38 亿 m³；95% 来水条件下唐山缺水总量将达到 8.6 亿 m³，其中，引滦工程受水区刚性用水缺口为 3.3 亿 m³（图 12-1）。综合考虑滦河可分配水量和唐山缺水特征。本研究认为在南水北调东、中线后续工程通水后，要满足引滦工程受水区刚性用水缺口，在多年平均、75%、85%、95% 来水条件下，滦河水再分配水量应分别为 1.5 亿 m³、1.84 亿 m³、2.38 亿 m³ 和 3.3 亿 m³。按照《国务院办公厅转发水利电力部关于引滦工程管理问题的报告的通知》（国办发〔1983〕44 号）中的同等来水条件测算，在 75%、85%、95% 来水保证率时，分配给天津和唐山的滦河水量比例大致为 35∶65、30∶70、20∶80（表 12-1）。

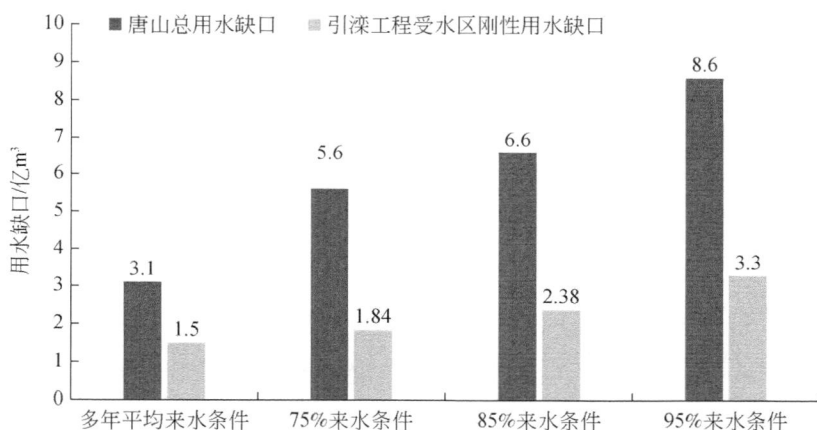

图 12-1　南水北调东线后续工程通水后唐山用水缺口

表 12-1　保障刚性缺口情景下引滦河水回头分配方案调整对比

潘家口水库	供水保障率/%	可分配水量/亿 m³	天津		河北	
			分配水量/亿 m³	分配比例/%	分配水量/亿 m³	分配比例/%
国务院 1983 年引滦河水量分配方案	75	19.50	10.0	51.3	9.50	48.7
	85	15.00	8.00	53.3	7.01	46.7
	95	11.00	6.60	60.0	4.40	40.0
水量衰减条件下引滦河水量分配方案	75	11.15	5.72	51.3	5.43	48.7
	85	10.19	5.43	53.3	4.76	46.7
	95	8.59	5.15	60.0	3.44	40.0

潘家口水库	供水保障率/%	可分配水量/亿 m³	天津		河北	
			分配水量/亿 m³	分配比例/%	分配水量/亿 m³	分配比例/%
本情景下引滦河水量分配方案	75	11.15	3.88	34.80	7.27	65.20
	85	10.19	3.05	29.93	7.14	70.07
	95	8.59	1.85	21.56	6.74	78.44

注：该分配方案假定天津其他水源处于多年平均情况，具体分配比例可在规划确定后根据不同来水条件做进一步修正

12.3 方案调整前后津唐两市水系统健康状态评价

滦河水再分配将增加滦河生态水量，有利于提升滦河流域水系统健康状态，同时，通过南水北调后续工程增加天津供水量，也将保障天津生态环境维持在较高水平。为评估不同滦河水再分配方案对津唐两市水系统健康状态提升程度，通过综合指数评价法对不同时期两市水系统健康状态进行量化评估。

1. 水系统健康状态评价方法

水系统是连接经济社会和生态环境的纽带，表征水系统健康状态的指标十分复杂，应涵盖地表水、地下水、资源供给以及生态环境保护等各个方面。为客观反映水系统状态，本研究采用综合指数评价法，通过实测、估算和调查等获得纳入评价的各个评价指标现状值，将各个指标的现状值进行归一化，通过与标准或参照值的比较等换算为"量化值"，然后按一定的模型加权计算水系统状态指数，并评估状态等级。评价结果是一个具体的数值，较为直观，并且评价过程各环节之间没有信息传递、评价过程简单、易于操作和使用。

综合指数评价法具体步骤如下：

1）确定评价指标。水系统健康状态评价指标包括单位面积深层地下水开采量、人均可利用地表水资源量、河流入海水量指数（某年入海水量与多年平均入海水量比值）、地下水浅层水位。单位面积深层地下水开采量用来反映地下水超采程度；河流入海水量指数用来反映河道生态保障程度；人均可利用地表水资源量用来反映区域水资源禀赋；地下水浅层水位反映地下水健康状态。

2）指标等级划分。水系统健康评价指数各类指标等级划分为非常健康、健康、亚健康、失衡和严重失衡五种状态。

表 12-2 水系统健康评价指标

指标	非常健康	健康	亚健康	失衡	严重失衡
	[8, 10)	[6, 8)	[4, 6)	[2, 4)	[0, 2)
单位面积深层地下水开采量/亿 m³	(0, 1]	(1, 3]	(3, 5]	(5, 10]	(10, 20]
人均可利用地表水资源量/(m³/人)	(2500, 500]	(500, 400]	(400, 200]	(200, 100]	(100, 0]
河流入海水量指数	[0.8, ∞)	[0.6, 0.8)	[0.4, 0.6)	[0.2, 0.4)	[0, 0.2)
地下水浅层水位/m	(2, 3]	(3, 5]	(5, 8]	(8, 10]	(10, 30]

3）指标得分计算。受水区水系统健康指数是由单项指标健康分值、指标权重共同决定。

$$H_i = \sum P_i \times W_i \qquad (12\text{-}1)$$

式中，H_i 为区域水系统第 i 项指标的健康分值，处于 [0, 10] 之间，根据水系统健康评价标准即可确定水系统健康等级状态；P_i 为指标 i 的计算分值；W_i 为指标 i 的权重值，考虑到本研究设置的 4 个评价指标在计算过程中均十分重要，因此认为各个指标权重相等，都为 0.25。

P_i 的评估分为两种类型，水系统健康指数随着指标特征值增大而增大的称为 I 类指标，如人均可用地表水资源量，其健康得分计算如式（12-2）所示；水系统健康指数随着指标特征值增大而减小的称为 II 类指标，如地下水浅层水位，其健康得分如式（12-3）所示。

$$P_i = K_{\text{up}} - \frac{X_i - S_{\text{kup}}}{S_{\text{klow}} - S_{\text{kup}}}, S_{\text{klow}} \leqslant X_i \leqslant S_{\text{kup}} \qquad (12\text{-}2)$$

$$P_i = K_{\text{up}} - \frac{X_i - S_{\text{klow}}}{S_{\text{kup}} - S_{\text{klow}}}, S_{\text{kup}} \leqslant X_i \leqslant S_{\text{klow}} \qquad (12\text{-}3)$$

式中，X_i 指标 i 的统计值；K_{up} 为评价指标的上限分值；S_{kup} 为健康等级阈值上限；S_{klow} 为健康等级的阈值下限。

2. 1983 ~ 2020 年津唐水系统健康状态评价结果

利用式（12-1）~式（12-3），根据天津、唐山两地实际数据，计算得出 1983 年引滦工程建成以来天津、唐山水系统健康状态（表 12-3）。可以看出，1983 ~ 2020 年天津水系统健康指数总体上呈先下降后上升趋势。2000 年以前，由于水资源供需矛盾突出，天津水系统状态不断恶化，部分年份甚至接近严重失衡。2000 年后随着水资源量波动增加，区域水系统健康状态有所提升。2010 年后随着引黄济津规模提升，尤其是南水北调中线一期工程通水，天津水系统健康状态明显好转，部分年份达到亚健康状态。与此同时，过去 30 年唐山水系统健康状态呈现不断恶化的趋势，总体从亚健康状态下滑至失衡状态。由于华北地区地下水超采治理行动的不断推进，唐山单位面积深层地下水开采量不断减少，从1983 年的 8.3 亿 m³ 下降到 2020 年的 2.6 亿 m³，但除此之外，人均可利用地表水资源量、河流入海水量指数、地下水浅层水位三大指标均不断恶化，特别是人均可利用水资源量由1983 ~ 2000 年的 314m³ 下降到 2000 ~ 2020 年的 142m³，降幅达到 54.9%。对比来看，由于天津、唐山相似的水文气象条件，在引黄济津、南水北调等外流域调水工程未通水之前，天津和唐山的水系统健康指数表现出相似的波动规律，但随着天津外部水源的持续输入，近年来天津水系统健康状态逐步变好，自 2014 年开始超过唐山。

表 12-3　天津、唐山水系统健康指数

年份	天津		唐山	
	水系统健康指数	健康等级	水系统健康指数	健康等级
2000	2.10	失衡	3.11	失衡
2001	2.10	失衡	2.79	失衡
2002	2.15	失衡	2.76	失衡
2003	2.27	失衡	2.88	失衡
2004	2.70	失衡	2.89	失衡
2005	2.36	失衡	2.87	失衡
2006	2.70	失衡	2.81	失衡
2007	2.71	失衡	3.14	失衡
2008	3.08	失衡	3.18	失衡
2009	3.08	失衡	3.15	失衡
2010	2.73	失衡	3.15	失衡
2011	3.09	失衡	3.21	失衡
2012	3.61	失衡	4.49	亚健康
2013	3.22	失衡	3.80	失衡
2014	3.67	失衡	3.54	失衡
2015	3.89	失衡	3.44	失衡
2016	4.41	亚健康	3.66	失衡
2017	3.99	失衡	3.54	失衡
2018	3.80	失衡	3.59	失衡
2019	3.84	失衡	3.59	失衡
2020	4.21	亚健康	3.59	失衡

3. 方案调整后津唐水系统健康状态预测

根据式（12-1）~式（12-3），本研究选取单位面积深层地下水开采量、人均可利用地表水资源量、河流入海水量指数、地下水浅层水位这四个指标对水系统健康状态评价。方案调整后，唐山单位面积深层地下水开采量、人均可利用地表水资源量、河流入海水量指数这三项指标可由未来水平年水资源配置结果推算得出，地下水浅层水位数据由 2000～2020 年唐山水资源量与实测地下水位关系推算得出。天津单位面积深层地下水开采量与人均可利用地表水资源量来源于《南水北调东线二期工程规划报告》，河流入海水量指数是由 2000～2020 年天津退排水量与入海水量相关关系推算得出，地下水浅层水位是由 2000～2020 年天津水资源量与实测地下水位关系推算得出。

基于上述数据，根据方案调整后滦河水量分配结果，计算未来津唐两市水系统健康状态变化态势。如果引滦河水方案不调整，唐山依靠加强节水、调整产业结构等措施能够一定程度促进水生态环境改善，但区域系统健康状态仍会处于失衡状态。方案调整后，天津、唐山两市水系统健康指数整体都呈现稳步提升状态。对于天津来说，得益于南水北调后续工程通水，未来天津水系统健康状态持续变好，水系统健康等级将稳定在亚健康状态。对于唐山，在保障刚性用水缺口情景下，唐山水系统健康状态也会有显著改善，水系统健康指数将超过 4.0，从失衡状态提升至亚健康状态，基本达到 20 世纪 80 年代的水平。

第13章 | 滦河水再分配实施策略与建议

本章从滦河水再分配方案调整的外部实施条件入手，论证了方案调整面临的机遇与挑战，在此基础上综合各方考虑提出了最有利、较有利和保底性三种工作方案以及引滦河水量分配比例调整具体建议，并提出三步走策略：第一步，遇枯水年份，调整调水比例，避免供水危机；第二步，优化水量调度，推进调水比例调整常态化，保障城市发展；第三步，争取南水北调指标，进行引滦河水量置换，在南水北调后续工程通水后，实现水量分配方案正式调整。

13.1 当前面临的外部环境分析

自 2014 年 12 月南水北调中线一期工程全线通水后，引江水在天津城镇供水总量中的比重已超过 80%，形成了引江水为主、引滦河水为辅的供水格局，滦河水在天津水资源安全保障体系中的作用明显降低，具备了引滦河水量分配方案调整的可能。而当前南水北调东、中线后续工程规划编制为滦河水再分配提供了重大契机。

2021 年 5 月，习近平总书记主持召开推进南水北调后续工程高质量发展座谈会并发表重要讲话，标志着南水北调东、中线后续工程规划编制工作进入了新阶段。目前各方面关于东线二期工程过黄河的必要性存在不同意见，其面临的最主要争议是黄河以北地区是否存在强烈的用水需求。在这种情况下，优化调整引滦河水量分配方案，扩大南水北调工程战略效益的建议就尤为重要。通过滦河水再分配，不需要任何工程措施，就可以将南水北调工程战略效益向北延伸到滦河流域，惠及承德、唐山和秦皇岛等地市，受益人口超过1000 万，最大程度解决滦河流域生态缺水问题。

另外也要看到，天津市水资源仍旧较为短缺，滦河水再分配无疑会降低天津的水资源保障程度，同时，引滦河水比引江水又具有显著的价格优势，因此天津市转让水权客观上会存在一定阻力。总体来看，要真正推动滦河水再分配，必须优先考虑天津市的用水安全，并作出付出一定成本的准备。

13.2 滦河水再分配比例调整建议

综上，提出滦河水再分配比例调整初步建议：在天津南水北调东、中线工程等水源处于多年平均状态时，在潘家口水库75%、85%、95%来水条件下，分配给天津和唐山的滦河水量比例大致为35:65、30:70、20:80。同时，在天津出现应急保障需求时，滦河水优先保障天津。

在南水北调后续工程相关规划确定后，该方案可根据各水源丰枯频率做进一步的优化调算。

13.3 滦河水再分配三步走调整策略

综合考虑滦河流域水资源开发利用现状及水量调整面临的问题，我们提出滦河水再分配方案三步走的优化调整策略：

第一步，遇枯水年份，加大调水水量，避免供水危机。在保证天津供水安全的前提下，枯水年份滦河水量分配优先保证流域生活生产用水，避免出现重大供水危机。

第二步，在南水北调东中线后续工程通水前，通过优化水量调度，推动调水比例调整常态化，保障城市发展。根据不同来水条件下滦河水资源供需平衡成果，考虑满足刚性用水缺口，建议在南水北调东线后续工程通水前推进调水比例调整常态化，保障城市经济社会可持续发展。

第三步，在推动前两步的同时，在南水北调后续工程中争取增加调水指标1.5亿~3亿 m^3，进行引滦河水量置换，待南水北调东、中线后续工程通水后，更多考虑滦河流域生态环境保护和经济社会发展需求，实现水量分配方案正式调整。

第14章 主要结论与建议

14.1 主要结论

14.1.1 唐山水资源及开发利用方面

1）唐山水资源天然禀赋较差，且存在明显的衰减趋势。唐山水资源总量24.16亿m³，人均水资源量307m³，远低于全国人均2000m³的平均水平。根据第三次水资源评价初步成果，地表水和地下水资源量均比第二次水资源评价减少20%左右。与此同时，潘家口水库、大黑汀水库等来水量也呈减少趋势。即使在降雨偏丰的情况下，最近10年潘家口水库实际入库水量为9.24亿m³，仅为规划水库时多年径流量的38%，全市水资源保障情势日趋严峻。

2）水资源短缺已经成为经济社会发展的制约瓶颈，并构成巨大的安全隐患。2010～2020年，唐山全市水资源开发利用量为24.92亿m³，其中，地表水8.87亿m³、地下水15.40亿m³、非常规水0.65亿m³左右，长年靠超采地下水来维持供需平衡。已成为唐山经济社会发展的制约瓶颈。2000年以来，唐山经历了两次严重缺水问题，2000年因严重缺水唐山滦河下游灌区30万亩稻田绝收；2010年引滦河水指标又严重不足，唐山采取旱育稀植、集中大流量供水等方式最大限度保障农业，也导致了18万亩稻田撂荒。

3）地下水超采综合治理成效显著，但地下水治理形势依然十分严峻。以习近平同志为核心的党中央高度重视华北地区地下水超采综合治理问题。唐山地下水超采综合治理总任务4.87亿m³（全省59.7亿m³）。截至2020年底，唐山剩余超采量1.94万m³，其中，深层承压水剩余1.37亿m³，远高于全省剩余任务平均水平。且面临结构调整空间有限、地表水置换能力严重不足等困难，超采治理任务艰巨。

14.1.2 唐山用水水平和节水潜力方面

1）唐山用水效率和效益远超全国平均水平，即使与南水北调东、中线受水区城市相比，也已处于上游水平。2020 年，唐山万元 GDP 用水量 31.2m³（全国平均为 57.2m³，河北 50.5m³），万元工业增加值用水量 12.8m³（全国平均为 32.9m³，河北 15.7m³），亩均灌溉定额 159.6m³（全国平均为 365m³，河北 157m³）。横向来看，唐山在整个南水北调东、中线受水区城市中处于上游水平，如万元工业增加值用水量等指标优于郑州、石家庄等中心城市。

2）整体来看，唐山现状节水潜力主要来自农业，而开源潜力除滦河水再分配外，主要来自非常规水源利用。综合考虑降低管网漏失率、提高工业用水重复利用率、加强水资源管理等多种措施，估算唐山现状生活节水潜力 1187 万 m³，工业节水潜力 1666 万 m³。通过渠系衬砌、发展高效节水灌溉等措施，在达到国内先进水平的情况下，初步测算农业节水潜力约 7200 万 m³。非常规水源开源方面，按照 40% 的再生水回用率测算，考虑成本、用户等各方面限制，再生水潜力规模约 1.6 亿 m³。唐山海水淡化产业初步形成并且呈稳定发展趋势。但从调研情况看，由于目前海水淡化装备的开发制造能力、系统设计和集成、管网铺设和用户对接等方面存在瓶颈制约，海淡水成本高于常规水源，距离大规模利用仍有一定距离。

3）水稻面积压减是唐山节水最受瞩目也备受争议的事情，压减水稻面积涉及粮食安全、社会稳定等多方面问题，但长期看实有必要。为此，研究提出了按照咸淡水分布逐步压减的技术方案，并利用遥感技术绘制了优先调减区、探索退减区和暂时保留区分布图。如优先调减区内水稻全部退出，预计可以节约水资源量 5462 万 m³；如优先调减区和探索退减区内水稻全部退出，预计可以节约水资源量 14279 万 m³。

14.1.3 唐山需水态势及供需平衡方面

1）在城镇人口增加和生活水平提升双重驱动下，生活需水仍将持续保持增长态势。预测表明，唐山总人口未来一个时期还会有小幅增长。《唐山市国土空间总体规划（2021—2035 年）》提出，2035 年唐山常住人口达到 1055 万人，城镇化率达到 76%，预测生活用水将从 2020 年的 3.75 亿 m³ 持续增加到 2035 年的 5.89 亿 m³；如果按近 20 年来人口发展趋势预测，2035 年达到 831 万人，生活需水将达到 4.65 亿 m³。

2）唐山当前处于工业化后期的前半阶段，发展速度相对稳定，工业需水仍处在上升阶段，预计 2030 年达到峰值。根据人均 GDP、产业结构和城镇化率等关键指标判断，唐山正处于工业化后期的前半阶段。从国内外发达国家和地区发展规律看，进入工业化后期的后半阶段时，工业用水将逐步达到峰值。唐山正处于调整经济结构、压缩过剩产能、治理环境污染的转型期。预计工业需水规模还将有所扩大，到 2030 年达到峰值，然后逐步下降并趋于稳定。初步测算工业需水量从现状的 5.15 亿 m³ 增长到 2035 年 5.65 亿～5.90 亿 m³。

3）未来农业需水会受到水资源承载能力、粮食安全保障、节水水平等多种因素影响，存在一定的不确定性。为此，项目综合考虑粮食安全保障的整体需求和当地水资源短缺的严峻形势，设定维持现状实灌面积、覆盖有效灌溉面积和适当压缩灌溉面积（主要是水稻种植面积）三种方案，通过大幅度提升灌溉水分输送效率，大面积推广田间高效灌溉措施，在达到农业高强度节水情境下，2035 年三个情景农业需水分别为 11.88 亿 m^3、11.19 亿 m^3 和 12.35 亿 m^3。

4）在生态文明建设方面，弥补生态历史欠账的同时，还要提高生态环境质量，水资源保障任务十分艰巨。生态用水需要分为几个方面考虑：一是如前所述，要压减剩余的 4.87 亿 m^3 超采地下水量。二是要留够滦河河道内生态用水。本研究利用 Tennant 法计算了滦河干流生态需水量，结果表明，滦河干流适宜生态需水量为 9.8 亿 ~ 14.6 亿 m^3（对应入海水量 7.0 亿 ~ 10.4 亿 m^3）。三是唐山市域河道生态环境需水，经测算适宜需水量为 6.1 亿 m^3。四是城镇绿化总需水量约为 1 亿 m^3。

5）供需平衡分析结果表明，在充分考虑节流开源多种措施的情况下，多年平均情景下 2035 年唐山水资源缺口至少达到 3.1 亿 ~ 4.4 亿 m^3。从水资源保障情势分析情况看，唐山多年来依靠超采地下水来维持供需平衡。研究结果表明，在滦河流域水资源量衰减和未来用水需求扩大的双重影响下，即使充分提升各行业节水水平，且农业灌溉面积大幅压减，多年平均状态下唐山仍然缺水 3 亿 ~ 5 亿 m^3，而在特枯水年，缺水量会显著扩大至 9 亿 m^3 以上，影响全市供水安全。

14.1.4　滦河水再分配方案评价方面

从区域水资源合理配置的角度出发，以 2035 年为水平年，潘大水库 95% 来水频率条件下，利用功效函数对滦河水再分配方案进行多目标综合评价。结果表明：在东线后续工程规模为 8.09 亿 m^3 的情况下，天津引滦河水减少 30%，其综合指数达最大值；在东线后续工程规模为 10 亿 m^3 的情况下，2035 年的拐点为天津引滦河水减少 40%，其综合指数达最大值。

14.1.5　唐山对滦河水再分配的迫切性方面

综合来看，滦河水再分配主要存在如下几方面迫切需求：一是地下水超采综合治理的需要，根据最新初步评估结果，没有一定的地表水源置换，剩余超采量治理任务难以完成。二是维持河湖生态环境健康的需要，滦河生态水量不足带来下游河床淤积抬高、湿地退化、海水入侵和水环境污染等一系列生态问题，距离国家"重点流域水生态环境保护

'十四五'规划"总体目标存在很大差距。三是消除枯水年供水安全隐患的需要，尤其是一旦滦河水量不足，潘家口水库来水越少，唐山分配比例越低，供水安全将受到巨大威胁。四是唐山生存发展的需要，《京津冀协同发展规划》明确提出，要"发展壮大石家庄、唐山、保定城市规模，推动由双城联动向多城联动转变"，但目前全市各行业发展已受到水资源严重制约，未来缺口还将进一步加大。五是保障滦河流域和华北地区高质量发展的需要，滦河水再分配不仅是唐山水资源保障的必备条件，还将深刻影响秦皇岛、承德等整个滦河流域生态文明建设和经济社会发展。滦河水再分配将为滦河流域生态环境保护和冀西北经济社会用水增添新保障，促进环渤海经济区高质量发展。

14.2　主要建议

14.2.1　推进滦河水再分配工作的建议

建议分三步实施方案调整：第一步，遇枯水年份，调整调水比例，避免供水危机；第二步，在南水北调东线后续工程通水前，通过优化水量调度，推动调水比例调整常态化，保障城市发展；第三步，争取南水北调指标，进行引滦河水量置换，在南水北调东线后续工程通水后，实现水量分配方案正式调整。

14.2.2　调整引滦河水量分配比例的建议

项目提出了引滦河水量分配比例调整初步建议：在天津南水北调东、中线工程等水源处于多年平均状态时，在潘家口水库75%、85%、95%来水条件下，分配给天津和唐山的滦河水量比例分别为35∶65、30∶70、20∶80。同时，在天津出现应急保障需求时，滦河水优先保障天津。在南水北调后续工程相关规划确定后，该方案可根据各水源丰枯频率做进一步的优化调算。

14.2.3　强化水资源节约集约利用的建议

在推动滦河水再分配的过程中，唐山内部还需要持续强化水资源节约集约利用，全面提高水资源利用效率与效益，这和保障天津供水安全一样，是推动滦河水再分配的重要前提，也是外部关注的焦点之一。

14.2.4 争取优化南水北调后续工程规划的建议

相对而言，争取南水北调东线后续工程指标，进行引滦河水置换是可行性较高的方案。即使不进行置换，也可以在南水北调东线后续工程规划中对滦河水再分配进行适当安排。因此，对外要重点抓住南水北调工程后续规划编制的有利时机，力争在相关文件或规划中对有关安排予以明确。

附 录

关于拓展南水北调工程受益范围，
还水于滦河的建议

滦河流域位于冀西北生态涵养区（张家口、承德）和河北沿海率先发展区（唐山、秦皇岛）两大核心区，肩负着拱卫京津冀区域生态安全和保障经济发展的双重任务。滦河曾是海河流域水生态环境条件最好、水土资源匹配条件最优，也是流域内极少数从未断流的河道。作为引滦入津的水源区，由于水资源显著衰减和大规模向天津调水，近年来滦河下游生态水量严重不足，地下水开采持续增加，造成滦河下游河床淤积抬高、湿地退化、海水倒灌和水环境污染等一系列严重问题。如果能够减少部分引调水量，滦河水适度"回头"，在保护水生态环境健康的前提下，实现天津和滦河流域水资源协同安全保障，不仅是贯彻落实习近平总书记关于南水北调工程"做好后续工程筹划，使之不断造福民族、造福人民"重要指示的具体行动，也是南水北调工程战略效益的北延拓展，还是京津冀一体化协同发展新的标志。

一、滦河水量不足带来严重问题

一是河流生态健康问题。根据水利部海河水利委员会计算成果，滦河干流规划入海水量为 4.21 亿 m^3。2000~2017 年中有 13 年入海水量达不到规划水量目标，占全部年份的 72%，这 13 年平均入海水量仅为 1.27 亿 m^3。从径流的月变化过程上看，2000 年以来共有 21 个月份发生断流，占全部月份的 10%。除了汛期弃水外，枯水季节潘家口水库至滦河入海口 200 余千米生态用水十分匮乏。目前，除滦河干流外，流域内主要河流全部成为季节性河流。由于河道生态水量不足，下游曹妃甸、乐亭、芦台开发区、汉沽管理区等地区海水入侵情况十分严重，部分地区地下水已经无法使用，严重影响当地居民生产生活。并且随着唐山、秦皇岛城市建设的深入推进，滦河下游市政绿化、河湖补水等生态需水同样面临巨大缺口，生态水量亏缺已经成为流域生态文明建设的最大制约因素。

二是经济社会发展保障问题。根据引滦工程水量分配方案，在来水频率75%年份，潘家口水库可分配水量为19.5亿 m³，天津和唐山分水比例分别为51.3%和48.7%，分别为10亿 m³和9.5亿 m³；来水频率95%年份，潘家口水库可分配水量11亿 m³，天津和唐山分配比例分别为60%和40%，分别是6.6亿 m³和4.4亿 m³。越是干旱年份，分配给唐山的水量比例越少，对于只有滦河唯一地表水源的唐山极为不利，已经成为供水安全的重大隐患。2000年和2010年就曾遭遇枯水年，唐山发生两次重大缺水事件，导致100万人饮水困难和30万亩稻田绝收。为了保障经济社会健康发展，滦河流域积极推进全社会节水，以重工业城市唐山为例，目前唐山用水效率已经处于全国先进水平，万元工业增加值用水量仅为全国平均的32%；亩均灌溉用水量约为全国平均的50%；同时充分利用沿海优势，将高耗水行业向沿海地区布局，海水直接利用量达4.8亿 m³，但即使如此，水资源短缺日益成为经济社会发展的制约瓶颈。在天津实现南水北调中线和引滦入津两条外部水源保障的基础上，适度调整增加滦河流域水量分配比例极为必要。

三是地下水超采治理问题。由于地表水保障不足，滦河下游地区大量开采利用地下水，年均超采5.1亿 m³，累积超采量150亿 m³，超采区范围达3800km²。截至2015年，海水严重入侵面积超过2000km²。地下水位下降还导致严重的地面沉降，根据中国地质环境监测院研究成果，唐山宁河漏斗区、曹妃甸区、乐亭曹庄子中心累计沉降量分别为2498.85mm、1905.43mm和839.35mm，并且漏斗区范围不断扩大，已经由沿海地区扩展到中北部人口聚集区。相比南水北调中线受水区的其他县市，滦河水是下游地区唯一地表水源，且引水指标已经分配完毕，无法通过新增水源置换地下水，压采只能依靠减少本地用水需求实现，2016年以来滦河下游通过压减灌溉面积、调整种植结构等措施已减少地下超采量2.02亿 m³，距采补平衡仍有较大差距，地下水超采治理任务几乎无法完成。未来随着人口增长、生态环境改善等刚性用水需求的增加，地下水压采治理任务将更加艰巨，经济发展和生态环境用水竞争的态势将更加激烈。

二、滦河出现问题有两方面原因

一是水量分配问题，调水过多。受时代发展阶段局限，1983年批复的引滦工程水量分配方案并未考虑下游河道生态用水需求，也未预留生态水量指标，滦河水被天津和唐山经济社会用水"分干吃净"。潘家口水库修建前（1956～1985年）滦河干流滦县水文站多年平均径流量为41亿 m³，修建后（1986～2016年）多年平均径流量锐减到17亿 m³。2000

年以来包括滦河流域在内的整个海河流域遭遇连续十几年的枯水年，天然降雨径流减少，经济社会对生态用水的掠夺更加剧烈，滦县断面年径流量更是减少到不足 5 亿 m^3，而且水量来源主要是个别年份难以被经济社会调蓄利用的洪水。

二是水量衰减加剧了水生态环境保障难度。滦河下游地区人均水资源量 307m^3，远低于全国人均 2000m^3 的平均水平。根据第三次全国水资源调查评价初步成果，滦河下游地区地表水和地下水资源量均比二次评价减少 20% 左右。与此同时，滦河干流潘家口水库、大黑汀水库等来水量也呈减少趋势。即使在降雨偏丰的情况下，2010～2020 年潘家口水库实际入库水量为 9.24 亿 m^3，仅为 1983 年修建水库时多年径流量的 38%，水生态环境保障情势日趋严峻。

三、建议通过优化南水北调工程后续规划、强化水资源节约集约利用等多种措施，还水于滦河

一是南水北调工程后续规划中，统筹考虑滦河流域需求。习近平总书记在南水北调后续工程高质量发展座谈会上强调，"要坚持系统观念，用系统论的思想方法分析问题，做到工程综合效益最大化"。在南水北调后续规划中统筹滦河流域需求，调整增加滦河流域生态环境保护和经济社会发展用水规模，推动实现天津和滦河流域供水安全协同保障。不仅是对习总书记关于调水工程的重要指示的贯彻落实，也对充分发挥南水北调东中线工程战略作用具有重要意义。

二是优化调整水量分配方案，保障流域生态安全。滦河流域需要继续加强生态涵养区建设，提高水生态环境状况。滦河"回头"水量主要用于维持河流生态需水、替换超采的地下水等生态需求，改善滦河流域水生态环境，实现流域生态保护和高质量发展。通过引滦河水量分配方案的优化调整，不需要任何工程措施，就可以将南水北调工程战略效益向北延伸到滦河流域，惠及承德、唐山和秦皇岛等地市，受益人口超过 1000 万，最大程度解决滦河流域生态缺水问题。

三是持续强化水资源节约集约利用。遵照习近平总书记"节水优先"的治水方针，把节水作为滦河流域的根本出路。发挥水资源承载能力刚性约束，严控流域用水总量，实施全流域全行业深度节水，全面提高水资源利用效率与效益。